"十三五"江苏省高等学校重点教材

工业控制网络技术应用

主　编　王春峰　朱铝芬
副主编　朱方园　高　华　王皖君
参　编　曲　杨　宣　言　贺道坤　顾秀梅
　　　　张　董　张伟建　武雪尉　李小琴
　　　　颜　玮

U0435889

机械工业出版社

本书是依托工业和信息化部中德智能制造高级人才培养示范基地和江苏省"十四五"高水平专业群，以数字化工厂为蓝本，聚焦典型工业控制网络，融入工业无线通信技术、互联网技术、VLAN技术，从学生自主学习的角度编写的一本符合工业互联网网络运维岗位需求的融媒体教材。

本书由5个项目组成，按照网络认知—场景实施—网络编程—网络调试的网络构建实施流程编排教学内容，由浅入深、逐步递进地将现场总线、工业以太网、工业互联网的通信知识、网络构建与运维技巧融入学习任务中，体现做中学、学教合一。

本书遵循学习规律，循序渐进、结构合理，结合实际应用，着重培养学生的工程素养和综合职业能力，可作为高等职业教育专科院校工业互联网应用及自动化类等相关专业的教材，也可作为工业互联网工程技术人员的培训教材及应用参考书。

本书配有免费的电子课件、相关知识点微课和动画等资源，凡使用本书作为教材的教师可登录机械工业出版社教育服务网（www.cmpedu.com），注册后免费下载。咨询电话：010-88379375。

图书在版编目（CIP）数据

工业控制网络技术应用 / 王春峰，朱铝芬主编. -- 北京：机械工业出版社，2024.12（2025.6重印）.--（"十三五"江苏省高等学校重点教材）. -- ISBN 978-7-111-77280-4

Ⅰ. TP273

中国国家版本馆CIP数据核字第2024CE1041号

机械工业出版社（北京市百万庄大街22号　邮政编码100037）
策划编辑：薛　礼　　　　　　　责任编辑：薛　礼　赵晓峰
责任校对：潘　蕊　李　婷　　　封面设计：王　旭
责任印制：任维东
三河市骏杰印刷有限公司印刷
2025年6月第1版第3次印刷
184mm×260mm · 17.5印张 · 431千字
标准书号：ISBN 978-7-111-77280-4
定价：53.00元

电话服务　　　　　　　　　　网络服务
客服电话：010-88361066　　　机　工　官　网：www.cmpbook.com
　　　　　010-88379833　　　机　工　官　博：weibo.com/cmp1952
　　　　　010-68326294　　　金　书　网：www.golden-book.com
封底无防伪标均为盗版　　　　机工教育服务网：www.cmpedu.com

PREFACE

党的二十大报告指出,"我们要坚持教育优先发展、科技自立自强、人才引领驱动,加快建设教育强国、科技强国、人才强国,坚持为党育人、为国育才,全面提高人才自主培养质量,着力造就拔尖创新人才,聚天下英才而用之。"本书基于党的二十大精神,紧密对接先进制造业的重点领域高端化、数字化、智能化、绿色化发展要求,聚焦智能生产线中的典型工业控制网络,融入先进的工业无线通信、工业互联网、VLAN技术,按"岗课赛证"融通理念设计教材内容,以培养能够适应产业链升级的创新复合型人才。

工业控制网络技术深度赋能传统行业,积极拓展"智能+",推动实体产业全链条转型升级;全面融合物联网、大数据、云计算、人工智能等技术,打造云上数字工厂,实现云制造、云供应、云服务及私人定制。本书依托西门子PLC、博途软件、PLC仿真软件、MCGS组态软件及实训装置,按照网络认知—场景实施—网络编程-网络调试的项目实操流程编排教学内容,理论与实践充分融合,培养学生知网络—连网络—编网络—测网络的综合能力,旨在培养具备"认知力、逻辑力、实践力、设计力、创造力"的工业互联网工程技术人员。

本书依据工业互联网网络运维岗位群能力需求及课程标准,依托企业真实案例及技能大赛项目,对标《工业互联网网络运维职业技能等级标准》,构建了德技并重、循序渐进的项目体系。本书共包括5个项目,项目1主要介绍工业控制网络的发展历史、特点、典型现场总线、工业以太网及工业互联网案例;项目2主要介绍工业控制网络的通信知识及测试方法,涉及工业控制网络的数据传输方式、接口标准、数据交换方式、网络拓扑结构、网络控制方法等知识,包括IP、MAC地址查询方式、网线制作方法、网络测试基本技巧及故障排除方法;项目3主要介绍Profibus-DP、AS-I、CAN、Modbus等现场总线的通信知识、构建方法及运维技巧;项目4主要介绍工业以太网Profinet网络的常用指令、构建方法及运维技巧;项目5主要介绍组态技术、VLAN技术、无线通信技术,以及综合性工业控制网络的构建与运维方法。本书以项目为载体讲述工业控制网络的相关内容,理论与实践相结合、德技并重,将相关的知识点和技能点融入各个项目中,以培养学生工业控制网络构建与运维的综合能力。同时,为适应信息化课堂教学改革需要,本书中加入新媒体元素,开发了相关知识点、技能点的颗粒化教学资源，包括微课、仿真动画等，图文、影像并茂，学生可通过扫描二维码观看数字化资源，提高学习效率。

　　本书由王春峰、朱铝芬任主编，朱方园、高华、王皖君任副主编，参与编写的还有曲杨、宣言、贺道坤、顾秀梅、张董、张伟建、武雪尉、李小琴、颜玮。其中，王春峰、朱铝芬和王皖君编写项目1，朱铝芬、宣言和曲杨编写项目2，朱铝芬、贺道坤和顾秀梅编写项目3，高华、颜玮和张伟建编写项目4，朱方园、李小琴、武雪尉和张董编写项目5，朱铝芬、高华、朱方园完成微课及课件制作。另外，博众精工科技股份有限公司李方硕高级工程师参与了本书项目的选题以及相关企业案例、创新项目的开发。

　　在本书的编写过程中，编者参阅了大量文献资料，并得到了西门子电力自动化有限公司、南京康尼电气技术有限公司技术人员的大力支持，在此一并表示衷心的感谢！

　　由于编者水平有限，书中难免有错漏之处，敬请广大读者批评指正。

编　者

前言

项目1　初识工业控制网络 ········· 1

【学习目标】 ········· 1
【项目导入】 ········· 1
【项目知识】 ········· 1
1.1　工业控制系统概述 ········· 1
1.2　工业控制系统的发展历史 ········· 2
1.3　工业控制网络的体系结构 ········· 3
1.4　工业控制网络的特点 ········· 5
1.5　传统控制网络——现场总线 ········· 5
1.6　现代控制网络——工业以太网 ········· 8
1.7　未来控制网络——工业互联网 ········· 12
1.8　工业控制网络的安全防控 ········· 16
1.9　工业控制网络典型案例 ········· 20

项目2　工业控制网络的通信知识 ········· 26

【学习目标】 ········· 26
【项目导入】 ········· 26
【项目知识】 ········· 26
2.1　工业控制网络的组成与结构 ········· 26
2.2　工业控制网络的通信模型 ········· 35
2.3　工业控制网络的通信知识 ········· 43
2.4　工业控制网络的测试指令与测试方法 ········· 55
2.5　识读典型工业控制网络 ········· 66

项目3　现场总线网络的构建与运维 ········· 70

【学习目标】 ········· 70
【项目导入】 ········· 70
【项目知识】 ········· 70
3.1　典型现场总线技术 ········· 70
【项目实施】 ········· 89
3.2　任务1　基于S7-1500/S7-300的Profibus-DP网络构建与运维 ········· 89
3.3　任务2　基于S7-1500/S7-1500的Profibus-DP网络构建与运维 ········· 96

— Ⅴ —

3.4 任务3 基于S7-1500/MM440的Profibus-DP网络构建与运维 …………………………………………………………… 112
3.5 任务4 AS-I网络构建与运维 ………………………………… 121
3.6 任务5 基于S7-1200 PLC与射频读卡器的Modbus RTU总线构建与运维 …………………………………………… 129

项目4 工业以太网的构建与运维 …………………………… 134

【学习目标】………………………………………………………… 134
【项目导入】………………………………………………………… 134
【项目知识】………………………………………………………… 134
4.1 工业以太网的通信知识 ………………………………………… 134
【项目实施】………………………………………………………… 141
4.2 任务1 基于两台S7-1200 PLC的工业以太网构建与运维 …………………………………………………………… 141
4.3 任务2 基于S7-1200/S7-300 PLC的工业以太网构建与运维 …………………………………………………………… 157
4.4 任务3 基于S7-1200/S7-1500 PLC的工业以太网构建与运维 …………………………………………………………… 173
4.5 任务4 基于S7-1200 PLC/ET200 SP的工业以太网构建与运维 …………………………………………………………… 188

项目5 工业控制网络的综合应用 …………………………… 196

【学习目标】………………………………………………………… 196
【项目导入】………………………………………………………… 196
【项目知识】………………………………………………………… 197
5.1 触摸屏组态技术概述 …………………………………………… 197
5.2 无线通信技术概述 ……………………………………………… 200
5.3 三层网络的介绍 ………………………………………………… 204
5.4 透析VLAN技术 ………………………………………………… 206
5.5 工业机器人与PLC的通信 …………………………………… 214
【项目实施】………………………………………………………… 215
5.6 任务1 S7-1200 PLC与HMI的网络构建与运维 ………… 215
5.7 任务2 S7-1500 PLC与G120变频器的Profinet网络构建与运维 ………………………………………………………… 231
5.8 任务3 基于SCALANCE W774/W734的无线通信网络构建与运维 ………………………………………………………… 239
5.9 任务4 基于VLAN技术的三层网络构建与运维 ………… 251
5.10 任务5 S7-1200 PLC与ABB机器人的Profinet网络构建与运维 ………………………………………………………… 261

参考文献 ………………………………………………………………… 272

项目 1 初识工业控制网络

【学习目标】

素养目标：培养学生科技强国、网络强国的使命担当；培养学生的系统认知观、精益求精的职业素养。

知识目标：了解工业控制网络的基本架构、发展现状及特点；掌握现场总线、工业以太网和工业互联网的基本概念、系统结构和系统特点。

能力目标：能够认知典型现场总线、工业以太网和工业互联网的基本架构。

工业网络介绍

【项目导入】

随着"中国制造2025""物联网""智慧工厂"以及"5G工业互联网"的出现与发展，工业制造进入了"工业4.0"时代，工业控制系统进入了生产网、业务网和控制网之间互联互通"一网到底"的全覆盖时代。发展至今，我国工业具有门类齐全、体量大的特点，通过工业控制网络技术把众多的机床、机器人、加工机械等工业设备集成互联，并有效实施状态监测、故障预测和优化控制，将会产生十分可观的经济效益。随着工业企业数字化、网络化、智能化转型步伐的加快，企业安全防护水平显得尤为重要，一旦发生安全事件将影响严重。因此，安全是发展的前提，发展是安全的保障。本项目介绍工业控制网络的发展历史、现状、特点，介绍典型现场总线、工业以太网、工业互联网的企业案例，分析新形势下工业控制网络系统及网络安全防护技术。

项目1导入

【项目知识】

1.1 工业控制系统概述

工业控制系统（Industrial Control System，ICS）是一个集合术语，包括用于工业过程控制的几种类型的控制系统和相关仪器，是指由计算机与工业过程控制部件组成的自动控制系统。控制系统接收来自远程传感器测量的过程数据，将收集到的数据与设定值进行比较，并导出用于通过控制阀等最终控制元件控制过程的命令函数。工业过程控制部件对实时数据进行采集、监控，在计算机的调配下，实现设备自动化运行以及对业务流程的管理与监控，其特点主要表现在数据传送的实时性、数据的事件驱动及数据源的主动推送等。较大的系统通常由监督控制和数据采集（Supervisory Control and Data Acquisition，SCADA）系统实现，此类系统广泛用于化学加工、纸浆和造纸、发电、石油和天然气加工以及电信等行业。

1.2 工业控制系统的发展历史

工业控制系统的发展历史

随着计算机网络技术的发展，Internet 正在把全世界的计算机系统、通信系统逐渐集成起来，形成信息高速公路及公用数据网络。在工厂，计算机网络的最后 100m 或者说是计算机网络的末梢，就是工业控制网络。随着计算机网络向工厂的不断渗透，传统的工业控制领域也正经历一场前所未有的变革，开始向数字化网络的方向发展，形成新的工业控制系统。工业控制系统的结构从最初的计算机集中控制系统（Centralized Control System，CCS），到第二代的集散控制系统（Distributed Control System，DCS），发展到现在流行的现场总线控制系统（Fieldbus Control System，FCS）、工业以太网、工业互联网。

计算机网络技术与控制系统的发展有着紧密的联系，早在 20 世纪 50 年代中后期，计算机就已经被应用到控制系统中。20 世纪 60 年代，人们利用微处理器和一些外围电路构成了数字仪表以取代模拟仪表，这种控制方式被称为直接数字控制（Direct Digital Control，DDC）。这种控制方式提高了系统的控制精度和灵活性，而且在多回路的巡回采样及控制中具有传统模拟仪表无法比拟的性价比。然而，随着工业系统的日益复杂，控制回路的进一步增多，单一的 DDC 系统已经不能满足现场的生产控制要求和生产工作的管理要求，同时中小型计算机和微机的性能价格比有了很大提高，于是，由中小型计算机和微机共同作用的分层控制系统得到大量应用。

1975 年，世界上第一套以微处理为基础的分散式计算机控制系统问世，它以多台微处理器共同分散控制，并通过数据通信网络实现集中管理，被称为集散控制系统。集散控制系统中，将网络技术应用到了控制系统的前置机之间以及前置机和上位机的数据传输中。前置机仍然完成自己的控制功能，但它与上位机之间的数据（上位机的控制指令和控制结果信息）传输采用计算机网络实现。上位机在网络中的物理地位和逻辑地位与普通站点一样，只是完成的逻辑功能不同。此外，上位机增加了系统组态功能，即网络配置功能。然而，集散控制系统采用的是普通商业网络的通信协议和网络结构，在保证工业控制系统的自身可靠性方面没有做出实质性的改进，为加强抗干扰性和可靠性采用了冗余结构，从而提高了控制系统的成本。另外，集散控制系统不具备开放性，且布线复杂、费用高，不同厂家产品的集成存在很大困难。

从 20 世纪 80 年代后期开始，由于大规模集成电路的发展，许多传感器、执行机构、驱动装置等现场设备智能化，人们便开始寻求用一根通信电缆将具有统一的通信协议通信接口的现场设备连接起来，在设备层传递的不再是 I/O（DC4~20mA/24V）信号，而是数字信号。因此，在集散控制系统的基础上开始开发一种适用于工业环境的网络结构和网络协议，并实现传感器、控制器层的通信，这就是现场总线控制系统。由于现场总线控制系统从根本上解决了网络控制系统的自身可靠性问题，即把控制彻底下放到现场，故现场的智能仪表就能完成诸如数据采集、数据处理、控制运算和数据输出等功能，只有一些现场仪表无法完成的高级控制功能才交由上位机完成。典型的现场总线有 Profibus、CAN、LonWorks、CC-Link、Modbus、DeviceNet 等。然而，现场总线种类繁多且互不兼容；现场总线的开放性是有条件的，不彻底的。

21 世纪初，工业自动化系统向分布化、智能化发展，需要完全开放的、透明的通信协议，故出现了工业以太网。工业以太网是基于 IEEE 802.3（Ethernet）的强大的区域和单元网络，提供了一个无缝集成到新的多媒体世界的途径。工业以太网本质上使用封装在以太网协议中的特殊工业协议，以确保在需要执行特定操作的时间和位置发送和接收正确信息。工业以太网由于其固有的可靠性、高性能和互操作性，已经渗透到工厂车间，成为自动化和控制系统的首选通信协议。Modbus TCP 是由施耐德首先推出的工业以太网协议，以一种非常简单的方式将 Modbus 帧嵌入到 TCP 帧中，使 Modbus 与以太网和传输控制协议/网际协议（Transmission Control Protocol/Internet Protocol，TCP/IP）结合，成为 Modbus TCP。这是一种面向连接的方式，每一个呼叫都要求一个应答，这种呼叫/应答的机制与 Modbus 的主/从机制相互配合，使交换式以太网具有很高的确定性。利用 TCP/IP，通过网页的形式可以使用户界面更加友好。但是它利用简单的主从通信，其中"从"节点在没有来自"主"节点的请求的情况下不会发送数据，因此其不被视为真正的实时协议。Profinet 是由 Profibus 国际（Profibus International，PI）组织推出的新一代基于工业以太网技术的自动化总线标准。Profinet 在标准 TCP/IP 基础上，结合分布式组件对象模型（Distributed Component Object Model，DCOM）和远程过程调用（Remote Procedure Call，RPC）技术，提供从操作网络到控制器和企业信息管理系统的集成。

当前，全球新一轮科技革命和产业变革深入推进，信息技术日新月异，进入到了工业互联网时代。工业互联网是新一代信息通信技术与工业经济深度融合的新型基础设施、应用模式和工业生态，通过对人、机、物、系统等的全面连接，构建起覆盖全产业链、全价值链的全新制造和服务体系，为工业乃至产业数字化、网络化、智能化发展提供了实现途径，是第四次工业革命的重要基石。

1.3 工业控制网络的体系结构

工业控制系统是多种生产控制系统的统称。根据实现功能的不同，工业控制系统可划分为如图 1-1 所示的 5 个层次，即现场设备层（第 1 层）、现场控制层（第 2 层）、过程监控层（第 3 层）、生产管理层（第 4 层）和企业管理层（第 5 层）。现场设备层主要传输 I/O 信号，包括检测仪表、执行器等其他现场设备。现场控制层进行数据采集转换，包含可编程控制器（Programmable Logic Controller，PLC）和人机接口（Human Machine Interface，HMI）等设备。过程监控层执行过程操作、报表打印、信息处理等功能，包括工业 PC、HMI 等。生产管理层主要进行制造数据管理、物料管理、生产调度，通常采用企业制造执行系统（Manufacturing Execution System，MES）。企业管理层主要实现市场订货销售统计等功能，包括企业资源规划（Enterprise Resource Planning，ERP）等。

随着通信技术、自动控制技术的进步及企业信息化的发展，IT 技术开始大量在自动控制领域应用，推动了工业过程控制的信息化发展。工业控制系统历经了模拟仪表控制系统、直接数字控制系统、集散控制系统及现场总线控制系统 4 个发展阶段，从封闭向开放化、分布化、智能化发展。控制网络逐渐由不可路由的现场总线发展到可路由的工业以太网，形成了以工业以太网为代表的扁平化网络控制系统。如图 1-1 所示，当第 1 层与第 2、3 层合并时，即构成了集散控制系统（DCS）。当第 1 层与第 2 层融合时，即构成现场总线控制系统（FCS），为不可路由网络。第 3 层和第 4 层由以太网组成，为可路由网络，主要完成生产经营管理，即企业 ERP 和 MES。当 DCS 或 FCS 与 ERP 和 MES 无缝集成时，就形成了管控一体化系统。

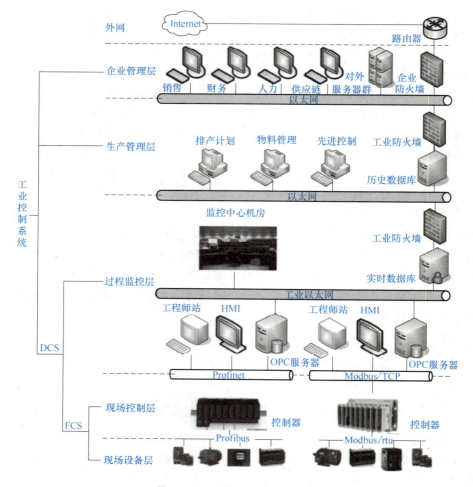

图 1-1　工业控制系统体系结构

项目1 初识工业控制网络

1.4 工业控制网络的特点

工业控制网络技术来源于计算机网络技术，与一般的信息网络原理相近，但又有其不同之处。工业控制系统特别强调可靠性和实时性，数据通信要求与实时响应的事件配合，具有很高的数据完整性；要求当存在电磁干扰和地电位差的情况下，工业控制网络也能正常可靠地工作，因此需要采取专门的措施。

工业控制网络一般具有以下特点：

1）具有较好的响应实时性，工控机控制网络不仅要求传输速度快，而且在工业自动化控制中还要求响应快，即响应实时性要好，一般为毫秒级到 0.1s 级。

2）高可靠性，即能安装在工业控制现场，具有耐冲击、耐振动、耐腐蚀、防尘、防水性能以及较好的电磁兼容性，在现场设备或网络局部链路出现故障的情况下，能在很短的时间内重新建立新的网络链路。

3）力求简洁，以减小软硬件开销，从而降低设备成本，同时也可以提高系统的健壮性。

4）开放性要好。工业控制网络尽量不要采用专用网络。

5）安全性要求高。工业控制网络需要具备高强度的安全保障措施，以防止恶意攻击和数据泄露。

1.5 传统控制网络——现场总线

1.5.1 现场总线概述

现场总线是用于现场仪表与控制系统和控制室之间的一种全分散、全数字化、智能、双向、多点、多站的通信网络。国际电工委员会（International Electro Technical Commission，IEC）对现场总线的定义为：现场总线是一种应用于生产现场，在现场设备之间、现场设备与控制装置之间实行双向、串行、多节点数字通信的技术。现场总线作为工业数据通信网络的基础，沟通了生产过程现场控制设备之间及其与更高控制管理层之间的联系。它不仅是一个基层网络，而且还是一种开放式、新型全分布式控制系统。

现场总线的定义

1.5.2 现场总线的发展历史

1984 年，美国 Inter 公司提出一种计算机分布式控制系统—位总线（Bitbus），它主要是将低速的面向过程的输入/输出通道与高速的计算机多总线（Multibus）分离，形成了现场总线的最初概念。20 世纪 80 年代中期，美国 Rosemount 公司开发了一种可寻址的远程传感器(HART)通信协议,采用4~20mA模拟量叠加了一种频率信号,用双绞线实现数字信号传输。HART协议是现场总线的雏形。1985年由Honeywell和Bailey等大公司发起,成立了WorldFIP,制定了FIP。1987年,以Siemens、Rosemount、横河等几家著名公司为首成立了一个专门委员会互操作系统协议(ISP)并制定了Profibus协议。后来美国仪器仪表学会也制定了现场总线标准IEC/ISASP50。随着时间的推移,世界上逐渐形成了两个针锋相对、互相竞争的现场总线集团:一个是以Siemens、Rosemount、横河为首的ISP集团;另一个是由Honeywell、Bailey等公司牵头的WorldFIP集团。1994年,两大集团宣布合并,融合成现场总线基金会(Fieldbus Foundation,FF)。对于现场总线的技术发展和制定标准,现场总线基金会取得以下共识:共同制定遵循IEC/ISASP50协议标准,商定现场总线技术发展阶段时间表。

目前,典型的现场总线有基金会现场总线FF、HAPT、CAN、LonWorks、DeviceNet、Profibus、WorldFIP、CC-Link等。这些现场总线具有各自的特点,并形成了特定的应用范围。但是,现场总线种类比较多,采用的通信协议也完全不同,所以至今现场总线的标准也未能统一,最终形成了一个多种现场总线的IEC61158的现场总线标准。

现场总线技术的发展体现为两个方面:一个是低速现场总线领域的继续发展和完善;另一个是高速现场总线技术的发展。目前现场总线产品主要是低速总线产品,应用于运行速率较低的领域,对网络的性能要求不是很高。从应用状况看,无论是FF和Profibus,还是其他一些现场总线,都能较好地实现速率要求较慢的过程控制。

高速现场总线主要应用于控制网内的互联,连接控制计算机、PLC等智能程度较高、处理速度快的设备,以及实现低速现场总线网桥间的连接,它是充分实现系统的全分散控制结构所必需的。

1.5.3 现场总线控制系统的结构

传统控制系统(如DCS)与现场总线控制系统(FCS)的结构如图1-2所示。

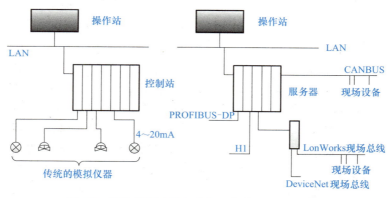

图1-2 传统控制系统与现场总线控制系统结构图

如图1-2所示,现场总线采用数字信号替代模拟信号,因而可实现在一对电线上传输多个信号,如运行参数值、多台设备状态及故障信息等,现场设备以外不再需要数/模、模数/转换器件,同时又为多台设备提供了电源,这样就为简化系统结构、节约硬件设备、节约连接电缆与各种安装、维护费用创造了条件。

表 1-1 为 FCS 与 DCS 的详细对比。

表 1-1　FCS 和 DCS 的详细对比

项目	FCS	DCS
结构	一对多：一对传输线接多台仪表，双向传输多个信号	一对一：一对传输线接一台仪表，单向传输一个信号
可靠性	可靠性好：数字信号传输抗干扰能力强、精度高	可靠性差：模拟信号传输不仅精度低，而且容易受干扰
监控状态	操作员在控制室既可以了解现场设备或现场仪表的工作状况，也能对设备进行参数调整，还可以预测或寻找故障，设备与仪表始终处于操作员的远程监视与可控状态之中	操作员在控制室既不了解模拟仪表的工作状况，也不能对其进行参数调整，更不能预测故障，导致操作员对仪表处于"失控"状态
互换性	用户可以自由选择不同制造商提供的性能价格比最优的现场设备和仪表，并将不同品牌的仪表互联。即使某台仪表故障，换上其他品牌的同类仪表照样工作，可实现"即接即用"	尽管模拟仪表统一了信号标准，但是大部分技术参数仍由制造厂自定，致使不同品牌的仪表无法互换

现场总线为开放式互联网络，它既可与同层网络互联，也可与不同层网络互联，还可以实现网络数据库的共享。不同制造商的网络互联十分简便，可通过网络对现场设备和功能块统一组态，把不同厂商的网络及设备融为一体，构成统一的 FCS。

现场总线控制系统主要由以下几个部分组成：

1）现场设备层。现场设备层应用于整个系统的最底层，主要功能是连接现场设备，如分散式 I/O、传感器、驱动器、执行机构、开关设备等，完成现场设备及设备间联锁控制；主站（PLC、PC 等）负责总线通信管理及所有从站通信。

2）过程监控层。过程监控层处于控制系统的中间层，由操作台计算机、控制台计算机等组成。过程监控层的传输速度不是最重要的，重要的是能够传送大量的信息，在实时性要求较高的情况下通信是确定的、可重复的。

3）信息管理层。信息管理层处于控制系统的最高层，采用通用的 TCP/IP。信息管理层可连接的设备包括控制器、PC、操作员站、高速 I/O、其他局域网设备，还可以通过网关设备接入因特网。信息管理层通信的主要特点是通信数据量大，通信的发生较为集中，要求有高速链路支持，对实时性要求不高。

1.5.4　现场总线控制系统的特点

1. 现场总线的结构特点

（1）基础性　作为工业通信网络中最底层的现场总线，既可以到达现场仪器仪表所处的装置、设备级，又可以有效集成到 Ethernet 中，构成了工业企业网络中的最基础的控制和通信环节；使得工业企业的信息管理、资源管理以及综合自动化真正到达了设备层，使全方位的 ERP 得以实现。

（2）灵活性　把现场智能设备作为网络节点，通过现场总线来实现各节点之间、节点与管理层之间的信息传递与沟通，具有一定的灵活性。

（3）分散性　大部分控制系统的功能可以不依赖控制室的计算机而直接在现场完成，

实现了彻底的分散控制。

2. 现场总线的技术特点

（1）开放性　现场总线控制系统采用公开化的通信协议，遵守同一通信标准的不同厂商的设备之间可以互联及实现信息交换；用户可以灵活选用不同厂商的现场总线产品来组成实际的控制系统，达到最佳的系统集成。

（2）互操作性与互用性　互操作性是指不同厂商的控制设备不仅可以互相通信，而且可以统一组态，实现同一的控制策略和"即插即用"，不同厂商性能相同的设备可以互换。

（3）网络拓扑结构的灵活性　现场总线控制系统可以根据复杂的现场情况组成不同的网络拓扑结构，如树形、星形、总线型和层次化网络结构等。

（4）现场设备的智能化与功能自治性　传统的 DCS 使用相对集中的控制站，其控制站由 CPU 单元和输入/输出单元等组成。现场总线控制系统则将 DCS 的控制站功能彻底分散到现场控制设备，仅靠现场总线设备就可以实现自动控制的基本功能，如数据采集与补偿、PID 运算和控制、设备自校验和自诊断等功能。系统的操作员可以在控制室实时监控，设定或调整现场设备的运行参数，还能借助现场设备的自诊断功能对故障进行定位和诊断。

（5）系统结构的高度分散性　现场设备本身属于智能化设备，具有独立自动控制的基本功能，从根本上改变了 DCS 的集中与分散相结合的体系结构，形成了一种全新的分布式控制系统，实现了控制功能的彻底分散，提高了控制系统的可靠性，简化了控制系统的结构。现场总线与上一级网络断开后仍可维持底层设备的独立正常运行，其智能程度大大加强。

（6）对现场环境的适应性　现场总线是专为工业现场设计的，它可以使用双绞线、同轴电缆、光缆、电力线以及无线的方式来传送数据，具有很强的抗干扰能力。常用的数据传输线是廉价的双绞线，并允许现场设备利用数据通信线进行供电，还能满足本质安全防爆要求。

1.6　现代控制网络——工业以太网

1.6.1　工业以太网概述

工业以太网（Industrial Internet）是在以太网技术和 TCP/IP 技术的基础上开发出来的一种工业网络，是指在工业环境的自动化控制及过程控制中应用以太网的相关组件及技术。工业以太网基于 IEEE 802.3（Ethernet）强大的区域和单元网络，提供了一个无缝集成到新的多媒体世界的途径。它已经被广泛应用于制造、能源、交通和智能建筑等各种工业控制领域，成为现代工业生产网络的重要组成部分。

工业以太网的定义

1.6.2　工业以太网的发展历史

工业控制网络的基本发展是逐渐趋向于开放、透明的通信协议，而现场总线的开放性是有条件的、不彻底的；现场总线的标准是基于多种现场总线标准的，而多标准在某种意义上讲，就是无标准。因此，工业以太网得以兴起，一些厂商提出了将以太网技术引入工厂设备底层（如施耐德提出了适用于工业现场的基于以太网+TCP/IP 的解决方案）。

  Ethernet 网络出现于 1975 年，随后 3COM 公司致力于让以太网的使用成为一个多供应商标准，并于 1982 年制定为 IEEE 802.3 标准的第一版本。1990 年 2 月，该标准被国际标准化组织所采纳，正式成为 ISO/IEC8802.3 国际标准。在这期间，Ethernet 从最初 10Mbit/s 的以太网过渡到 100Mbit/s 的快速以太网和交换式以太网，直至千兆以太网和光纤以太网。

  Ethernet 采用载波监听多点接入/碰撞检测（Carrier Sense Multiple Access with Collision Detection，CSMA/CD）方式，在网络负荷较重时，网络的确定性不能满足工业控制的实时要求；Ethernet 所用的接插件（Connector）、集线器（Hub）、交换机（Switches）和电缆等是为办公室应用而设计的，不符合工业现场恶劣环境的要求。在工厂环境中，Ethernet 抗干扰性能较差，若用于危险场合，以太网不具备本质安全性能；Ethernet 网还不具备通过信号线向现场仪表供电的性能。以太网并没有考虑工业现场环境的需求，在材质的选用、产品的强度、适用性以及实时性、可互操作性、可靠性、抗干扰性、本质安全性等方面不能满足工业现场的需要，故在工业现场控制应用的是与普通以太网不同的工业以太网。

  为了促进 Ethernet 在工业领域的应用，国际上成立了工业以太网协会（Industrial Ethernet Association），并与美国 ARC Advisory Group、AMR Research 研究中心和 Gartner Group 等机构合作开展工业以太网关键技术的研究。为了解决在无间断的工业应用领域，使网络在极端条件下稳定工作的问题，美国 Synergetic Micro System 公司和德国 Hirschmann 公司专门开发和生产了导轨式收发器系列、集线器系列和交换机系列，它们安装在标准 DIN 导轨上，并由冗余电源供电；接插件采用牢固的 DB-9 结构；美国 NET Silicon 公司研制了工业以太网通信接口芯片。

  但是，以太网是一种随机网络，具有通信不确定性，这使得工业以太网一度被打上"难以胜任高速实时性数据通信"的标签。为此，世界各大公司纷纷转向研究基于以太网的通信确定性和实时性的问题，并取得了一些成就。目前比较有影响力的实时工业以太网有：西门子的 Profinet、倍福的 EtherCAT、贝加莱的 PowerLink、横河的 VNET/IP、东芝的 TCnet、施耐德的 Modbus-IDA、浙大中控的 EPA 等。

1.6.3 工业以太网的关键技术

  以太网应用于现场设备间通信的关键技术如下：

  1）实时通信技术：其中采用以太网交换技术、全双工通信和流量控制等技术，以及确定性数据通信调度控制策略、简化通信栈软件层次、现场设备层网络微网段化等针对工业过程控制的通信实时性措施，解决了以太网通信的实时性问题。

  2）总线供电技术：采用直流电源耦合、电源冗余管理等技术，设计了能实现网络供电或总线供电的以太网集线器，解决了以太网总线的供电问题。

  3）远距离传输技术：采用网络分层、控制区域微网段化、网络超小时滞中继以及光纤等技术，解决以太网的远距离传输问题。

  4）网络安全技术：采用控制区域微网段化，各控制区域通过具有网络隔离和安全过滤的现场控制器与系统主干相连，实现各控制区域与其他区域之间逻辑上的网络隔离。

5）可靠性技术：采用分散结构化设计、电磁兼容性（Electro Magnetic Compatibility，EMC）设计、冗余和自诊断等可靠性设计技术，提高了基于以太网技术的现场设备可靠性。

1.6.4 工业以太网的工作原理

工业以太网是应用于工业控制和自动化领域的网络通信技术，可以实现设备之间的数据交换和通信。其基本工作原理如下：

1）通信协议：工业以太网使用一种基于 TCP/IP 的通信协议，该协议支持实时数据传输和高速传输，并且可以在不同的网络层次上进行通信。

工业以太网的结构

2）网络拓扑结构：工业以太网通常采用总线型、星形或环形的拓扑结构。在总线拓扑中，所有设备都连接到同一条总线上；在星形拓扑中，每个设备都连接到一个中心交换机上；在环形拓扑中，将设备依次连接成一个环形。

3）数据传输：设备之间通过工业以太网传输数据，数据可以是实时数据、控制指令或其他类型的数据。传输过程中，数据被分割成小的数据包，每个数据包都包含一个头部和一个数据区，头部包含了数据包的目的地和源地址等信息。

4）速率控制：工业以太网支持各种速率的数据传输，速率范围为 1Mbit/s~10Gbit/s。在实时应用中，需要确保数据传输的实时性和稳定性，因此实时数据通常使用高速的以太网传输方式。

5）安全管理：为了保证数据传输的安全性，工业以太网支持加密和身份认证。网络管理员可以在网络中实现用户和设备的身份验证，并采取安全措施以保护数据的机密性和完整性。

工业以太网的工作原理与普通以太网相似，但在环境要求、实时性、可靠性方面存在较大的区别，见表 1-2。

表 1-2 工业以太网与普通以太网的区别

类别	工业以太网	普通以太网
结构	相似	相似
环境要求	环境恶劣：极端温度、高含尘量、潮湿、机械振动、EMC 干扰高、机械损坏危险程度高、紫外线辐射高	环境温和：温度舒适、低含尘量、不潮湿、几乎无振动、EMC 干扰低、机械损坏危险程度低、紫外线辐射低
可靠性	要求高可靠性：要求具有较高的稳定性、抗干扰性、可恢复性以及可维护性	可靠性要求一般：允许存在网络数据冲突，多次重发能重新建立连接
实时性	实时性要求较高：网络硬件传输速率较高（百兆以上），网络通信协议层次结构简单，响应时间一般为 0.01~0.5s	实时性要求一般：网络硬件传输速率较低，网络通信协议层次结构较复杂，响应时间一般为 2~6s

1.6.5 工业以太网的冗余功能

选择工业以太网时，需要考虑以太网通信协议、电源、通信速率、工业环境认证、安装方式、外壳对散热的影响、简单通信功能和通信管理功能等因素。如果对工业以太网的网络管理有更高要求，则需要考虑所选择产品的高级功能，如信号强弱、端口设置、出错报警、串口使用、主干冗余（TrunkingTM）、环网冗余、服务质量（Quality of Service，QoS）、虚拟局域网（Virtual Local Area Network，VLAN）、简单网络管理协议（Simple Network Management Protocol，SNMP）、端口镜像等其他工业以太网管理交换机中可以提供的功能。不同的控制系统对网络的管理功能要求不同，自然对管理型交换机的使用也有不同要求，应该根据其系统的设计要求，挑选适合系统的工业以太网产品。

由于工业环境对工业控制网络可靠性能的超高要求，工业以太网的冗余功能应运而生，从生成树冗余（Spanning-Tree Protocol，STP）、快速生成树冗余（Rapid Spanning-Tree Protocol，RSTP）、环网冗余（RapidRingTM）到主干冗余（TrunkingTM），都有各自不同的优势和特点，可以根据自己的要求进行选择。

（1）生成树冗余及快速生成树冗余　STP（生成树算法，IEEE 802.1D）是一个链路层协议，提供路径冗余和阻止网络循环发生，它强令备用数据路径为阻塞（Blocked）状态。如果一条路径有故障，该拓扑结构能借助激活备用路径重新配置及进行链路重构，网络中断恢复时间为30~60s。RSTP（快速生成树算法，IEEE 802.1w）作为STP的升级，将网络中断恢复时间缩短到1~2s。生成树算法网络结构灵活，但也存在恢复速度慢的缺点。

（2）环网冗余　为了能满足工控网络实时性强的特点，环网冗余孕育而生。这是在工业以太网中使用环网提供高速冗余的一种技术，可以使网络在中断后300ms之内自行恢复，并可以通过工业以太网交换机的出错继电连接、状态显示灯和SNMP设置等方法来提醒用户出现的断网现象，这些都可以帮助用户诊断环网在什么位置出现了断线。RapidRingTM也支持两个连接在一起的环网，使网络拓扑更为灵活多样，两个环通过双通道连接，这些连接可以是冗余的，可避免单个线缆出错带来的问题。

（3）主干冗余　将不同交换机的多个端口设置为Trunking主干端口，并建立链接，则这些工业以太网交换机之间可以形成一个高速的骨干链接，成倍提高了骨干链接的网络带宽，增强了网络吞吐量，还提供了冗余功能。如果网络中的骨干链接产生断线等问题，那么网络中的数据会通过剩下的链接进行传递，以保证网络的通信正常。Trunking主干网络采用总线型和星形网络结构，采用硬件侦测及数据平衡的方法，使网络中断恢复时间达到了10ms以下。

1.6.6　无线工业以太网

近年来，无线通信技术已经广泛应用于工业以太网，这是因为在一些条件苛刻的现场会有无法布线的区域，另外在高速旋转设备和工业机器人等应用中无法使用有线网络，还有一些现场使用无线方案可以节省时间、材料及人工。比如，在汽车工厂的总装车间、焊装车间、涂装车间需要大量使用PLC控制的悬挂式吊臂小车作为输送设备移动汽车，PLC之间采用了无线通信方式，有效解决了有线通信模式下由于吊臂小车移动及旋转导致的通信故障问题。工业无线通信是指多台工业设备节点间不经由导体或缆线，而利用电磁波无线信道远距离传输工业数据。

工业以太网的冗余功能

目前，无线工业以太网方案主要基于以下三个无线协议：

1）IEEE 802.11 无线局域网协议：该标准使用CSMA/CA 载波侦听多路访问/冲突防止技术，工作于2.4~2.4835GHz频段，其物理层有跳频扩展频谱（Frequency-Hopping Spread

Spectrum，FHSS）方式和直接序列扩展频谱（Direct Sequence Spread Spectrum，DSSS）方式。

2）IEEE 802.15.1 蓝牙协议：它采用高速跳频、短分组及快速确认方式，其载频选用 2.45GHz 频带。

3）IEEE 802.15.4 ZigBee 技术：它是一种近距离、低功耗、低速和低成本的双向无线技术，物理层基于 DSSS 方式，工作于 2.4GHz 和 868/915MHz 频带。

1.6.7 工业以太网的特点

1）高可靠性：工业以太网采用可靠的通信协议和冗余机制，确保了网络的稳定性和可靠性。例如，采用链路冗余技术可以在网络故障时自动切换到备用链路，保持通信的连续性。

2）实时性：工业以太网能够实现高速、实时的数据传输和通信。通过时间同步技术和封闭环路控制，工业以太网可以满足对时间要求严格的应用，如机器人控制和精密加工。

3）灵活性和可扩展性：工业以太网具有良好的灵活性和可扩展性，可以适应不同规模和复杂度的工业网络。它支持多种拓扑结构和设备连接方式，可以根据需求进行灵活配置和扩展。

4）兼容性：工业以太网基于开放的标准化协议和接口，具有良好的兼容性。它可以与传统的工业通信协议和设备无缝集成，实现设备的互联和互操作。

5）管理和诊断：工业以太网提供了强大的管理和诊断功能，便于工程师对网络和设备进行监控和维护；通过中央管理系统和诊断工具，可以实时监测网络状态和设备运行情况，及时发现和解决问题。

6）安全性：工业以太网注重数据的安全性和网络的保护。通过加密技术、身份认证和访问控制，工业以太网可以防止未经授权的访问和数据泄露，确保工业网络的安全性。

1.7 未来控制网络——工业互联网

1.7.1 工业互联网概述

工业互联网是新一代信息通信技术与工业经济深度融合的新型基础设施、应用模式和工业生态，通过对人、机、物、系统等全面连接，构建起覆盖全产业链、全价值链的全新制造和服务体系，为工业乃至产业数字化、网络化、智能化发展提供了实现途径，是第四次工业革命的重要基石。它以网络为基础、平台为中枢、数据为要素、安全为保障，既是工业数字化、网络化、智能化转型的基础设施，也是互联网、大数据、人工智能与实体经济深度融合的应用模式，同时也是一种新业态、新产业，将重塑企业形态、供应链和产业链。

工业互联网的定义

1.7.2 工业互联网的体系结构

工业互联网主要由"网络体系""平台体系""安全体系"三大体系组成。其中，网络体系是基础，相当于人的血液循环系统，用于实现工业全系统、全产业链、全价值链的深度互联；平台体系是核心，相当于人的神经中枢系统，是工业智能化发展的核心载体，负责海量数据汇聚与建模分析、各类创新应用开发与运行，实现制造能力标准化与服务化、工业知识软件化与模块化。安全体系是保障，相当于人的免疫防护系统，是工业智能化的安全可信保障，提供满足工业需求的安全技术和管理体系，能够识别和抵御安全威胁，化解各种安全风险。工业互联网相比于传统工业网络的最大优势在于可以将工业数据传输到云服务器，便于多用户远程无线访问。

（1）网络体系是基础　工业互联网网络体系包括网络互联、数据互通和标识解析三部分。

网络互联实现要素之间的数据传输，包括企业外网、企业内网。典型技术包括传统的现场总线、工业以太网以及创新的时间敏感网络（Time Sensitive Network，TSN）、确定性网络、5G等技术。企业外网根据工业高性能、高可靠、高灵活、高安全需求进行建设，用于连接企业各地机构、上下游企业、用户和产品。企业内网用于连接企业内人员、机器、材料、环境、系统，主要包含信息技术（Internet Technology，IT）网络和控制技术（Operation Technology，OT）网络。当前，内网技术发展呈现三个特征：IT和OT正走向融合，工业现场总线向工业以太网演进，工业无线技术加速发展。

数据互通是通过对数据进行标准化描述和统一建模，实现要素之间传输信息的相互理解。数据互通涉及数据传输、数据语义语法等不同层面。其中，数据传输典型技术包括嵌入式过程控制统一架构（OPC UA）、消息队列遥测传输（Message Queuing Telemetry Transport，MQTT）、数据分发服务（Data Distribution Services，DDS）等；数据语义语法主要指信息模型，典型技术包括语义字典、自动化标记语言（Automation ML）、仪表标记语言（Instrument ML）等。

标识解析体系实现要素的标记、管理和定位，由标识编码、标识解析系统和标识数据服务组成，通过为物料、机器、产品等物理资源和工序、软件、模型、数据等虚拟资源分配标识编码，实现物理实体和虚拟对象的逻辑定位和信息查询，支撑跨企业、跨地区、跨行业的数据共享共用。标识解析应用按照载体类型可分为静态标识应用和主动标识应用。静态标识应用以一维码、二维码、射频识别码（Radio Frequency Identification，RFID）、近场通信标识（Near Field Communication，NFC）等作为载体，需要借助扫码枪、手机APP等读写终端触发标识解析过程。主动标识应用通过在芯片、通信模组、终端中嵌入标识，主动通过网络向解析节点发送解析请求。

（2）平台体系是核心　工业互联网平台体系包括边缘层、软件即服务（Software-as-a-Service，SaaS）、平台即服务（Platform-as-a-Service，PaaS）和基础设施即服务（Infrastructure-as-a-Service，IaaS）四个层级，相当于工业互联网的"操作系统"，有四个主要作用。一是数据汇聚，网络层面采集的多源、异构、海量数据，传输至工业互联网平台，为深度分析和应用提供基础。二是建模分析，提供大数据、人工智能分析的算法模型和物理、化学等各类仿真工具，结合数字孪生、工业智能等技术，对海量数据进行挖掘分析，实现数据驱动的科学决策和智能应用。三是知识复用，将工业经验知识转化为平台上的模型库、知识库，并通过工业微服务组件方式，方便二次开发和重复调用，加速共性能力沉淀和普及。四是应用创新，面向研发设计、设备管理、企业运营、资源调度等场景，提供各类工业APP、云化软件，帮助企业提质增效。

（3）安全体系是保障　工业互联网安全体系涉及设备、控制、网络、平台、工业APP、数据等多方面网络安全问题，其核心任务就是通过监测预警、应急响应、检测评估、功能测试等手段确保工业互联网健康有序发展。与传统互联网安全相比，工业互联网安全具有三大特点：一是涉及范围广，打破了传统工业相对封闭可信的环境，网络攻击可直达生产一线，联网设备的爆发式增长和工业互联网平台的广泛应用，使网络攻击面持续扩大；二是造成的影响大，工业互联网涵盖制造业、能源等实体经济领域，一旦发生网络攻击、破坏行为，安全事件影响严重；三是企业防护基础弱，目前我国广大工业企业安全意识、防护能力仍然薄弱，整体安全保障能力有待进一步提升。

1.7.3　工业互联网的网络结构

工业互联网的网络结构可以分为三层，分别是前端控制层、网络传输层、数据管理层，如图1-3所示。前端控制层主要设备为PLC、GPS（Global Positioning System，全球定位系统）、AGV、摄像头等，用于采集工业设备数据，实现智能控制。网络传输层由物联网网关TG451将数据通过5G/4G无线网络高速透传，该网关具有边缘计算能力，能够实现终端数据处理优化，为数据安全提供条件。数据管理层由监控云平台通过PC端/移动端/大屏等应用系统，实现设备管理、工单管理、远程售后、大数据分析等功能。

工业互联网的网络结构

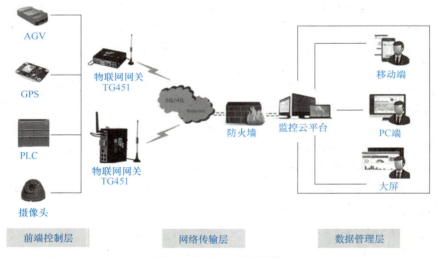

图1-3　工业互联网结构

物联网网关是工业设备互联网的入口和引擎，是一种集合了通信管理、数据接收、数据转发、串口接入、无线4G/5G/WiFi、协议转换、边缘计算等功能的设备，支持使用移动无线设备连入网关WiFi对设备进行现场调试。协议转换是指通过将云端标准消息队列遥测传输（Message Queuing Telemetry Transport，MQTT）协议与工业设备不同协议相互转化，实现云端数据与工业设备数据的双向传输。边缘计算主要是指在靠近传感器或数据源头的网络边缘侧实现数据分析、处理与存储，降低云计算中心的计算负载，减缓网络带宽的压力，提高数据的处理效率，实现实时、快速、高效的用户响应。

智能楼宇的网络结构如图 1-4 所示。前端控制层包括 ZigBee 模块和 Modbus 主从设备以及相关传感器设备,ZigBee 模块采用网络拓扑结构自组网,终端节点周期性采集传感器数据,如温湿度、人体红外和烟雾等信息,然后发送给路由器或协调器;协调器负责汇聚来自路由器和终端节点的数据,然后通过串口透传方式发送给网关。Modbus 采用主从串行通信方式,选用 Modbus RTU 通信模式传送给排水水泵和照明回路控制信息。智能楼宇网关是网络传输层的核心,先通过串口获取感知层采集到的数据,并根据数据的紧急程度进行边缘计算和按照不同优先级机制处理,然后完成 ZigBee/MQTT 和 Modbus/MQTT 的协议转换,最后将封装好的 MQTT 数据包通过 Internet 发送到物联网云平台。数据管理层以物联网云平台为核心,对现场终端采集的数据进行统一的管理和分析,然后做出相关决策。

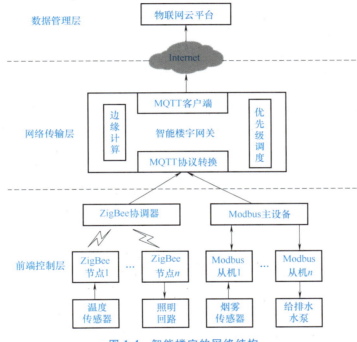

图 1-4 智能楼宇的网络结构

由此可见,网关通过对不同协议的解包和封包,统一转换为 MQTT 协议,再通过 WiFi、4G/5G 或以太网方式发送给云服务器。同时,随着传感器数量的增加和采集频率的提高,网关内将实时产生海量数据,而这些数据并不都具有应用价值。网关需要对采集的数据进行边缘计算,将紧急数据和敏感数据全部及时上传云服务器并及时联动其他系统。而对于普通数据,取其平均值周期性地上传到云服务器,从而进一步提高系统的实时处理能力和减少网络传输的数据量。可以认为,协议转换是工业数据上云的前提条件,边缘计算决定了哪些工业数据上云。

1.7.4 工业互联网的典型应用模式

工业互联网融合应用推动了一批新模式、新业态孕育兴起,提质、增效、降本、绿色、安全发展成效显著,初步形成了平台化设计、智能化制造、网络化协同、个性化定制、服务化延伸、数字化管理六大典型应用模式。

1）平台化设计是依托工业互联网平台，汇聚人员、算法、模型、任务等设计资源，实现高水平、高效率的轻量化设计、并行设计、敏捷设计、交互设计和基于模型的设计，变革传统设计方式，提升研发质量和效率。

2）智能化制造是互联网、大数据、人工智能等新一代信息技术在制造业领域的加速创新应用，用于实现材料、设备、产品等生产要素与用户之间的在线连接和实时交互，以逐步实现机器代替人生产。智能化代表制造业未来发展的趋势。

3）网络化协同是通过跨部门、跨层级、跨企业的数据互通和业务互联，推动供应链上的企业和合作伙伴共享用户、订单、设计、生产、经营等各类信息资源，实现网络化的协同设计、协同生产、协同服务，进而促进资源共享、能力交易以及业务优化配置。

4）个性化定制是面向消费者个性化需求，通过客户需求准确获取和分析、敏捷产品开发设计、柔性智能生产、精准交付服务等，实现用户在产品全生命周期中的深度参与，是以低成本、高质量和高效率的大批量生产实现产品个性化设计、生产、销售及服务的一种制造服务模式。

5）服务化延伸是制造与服务融合发展的新型产业形态，指的是企业从原有制造业务向价值链两端高附加值环节延伸，从以加工组装为主向"制造+服务"转型，从单纯出售产品向出售"产品+服务"转变，具体包括设备健康管理、产品远程运维、设备融资租赁、分享制造、互联网金融等。

6）数字化管理是企业通过打通核心数据链，贯通生产制造全场景、全过程，基于数据的广泛汇聚、集成优化和价值挖掘，优化、创新乃至重塑企业战略决策、产品研发、生产制造、经营管理、市场服务等业务活动，构建数据驱动的高效运营管理新模式。

1.8 工业控制网络的安全防控

伴随中国制造 2025 的提出，针对工业数据通信与控制网络的相关研究逐步成为研究热点。越来越多的通用协议被应用在工业控制系统中，在网络化控制的过程中也引入了信息安全威胁。据国家信息安全漏洞共享平台针对工控系统行业漏洞统计，截至 2024 年 10 月共发现超过 3290 条信息安全漏洞，涉及国内外大量工控设备厂商，其中高危漏洞更是占到 46.9%。工业安全事件的主要攻击策略大都利用了工业以太网协议漏洞向控制系统发送恶意控制命令。由于工业控制系统设计之初是封闭隔离的，控制协议并没有采用加密认证等信息安全手段，因此攻击者只需获得总线的访问权限，就能够对总线数据进行监听、篡改，以达成对控制系统的破坏。

工业控制网络的安全防控

以 2010 年震惊世界的蠕虫病毒为例，利用 4 个零日漏洞感染装有西门子公司 WinCC 组态软件和装有 PCS7 程序的工控主机，再利用 Profibus 协议缺乏认证和加密，攻击者监听总线数据，寻找工作在 800~1200Hz 范围内的变频器并对其强制降频到 2Hz，造成伊朗核电站 20% 离心机损坏，约 3 万台终端被感染。

自 2010 年蠕虫病毒以后，各国都开始高度重视工控系统的网络安全，并开始制定相关法规。我国工业和信息化部于 2011 年 9 月发布了《关于加强工业控制系统信息安全管理的通知》(工信部协[2011]451 号),要求各级政府和国有大型企业切实加强工业控制系统信息安全防护和管理。表 1-3 为中国已正式发布的工控安全法规。

表 1-3　工控安全法规

序号	标准号	中文名称	
1	GB/T 32919—2016	信息安全技术	工业控制系统安全控制应用指南
2	GB/T 36324—2018	信息安全技术	工业控制系统信息安全分级规范
3	GB/T 36466—2018	信息安全技术	工业控制系统风险评估实施指南
4	GB/T 36470—2018	信息安全技术	工业控制系统现场测控设备通用安全功能要求
5	GB/T 37933—2019	信息安全技术	工业控制系统专用防火墙技术要求
6	GB/T 37934—2019	信息安全技术	工业控制网络安全隔离与信息交换系统安全技术要求
7	GB/T 37941—2019	信息安全技术	工业控制系统网络审计产品安全技术要求
8	GB/T 37953—2019	信息安全技术	工业控制网络监测安全技术要求及测试评价方法
9	GB/T 37954—2019	信息安全技术	工业控制系统漏洞检测产品技术要求及测试评价方法
10	GB/T 37962—2019	信息安全技术	工业控制系统产品信息安全通用评估准则
11	GB/T 37980—2019	信息安全技术	工业控制系统安全检查指南

近几年,工控安全事件也频发。2021 年 5 月,美国东部输油管道遭勒索软件攻击被迫关闭,导致美国公共安全进入紧急状态,8851km 长的输油管道严重影响美国 17 个州的燃料供应;2021 年 4 月,伊朗纳坦兹核设施蹊跷断电;2020 年 6 月,巴西电力遭遇勒索软件;2020 年 4 月,以色列供水设施突遭袭击;2020 年 4 月,欧洲能源巨头 EDP 遭网络攻击;2020 年 3 月,钢铁制造商 EVRAZ 遭受勒索软件攻击;2020 年 2 月,美国天然气管道商遭攻击。

1. 安全风险分析

工业控制系统主要存在三类安全风险。

(1) 工业控制系统无防护带来的风险　出于工业控制软件与操作系统补丁兼容性的考虑,工业控制系统开机后一般不会对 Windows 操作系统打补丁,导致系统带着漏洞运行;出于工业控制软件与杀毒软件兼容性的考虑,工业控制系统通常不安装杀毒软件,给病毒与恶意代码的传播和攻击留下了可乘之机;工业控制系统中的管理终端一般没有采取措施对移动 U 盘和光盘进行有效的管理,导致移动介质的使用引发的安全事件时有发生;在维护工业控制系统时,通常需要接入笔记本计算机,由于对接入的笔记本计算机缺乏有效的安全监管,对工业控制系统的操作行为缺乏有效的安全监管和审计,异常操作行为会给工业控制系统带来很大的安全风险。

(2) "两化融合"给工业控制系统带来的风险　最初的工业控制网络与企业管理信息网络是物理隔离的,随着工业化和信息化深度融合,越来越多的工业控制网络通过逻辑隔离方式实现了与企业管理信息网络的互联互通;企业为了实现管理与控制的一体化,提高企业信息化和综合自动化水平,引入了制造执行系统(MES),以实现两个网络之间的数据交换;导致来自互联网的外部攻击可能通过企业管理网络渗透到工业控制网络,形成很大的安全威胁。

（3）工业控制系统采用通用软硬件带来的风险　工业控制系统越来越多地采用开放的工业标准来实现工业控制系统的集成，包括工业以太网、基于 TCP/IP 的 OPC（Object Linking and Embedding for Process Control）技术等；在系统中大量使用通用的 PC 服务器、终端产品以及通用的操作系统、数据库系统等。这种开放性结构很容易遭到来自企业管理信息网或互联网的病毒、黑客的攻击。

2. 工业控制系统信息安全防护体系

以《中华人民共和国网络安全法》为法律依据，以 2019 年 5 月发布的 GB/T 22239—2019《信息安全技术　网络安全等级保护基本要求》为指导标准的网络安全等级保护办法（简称等保 2.0），将工业控制系统作为关键信息基础设施纳入等保范围之内，标志着我国网络安全等级保护工作进入"2.0 时代"。等保 2.0 通用要求基本框架如图 1-5 所示。

3. 安全技术体系

基于等保 2.0 通用要求的工业控制系统安全防护体系总体框架如图 1-6 所示，包括安全管理体系、安全技术体系、安全运维体系。其中，安全技术体系又包含边界安全、平台安全、用户和访问控制安全、应用安全、数据安全。

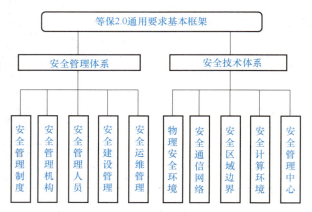

图 1-5　等保 2.0 通用要求基本框架

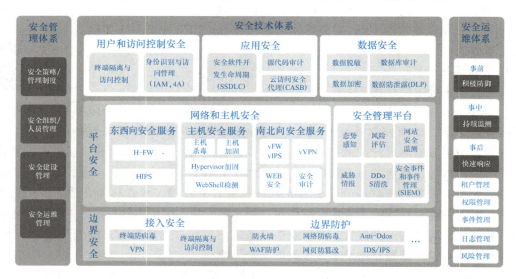

图 1-6　工业控制系统安全防护体系

其中，防火墙是一种安全机制，用于控制和监视网络上来往的信息流，目的是保护网络上的设备。流过的信息要与预定义的安全标准或政策进行比较，丢弃不符合政策要求的信息。它是一个过滤器，阻止了不必要的网络流量，限制了受保护网络与其他网络（如因特网,或站点网络的另一部分)之间通信的数量和类型。现代的防火墙可以执行像入侵检测系统(Intrusion Detection Systems,IDS)的功能,可以记录被拒绝访问的数据包,识别专门导致网络问题的数据包,或报告异常的信息流;可以在防火墙上部署"一线"的防病毒软件,如果发现有感染数据的特征,这种数据在进入网络前就会被阻止;提供身份验证服务,要求用户连接到防火墙另一侧的设备使用密码或强大的验证方法(如公共密钥加密)通过防火墙验证;提供虚拟专用网络(Virtual Private Network,VPN)网关服务,在防火墙和远程主机设备之间建立一个加密的隧道;提供网络地址转换(Network Address Translation,NAT),将防火墙一侧的一组 IP 地址映射到另一侧一组不同的地址。

虚拟专用网络是通过一个公用网络(通常是因特网)建立一个临时的、安全的连接,是一条穿过混乱的公用网络的安全、稳定的隧道;是对企业内部网的扩展,通过它可以帮助远程用户、公司分支机构、商业伙伴及供应商与公司的内部网建立可信的安全连接,并保证数据的安全传输。VPN 可用于不断增长的移动用户的全球因特网接入,以实现安全连接;可用于实现企业网站之间安全通信的虚拟专用线路,用于经济有效地连接到商业伙伴和用户的安全外联网虚拟专用网。

WAF(Web Application Firewall)是云盾提供的一项安全服务,为云主机提供 Web 安全防护服务,能够有效防止黑客利用应用程序漏洞入侵渗透;是一项网络安全技术,主要用于加强网站服务器安全。网站安全防护可提供 0Day、NDay 漏洞防护。网站安全防护 WAF 基于对 http 请求的分析,如果检测到请求是攻击行为,则会对请求进行阻断,不会让请求到业务的机器上去,以提高业务的安全性,为 Web 应用提供实时的防护;当发现有未公开的 0Day 漏洞,或者刚公开但未修复的 NDay 漏洞被利用时,WAF 可以在发现漏洞到用户修复漏洞这段空档期对漏洞增加虚拟补丁,抵挡黑客的攻击,防护网站安全。

HIPS(Host-based Intrusion Prevention System)是基于主机的入侵防御系统,能监控计算机中文件的运行、对文件的调用以及对注册表的修改。数据防泄露(Data Loss Prevention,DLP)称为"信息泄露防护",是通过一定的技术手段来防止企业的指定数据或者信息资产以违反安全策略规定的形式流出企业的一种策略。

IAM(Identity and Access Management)为身份识别与访问管理,简称大 4A,具有单点登录、强大的认证管理、基于策略的集中式授权和审计、动态授权、企业可管理性等功能。

4. 安全防护模型

现代工业控制系统大量地采用工业以太网协议与互联网对接。工业以太网继承了传统以太网的脆弱性,仅仅借助传统的以太网安全策略〔如采用 VPN 技术将控制网划分为逻辑独立的非实时子网和实时子网;采用服务质量(Quality of Service,QoS)技术保证实时数据的质量;采用证书分级登录验证功能等〕,已经无法满足现代工业控制系统的安全需求。现代工业以太网协议安全防护模型如图 1-7 所示。

(1)外部主动防护技术 外部主动防护技术指部署在系统外部的、主动探测协议脆弱性的安全技术,包括纵深防御技术、IDS 与 IPS、网络隔离、协议漏洞管理等。IDS 与入侵防御系统(IPS)主要采用模式匹配的方法,对符合特征的数据分组进行操作;IDS 并联在系统中,旁路监听系统流量,IPS 串联在系统中,数据需要经由 IPS 才能到达接收端,才能够拦截违法消息。协议蜜罐通过模拟各种工业以太网协议在公网上的运行,为真实系统提供防护参考。协议漏洞管理科学地检测工业以太网协议漏洞,并及时更新补丁,是协议防护技

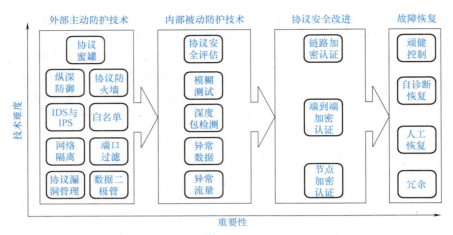

图 1-7 现代工业以太网协议安全防护模型

术的重要组成部分。

（2）内部被动防护技术　内部被动防护技术指当攻击向量已经进入系统内部时，需要采取的防护技术，包括深度包检测、异常流量、异常数据、模糊测试及协议安全评估技术等。深度包检测技术广泛应用于流量管理和协议安全分析中，也是主要的异常流量及异常数据检测方法。深度包检测技术可分为三类：基于特征字的识别技术、应用层网关识别技术、行为模式识别技术。

（3）协议安全改进　针对协议安全性的改进主要基于加密技术实现，一种是针对协议自身的改进，优点是可以兼容主流的工业设备；另一种是借助其他安全设备或安全协议实现协议传输安全。协议安全改进主要有三种方法：链路加密、节点加密和端到端加密。链路加密方式，数据在源节点处进行加密处理，到达目的节点后进行解密，分组在链路上以密文传输，能够隐藏传输源点与终点，防止攻击者对通信地址进行分析。节点加密采用一台与节点相连的密码设备，密文在该设备中被解密并用另一个不同的密钥重新加密。端到端加密方式，传输过程中消息始终以密文形式存在，不会导致信息泄露。

1.9 工业控制网络典型案例

1.9.1 工业控制网络案例分析

工业控制网络广泛运用于电力行业、机械行业、煤矿行业、医疗行业、交通行业、自动化控制行业等。下面介绍几种典型的工业控制网络。

1. 煤矿电力监控系统

煤矿供配电系统是维持整个煤矿采掘、运输、通风、排水等重要电气设备正常工作及提供日常照明等用电的重要支撑，其运行可靠性及稳定性是煤矿安全、高效生产的重要技术保障。由于煤矿供配电系统时常会出现负荷波动剧烈、无计划停电、越级跳闸及故障排查困难等问题,因此极易引发瓦斯、煤尘爆炸等安全事故。为了有效降低煤矿事故的发生概率,提高煤矿供配电综合管理水平及效率,需对煤矿供配电系统采用一体化实时监控方案,进而更好地实现煤矿各变电所的无人值守功能。

某煤矿井下电力监控系统架构如图1-8所示,主要包括三个部分:地面监控主站、电力监控分站及综合保护单元。地面监控主站主要由两台监控计算机、打印机、数据交换机和UPS电源等设备组成,用于井下供电运行数据的实时显示及高开综合保护装置远程操作等指令的下达,其中监控主站采用双机热备份方式,保证系统的可靠性。电力监控分站用于井下各供电设备运行数据的采集、处理与转发,其中高低压开关综合保护装置的通信信号作为一组信号共同接入监控分站。系统的通信平台架构采用工业以太环网加现场总线的组合通信方式,井下各变电所内电气设备的运行状态参数由井下电力监控分站通过RS485总线通信方

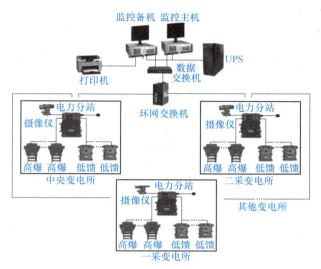

图1-8 某煤矿井下电力监控系统架构图

式及协议转换进行采集,实现数据的就地集中监测。同时,监控分站通过光纤以太环网与监控主站实现数据交互,将各运行数据集中上传至监控主站。井下监控分站是实现井下数据上传及监控主站控制指令执行的重要设备,选用KJ410-F型矿用隔爆兼本安型监控分站对数据进行双分站分段采集,其内部主要由通信服务器、冗余光纤交换机、人机交互界面及UPS电源等设备组成,具备两路传输接口,传输方式采用TCP/IP以太网光信号,传输速率可达自适应10Mbit/s~100Mbit/s,最大传输距离可达10km。

为保证全系统运行显示时间准确一致,在原系统基础上设计了GPS对时子系统,通过地面调控中心加装的GPS对时装置从GPS卫星获取标准时间信号,并将该时间信号通过各类接口实时传输至监控主机、综合保护装置、故障录波器、远程RTU等需要时间信息的主要通信设备,从而使整个系统的运行时间达到同步。

同时,通过数字视频录像子系统加强对井下各变电所及供电设备的实时监控,通过在电力系统平台中加装的网络硬盘录像机和现场的固定式及云台摄像头对井下所有供电场所及设备进行实时数字视频采集,并配置大容量硬盘对所有录像数据进行实时存储,存储时间不低于一个月。数字视频录像子系统结构如图1-9所示。

2. 立体车库监控系统

本案例围绕机器视觉技术在车辆号牌识别方面的应用、PLC在自动堆垛控制方面的应用以及组态软件在现场和远程监控方面的应用,设计立体车库智能监控系统,实现对待停车辆车牌信息的自动识别和智能存取,并通过工业以太网实现现场与远程信息的实时交互,以达到停车信息云端存储、可视化管理以及停车过程远程监控的目的。

选用工业以太网接口组网,分别将现场控制器PLC、现场服务器PC、人机交互触摸屏

TPC 接入现场网络。监控系统分为现场监控和远程监控两部分。现场监控由控制器 SMART200 PLC 控制立体车库堆垛系统及现场扫码设备和打印设备，通过 MCGS 组态软件配置触摸屏 TPC 中的各个点位信息来获取 PLC 采集的实时数据，再连接动画和图表控件实现数据可视化。远程监控则依靠现场服务器 PC 中的力控软件平台构建，在力控组态软件中配置 PLC 地址，将 PLC 设备参数通过 SMART200 TCP 收集至力控平台，设计力控组态界面，设置 Web 发布，实现组态界面在局域网内的分享；在 Web 发布成功后，利用蒲公英等支持 VPN 功能的工业路由器进行异地组网，继而实现内网穿透，远程访问所发布的 Web 界面，达到远程监控的目的。立体车库监控系统结构如图 1-10 所示。

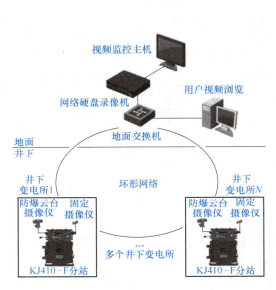

图 1-9 数字视频录像子系统结构

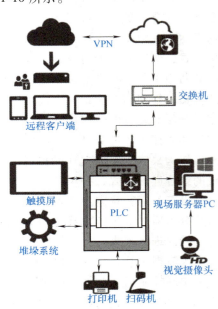

图 1-10 立体车库监控系统结构

1.9.2 解析典型现场总线

任务 1：识读铜电解用短接开关控制系统。

短接开关是铜电解车间需频繁操控使用的生产设备，早期采用硬接线控制，需要车间人员到环境恶劣的现场操作，存在安全隐患，也不便于传递数据到集控室。本案例为某铜业电解车间使用的短接开关监控系统，明确要求能在集控室上位机对车间底层的短接开关发出远程分合的操作指令、实时显示后台监控系统中发生故障的开关及故障原因、用报表的形式记录短接开关的分合闸时间以及合闸次数、实时显示槽电压；且需要与 DCS 连接并传输相应的数据，终端需具备 OPC 通信功能。

短接开关后台监控系统的结构如图 1-11 所示，采用分层结构，由就地控制层和远方控制层两层组成。短接开关控制箱和 S7-1500 通过 Profibus-DP 进行数据传输，然后 S7-1500 通过工业以太网与上位机进行通信传输。

在现场，SIMATIC WinCC 和 PLC 是通过 Profibus-DP 和工业以太网来实现连接的。现场 14 台 DKT-1 控制箱中每个 PLC 都带有一个 Profibus-DP 通信模块，它是 S7-1200 实现 Profibus-DP 从站功能的通信模块。Profibus-DP 用于现场设备级的高速数据传送，主站周期地读取从站的输入信息并周期地向从站发送输出信息，总线循环时间必须要比主站（PLC）程序循环时间短。除周期性用户数据传输外，Profibus-DP还提供智能化设备所需的非周期性通信以进行组态、诊断和报警处理。另外，Profibus支持总线型、树形和星形拓扑。现场采用的是总线型拓扑，14台控制箱的S7-1200设为从站，中控室的S7-1500设为主站，通过Profibus-DP光缆进行通信连接。当所有的数据存储在S7-1500中后，S7-1500通过工业以太网与上位机进行通信连接，交换数据。

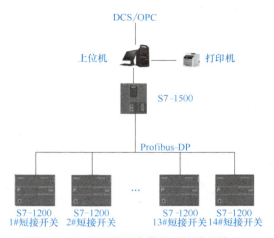

图1-11 短接开关后台监控系统的结构

同时，为了建设智能化工厂并且将短接开关后台监控系统与整流系统、行车系统、三大机组等实现联锁和控制，防止行车在出铜时短接开关还在合位而引发炸槽，需要将独立运行的短接开关监控系统整合进DCS中，且需要预留OPC接口。在独立的监控系统中，S7-1500作为14台S7-1200的主站，采集数据传输给上位机；而在与DCS的通信中，S7-1500需要作为DCS的从站，将所需要的信息上传给DCS。在整个系统中，S7-1500既需要作为主站同时也需要作为从站，S7-1500通过扩展两个CM1542-5通信模块，在组态过程中，设置其中一个模块作为主站与控制箱的S7-1200通信，设置另外一个模块作为DP从站与DCS通信。

请认真识读该现场总线，思考以下问题：

1）S7-1500 PLC是否集成了通信模块？
2）Profibus-DP的主-从站是如何实现通信的？

1.9.3 解析典型工业以太网

任务2：识读基于S7-1200的智能晾板控制系统。

本案例为了弥补国内晾板设备的自动化程度较低、设备运行不稳定等缺陷，提出一种基于西门子S7-1200及Profinet总线的智能晾板设备控制系统。硬件采用西门子S7-1200 PLC作为中央控制器，通过Profinet工业以太网总线与SINAMICS G120变频器及ET200S分站等实现了实时现场总线通信。该控制系统的网络拓扑图如图1-12所示。

现场通信采用了Profinet实时工业以太网通信方式。Profinet是由PROFIBUS国际（Profibus International，PI）组织推出的新一代基于工业以太网的自动化总线标准，作为跨供应商的技术，能完全兼容工业以太网及现有的现场总线技术，能实现在不同场合的应用，从而完成各种不同需求的控制任务。旋转机构采用两台SINAMICS G120变频器控制电动机的运行。G120是西门子新一代的矢量型变频器，动态响应及速度控制精度非常高，且集成Profinet通信接口，S7-1200通过Profinet接口与G120变频器进行实时现场数据通信。系统采用一台具有12个RJ45接口的西门子SCANLANCE X212工业以太网交换机，通信电缆采用西门子标准的快速以太网电缆和插头。该交换机和电缆具有较强的抗EMC干扰能力，保证了现场数据的实时稳定通信功能。上位监控采用西门子精致系列触摸屏TP1200，该触摸屏集成有以太网接口，通过该接口可以简单方便地实现与S7-1200 PLC的通信。

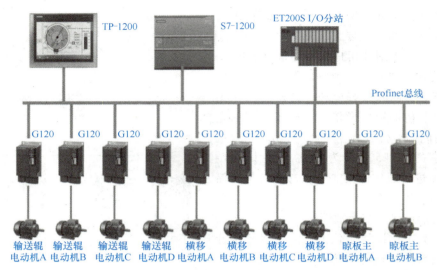

图 1-12　智能晾板控制系统网络拓扑图

请认真识读该工业以太网，思考以下问题：

1）Profinet 网络都有哪些网络拓扑结构？

2）Profinet 总线结构有何特征？

任务 3：识读基于 S7-1500 的矿业破碎自动化系统。

本案例针对某矿业发展有限公司破碎工序自动化系统落后的问题，进行了流程自动化系统升级改造，采用西门子 S7-1500 系统作为主控 CPU，中控室内采用 Wincc 作为上位机人机操作界面，完成 S7-1500 系统的指令下达和系统监控功能。采用 PLC 设备作为控制系统的控制核心，系统由控制站、操作站、工程师站、网络交换机等设备组成。4 个控制站分别是中控室主站、预选分站、中细碎分站、筛分分站。通过 Profinet 现场工业以太网组成分布式的 I/O 控制系统，与中央控制室的工控机和控制站的数据相连接，将选矿厂的生产流程、工艺参数及设备的运行状态进行实时传送与显示，达到实时、准确、全面地了解生产状态和控制操作生产工艺的目的。

破碎自动化系统网络拓扑如图 1-13 所示，使用冗余环网系统可以有效地减少以太网通信中断造成的损失。搭建好冗余环后，可以使用冗余管理器监控当前网络状态。当网络接线突然断开或交换机发生故障时，它就会自动连通另一条备用路径恢复通信，并在故障被消除之后自动恢复为原通信路径，不会对后面的工艺单元产生影响，保证了工厂在复杂的工业化环境之下，即使遇到通信意外中断的情况，也不会造成巨大的影响，能够有效减少损失。所以，在工业通信中，搭建一个冗余系统是十分重要的。

请认真识读该冗余光纤工业以太网，思考以下问题：

1）为什么要设计工业冗余网络？

2）冗余管理器在冗余环网中的作用是什么？

1.9.4　解析典型工业互联网

任务 4：识读基于云平台的污水处理远程监控系统。

本案例针对一所医院的小型医疗污水处理项目，处理对象主要是医院的生活废水和医疗

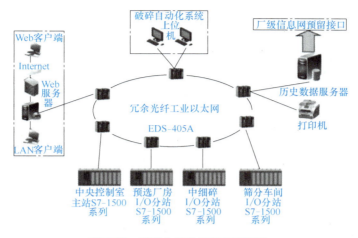

图 1-13　破碎自动化系统网络拓扑

污水。污水经过一定处理后，达到城市污水排放标准要求，才能排放至市政管网。污水处理一般经过物理处理、生物处理和化学处理等处理过程。该系统由一台现场 PC 上位机、一台西门子 200 SMART PLC 主机、模拟量扩展模块、数字量扩展模块、云网络摄像机、工业网关、两台路由器、一台触摸屏、一台余氯自动检测和加药装置、一台机械自动过滤装置、一套水质在线检测设备、各种传感器及执行器等组成。系统将上位机组态技术、工业互联网应用、云平台、智能终端控制、数据处理技术、数字通信技术等紧密结合，形成状态、数据、监控、管理于一体的远程监控系统。

该系统将现场 PLC、摄像头、智能仪表、触摸屏、计算机等设备通过工业路由器连在一起组成一个现场控制系统，其中 PLC 又将现场的各种传感器和执行器连接起来。同时，将工业路由器通过网线连接至工业网关，再将工业网关通过有线或无线的方式连接至互联网，将现场设备采集到的各种信息通过工业网关实时上传至云平台储存，远端的智能设备通过网络登录云平台后，便可以进行远程的实时监控和管理。

污水处理远程监控系统的结构如图 1-14 所示。

请认真识读该工业互联网，思考以下问题：

1）工业路由器、工业网关在网络中分别有什么作用？与普通路由器、普通网关有何区别？

2）手机端、计算机端是如何访问到工业现场数据的？

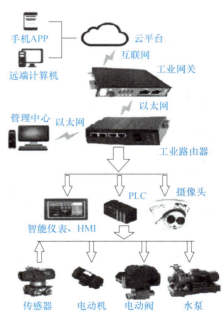

图 1-14　污水处理远程监控系统的结构

项目 2
MODULE 2
工业控制网络的通信知识

【学习目标】

素养目标：培养学生的规范意识与自觉自省意识，网络安全意识与责任担当，科研前瞻意识，增强国家认同感。

知识目标：掌握工业网络的数据传输方式、接口标准、数据交换方式、网络拓扑结构、网络控制方法等知识。

能力目标：掌握 IP、MAC 地址查询方式，掌握网线制作方法，掌握网络测试的基本技巧及故障排除方法。

【项目导入】

工业网络是新一代信息通信技术与工业经济深度融合的全新工业生态模式，不仅包含交换机、路由器、网关等网络组件，也包含传感器、PLC、触摸屏、机器人、AGV、智能相机等工业设备，实现了人、机、物的全面互联。工业数据想要在现场网络与控制网络之间、各工业控制设备之间、控制网络各组件之间稳定相互交换，必须遵循工业控制系统特有的通信协议。通信协议是机器间交流的语言，如果不定义一个规则，两台设备也无法知道对方想表达的是什么意思，通信协议就是这个规则。工业网络中典型的通信协议有 Modbus、Profibus、CC-Link、CanOpen、Profinet 等，那这些通信协议又是参考什么标准制定的呢？本项目结合典型工业控制网络，介绍工业网络的通信模型、通信标准、数据通信系统、数据传输方式、传输介质、接口标准、拓扑结构、数据交换技术、差错控制技术等通信知识，介绍工业以太网的测试指令、测试技巧及故障诊断方法。

项目 2 导入

【项目知识】

2.1 工业控制网络的组成与结构

工业网络是指安装在工业生产环境中的一种全数字化、双向、多站的通信系统。如图

2-1 所示，在智慧工厂中，常见的工业设备有传感器、数据采集器、可编程控制器、机器人、无线射频识别（Radio Frequency Identification，RFID）装置、智能相机、监控 IPC、服务器、工业云等工业设备；借助交换机、网关等网络组件，通过双绞线、光纤等物理介质，按照一定的网络结构连接工业设备的标准接口，就形成了互联互通的工业控制网络。

工业网络的组成与结构

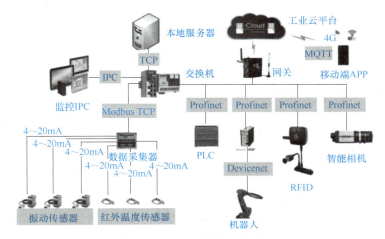

图 2-1 智慧工厂网络拓扑结构

在智慧工厂中，现场设备通过数据采集器、智能相机、无线射频识别模块捕获传感器检测数据、图像信息等，将检测数据通过网络传给 PLC，PLC 进行智能处理，并将控制命令通过网络发送给机器人控制器，最终机器人执行动作，实现现场的自动化制造。通过本地服务器和监控 IPC，完成数据采集、监视控制、系统诊断信息的提取等，实现局域网内的可视化监控。通过工业云平台、数字孪生技术，结合移动终端，实现广域网的远程监控、云服务、云制造、云供应等管理功能。

2.1.1 工业控制网络节点

工业控制网络节点分为 4 种类型，即 I/O 设备、I/O 控制器、I/O 监控器和网络组件。I/O 设备是指分配给 I/O 控制器的分散式现场设备，如传感器、远程 I/O、终端设备和变频器等；I/O 控制器即 PLC，负责自动化控制；I/O 监控器是指可以实时监测各种工业设备状态和参数的工控机或触摸屏；网络组件是连接各节点的组网设备，如交换机、路由器等。

工业网络网络节点

1. I/O 设备

（1）传感器　传感器（Transducer/Sensor）是一种检测装置，能感受到被测量的信息，并能将检测到的信息按一定规律变换成为电信号或其他所需形式的信息输出，以满足信息的传输、处理、存储、显示、记录和控制等要求，是实现自动检测和自动控制的首要环节。传感器的种类繁多，分类不尽相同。其按被测量分类，可分为：位移传感器、力传感器、力矩传感器、转速传感器、振动传感器、加速度传感器、温度传感器、压力传感器、流量传感器、流速传感器等。

图 2-2 所示为工业现场常用传感器。

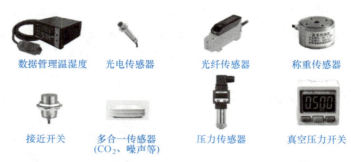

图 2-2 工业现场常用传感器

（2）变送器　变送器（Transmitter）是把传感器的输出信号转变为可被控制器识别的信号（或将传感器输入的非电量转换成电信号同时放大以便供远方测量和控制的信号源）的转换器。传感器和变送器一同构成自动控制的监测信号源。不同的物理量需要不同的传感器和相应的变送器。变送器的种类很多，用在工业控制仪表上的变送器主要有温度变送器、压力变送器、流量变送器、电流变送器、电压变送器等。

（3）执行器　执行器（Tinal Controlling Element）是自动化技术工具中接收控制信息并对受控对象施加控制作用的装置。执行器由调节机构和执行机构组成。调节机构通过执行元件直接改变生产过程的参数，使生产过程满足预定的要求。执行机构则接收来自控制器的控制信息，把它转换为驱动调节机构的输出（如角位移或直线位移）。执行器按所用驱动能源分为气动执行器、电动执行器和液压执行器。

图 2-3 所示为常用的电动执行器和气动执行器。

a) 搬运机械手　　　　b) 传输系统　　　　c) 三轴搬运机械手

图 2-3 执行器

（4）远程 I/O　SIMATIC ET200SP 是西门子公司的新一代分布式输入/输出（I/O）模块，由接口模块、安装在右侧的信号模块/基座构成。通常 ET200SP 本身并不具有控制能力，仅完成现场信号的采集及命令的执行，需要与控制器配合才能组成一个完整的控制系统。

（5）无线射频识别装置　无线射频识别是自动识别技术在无线电技术方面的具体应用与发展。RFID 装置通过采用射频信号自动识别目标对象并获取相关数据，识别工作无须人工干预，可工作于各种恶劣环境。RFID 装置可识别高速运动物体，并可同时识别多个标签，操作快捷、方便。

（6）智能相机　智能相机（Smart Camera）并不是一台简单的相机，而是一种高度集成化的微小型机器视觉系统。它将图像的采集、处理与通信功能集成于单一相机内,从而提供了具有多功能、模块化、高可靠性、易于实现的机器视觉解决方案。

2. I/O 控制器

可编程控制器是一种具有微处理器的、用于自动化控制的数字运算控制器,可以将控制指令随时载入内存进行储存与执行。可编程控制器由 CPU、指令及数据内存、输入/输出接口、电源、数/模转换等功能单元组成,包括逻辑控制、时序控制、模拟控制、多机通信等功能。

工业上使用的 PLC 已经相当或接近于一台紧凑型计算机的主机,其在扩展性和可靠性方面的优势使其被广泛应用于各类工业控制领域。不管是在计算机直接控制系统还是集中分散式控制系统,或者现场总线控制系统中,总是有各类 PLC 的大量应用。PLC 的生产厂商很多,如西门子、施耐德、三菱、台达等,几乎涉及工业自动化领域的厂商都会有其 PLC 产品提供。

3. I/O 监控器

工控机是专为工业现场设计的 I/O 监控器,通常用于控制和监测工业生产过程中的各种设备,如机器人、生产线、传送带、电动机、电器等,以实现对这些设备的远程控制、监测、数据采集和处理等功能。工控机可以对各种数据进行采集和处理,为企业提供实时的生产数据和市场数据,可以实时监测和控制各种工业设备的状态和参数,保证生产过程的安全和稳定。

4. 网络组件

(1) 集线器 集线器是指将多条以太网双绞线或光纤集合连接在同一段物理介质下的设备,工作在开放式系统互联(Open System Interconnection, OSI)参考模型的第 1 层,即物理层。对于来自任何端口的每条消息,集线器接收信号后将衰减的信号整形放大,并将放大的信号广播转发给其他所有端口。集线器采用了半双工的广播形式,使用起来比较简单,是即插即用的;但是其速度慢且效率低,并且可能发生消息冲突。

(2) 交换机 非管理型工业交换机工作在 OSI 参考模型的第 2 层,即数据链路层,为接入交换机的任意两个网络节点提供独享的电信号通路。交换机内部有一张 MAC 表,记录了交换机每个端口与所连设备的 MAC 地址的关系,数据包中包含源 MAC 地址及目的 MAC 地址。交换机根据内部的 MAC 表就可以实现消息从一个端口到另一个端口的转发功能,还可以自动检测每台网络设备的网络速度。交换机只能根据具体的 MAC 地址来转发数据。非管理型工业交换机无法实现任何形式的通信检测和冗余配置,因此出现了管理型工业交换机。

管理型工业交换机可以自动与网络设备交互,用户可以手动配置每个端口的网速和流量控制,通常还提供一些高级功能,例如用于远程监控和配置的简单网络管理协议、用于诊断的端口映射、用于对网络设备进行分组的虚拟局域网、优先级功能确保优先消息通过等。

(3) 路由器 路由器(Router)是连接两个或多个网络的硬件设备,工作在 OSI 模型中的第 3 层,即网络层,是通过读取每一个数据包中的 IP 地址来决定如何传送的专用智能性网络设备。路由器只能根据具体的 IP 地址来转发数据。同时,路由器可以分析各种不同类型网络传来的数据包的目的 IP 地址,把非 TCP/IP 网络的地址转换成 TCP/IP 地址,再根据选定的路由算法把各数据包按最佳路线传送到指定位置。

（4）网关　网关又被称为网间协议变换器，用以实现不同通信协议的网络之间，包括使用不同网络操作系统的网络之间的互联。一个普通的网关可用于连接两个不同的总线或网络，由网关进行协议转换，提供更高层次的接口。网关允许在具有不同协议和报文组的两个网络之间传输数据。在报文从一个网段到另一个网段的传送中，网关提供了一种把报文重新封装形成新的报文组的方式。网关需要完成报文的接收、翻译与发送。在工业数据通信中网关可以把一台现场设备的信号送往另一类不同协议或更高一层的网络，例如把 ASI 网段的数据通过网关送往 Profibus-DP 网段。

（5）串口服务器　串口服务器提供串口转网络功能，能够将 RS232/485/422 串口转换成 TCP/IP 网络接口，实现 RS232/485/422 串口与 TCP/IP 网络接口的数据双向透明传输，使得自动化领域的串口设备具备联网能力，能够连接网络进行数据通信，即串口联网服务器让传统的 RS232/422/485 设备立即联网，是专为串口转以太网设计连接的桥梁。

2.1.2　工业控制网络的传输介质

传输介质也称为传输媒质或通信介质，是指通信双方用于传输彼此信息的物理通道，通常分为有线传输介质和无线传输介质两大类。有线传输介质使用物理导体，提供从一台设备到另一台设备的通信通道；无线传输介质通常使用超短波、微波，在空间广播传输信息。在工业控制网络中常用的有线传输介质为双绞线、同轴电缆和光纤等。

工业网络的传输介质

传输介质的性能特点对传输速率、通信距离、可连接的网络节点数目和数据传输的可靠性等均有很大的影响。因此，必须根据不同的通信要求，合理选择传输介质。

1. 双绞线

双绞线是目前最常见的一种传输介质，用金属导体来接收和传输通信信号，可分为非屏蔽双绞线（Unshielded Twisted Pair, UTP）和屏蔽双绞线（Shielded Twisted Pair, STP）。每一对双绞线由绞合在一起的相互绝缘的两根铜线组成，把两根绝缘的铜线按一定密度绞合在一起，可降低信号干扰的程度，每一根导线在传输中辐射的电磁波也会被另一根导线上发出的电磁波抵消。屏蔽双绞线有较好的屏蔽性能，所以也具有较好的电气性能，价格较贵。把多对双绞线放在一个绝缘套管中便成了双绞线电缆，如局域网中常用的 5 类、6 类、7 类双绞线就是由 4 对（非屏蔽）双绞线组成的，价格较为低廉，所以目前双绞线仍是企业局域网中首选的传输介质。双绞线既可以传输模拟信号又可以传输数字信号；对于模拟信号，每 5~6km 需要一个放大器；对于数字信号，每 2~3km 需要一个中继器。

2. 同轴电缆

如图 2-4 所示，同轴电缆分为 4 层。内导体是一根铜线，铜线外面包裹着塑料绝缘层，再外面是由金属或者金属箔制成的屏蔽层，最外面由绝缘保护外套将电缆包裹起来。其中铜线用来传输信号；绝缘层通常由陶制品或塑料制品组成，它将铜线与金属屏蔽层隔开；网状金属屏蔽层一方面可以屏蔽噪声，另一方面可以作为信号地；绝缘保护套层可使电缆免遭物理性破坏，通常由柔韧性好的防火塑料制成。这样的电缆结构既可以防止

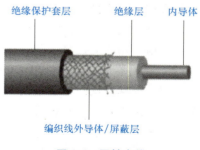

图 2-4　同轴电缆

自身产生的电干扰,也可防止外部干扰。经常使用的同轴电缆有两种:一种是50Ω电缆,用于数字传输,由于多用于基带传输也叫基带同轴电缆;另一种是75Ω电缆,多用于模拟信号传输。

常用同轴电缆连接器是卡销式连接器,将连接器插到插口内,再旋转半圈即可,安装十分方便。T形连接器(电缆以太网使用)常用于分支的连接。同轴电缆的数据传输速度、传输距离、可支持的节点数、抗干扰性能都优于双绞线,成本也高于双绞线,但低于光缆,安装相对简单且不易损坏。

3. 光纤

光导纤维是目前最先进、最有效的传输介质,用于以极快速度传输大量信息的场合。它是一种传输光束的细微而柔韧的媒介,简称光纤。在它的中心部分有一根或多根玻璃纤维,通过从激光器或发光二极管发出的光波穿过中心纤维来进行数据传输。

光纤有以下特点:

1)抗干扰性好。光纤中的信息是以光的形式传播的,由于光不受外界电磁干扰的影响,而且本身也不向外辐射信号,所以光纤具有良好的抗干扰性,适用于长距离的信息传输以及安全要求高的场合。

2)具有更宽的带宽和更高的传输速率,且传输能力强。

3)衰减少,无中继时传输距离远,这样可以减少整个通道的中继器数目,而同轴电缆和双绞线每隔几千米就需要接一个中继器。

4)光纤本身价格昂贵,对芯材纯度要求高。

在使用光纤互联多个小型机的应用中,必须考虑光纤的单向特性。如果要进行双向通信,就应使用双股光纤,一个用于输入,另一个用于输出。由于要对不同频率的光进行多路传输和多路选择,因此又出现了光学多路转换器。光纤连接采用光纤连接器,安装要求严格。如果两根光纤间任意一段芯材未能与另一段光纤或光源对正,就会造成信号失真或反射;如果连接过分紧密,则会造成光线改变发射角度。

4. 传输介质的访问控制方式

不管采用总线结构还是环形结构的网络,网络设备共享传输介质,为解决在同一时间多台设备同时争用传输介质的问题,介质访问控制(Media Access Control,MAC)起到了关键作用。

IEEE802系列标准是IEEE802 LAN/MAN标准委员会制定的局域网、城域网技术标准,其组成及相互关系如图2-5所示。

图2-5 IEEE 802 标准的内容

IEEE802.3：以太网介质访问控制（Carrier Sense Multiple Access with Collision Detection，CSMA/CD）协议及物理层技术规范。

IEEE802.4：令牌总线（Token-Bus）网的介质访问控制协议及物理层技术规范。

IEEE802.5：令牌环（Token-Ring）网的介质访问控制协议及物理层技术规范。

2.1.3 工业控制网络的串行接口标准

工业网络的串行接口标准

物理接口是系统中不同设备与部件之间的硬件接口，在 OSI 参考模型中，物理层是最低层，它提供有关比特流在物理媒介上的传输。物理层为了使不同厂家的产品能够互换和互联，数据终端设备（Data Terminal Equipment，DTE）与数据通信设备（Data Communication Equipment，DCE）在插接方式、引线分配、电气特征和应答关系上均应符合统一的标准，称为物理接口标准，又称 DTE/DCE 接口标准。常用的串行数据接口标准有 RS232、RS485、RS422 等。

1. RS232

RS232C 接口是目前计算机与 PLC 通信常用的一种串行通信接口，可使用 9 针或 25 针的 D 型连接器，常用的是 9 针 D 型接口，如图 2-6 所示，其 3 号引脚表示发送数据，2 号引脚表示接收数据，5 号引脚表示信号地。

RS232C 中电压为负逻辑关系，-3～-15V 表示逻辑 1，3～15V 表示逻辑 0；噪声容限为 2V。RS232C 线缆两插头之间的导线连接方式主要有：直连、2/3 交叉、全交叉。直连方式一般用于延长线或转换线；交叉方式用于连接设备之间的通信，多数情况使用 2/3 交叉。RS232C 接口采用全双工传输方式，电气接口单端驱动、单端接收，需要数字地线。RS232C 接口在总线上只允许连接 1 个收发器，即单站能力，只允许一对一通信，常用传输速率为 19200bit/s、9600bit/s、4800bit/s

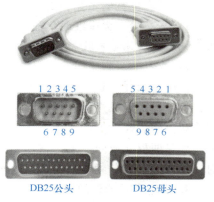

图 2-6 RS232C 接口

等，最高通信速率为 20kbit/s，最大通信距离为 15m，特点为传输速率较低、传输距离短、抗噪声干扰性弱，一般用于点对点的近距离通信。

2. RS485

RS485 是一种典型的串行通信标准，规定了发送器和接收器的特性，而没有规定接插件、传输电缆和应用层通信协议。RS485 通信接口没有固定的形式，不同厂家的产品，引脚顺序和引脚功能不尽相同，但是厂方一般都会提供产品说明书，用户可以查阅其接口的引脚图定义。RS485 串行接口如图 2-7 所示。

RS485 通信采用差分电路，差分电路两线间的电压差为 2～6V，表示逻辑"1"；两线间的电压差为 -2～-6V，表示逻辑"0"。如图 2-8 所示，RS485 一般采用

图 2-7 RS485 串行接口

半双工的二线制接线方法，使用一组双绞线，用 A、B 表示，不需要数字地线，最高传输速率为 10Mbit/s，通信距离最大为 1200m，支持组网。RS485 具有多站能力，既支持点到多点通信，也支持多点到多点通信，通信网络上允许有多台主设备，总线上最多允许连接多达 128 个节点。RS485 的优点在于弥补了 RS232 通信距离短，不能进行多台设备同时联网管理的缺点。

如图 2-9 所示，RS485 也可以采用全双工的四线制接线方式，此时需要两组双绞线，通常用 A、B、Y、Z 表示，也不需要数字地线。

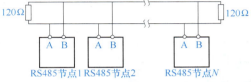

图 2-8　RS485 半双工的二线制接线

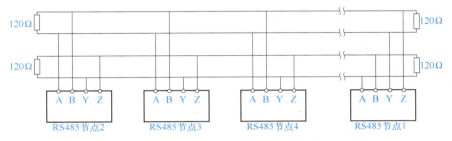

图 2-9　RS485 全双工的四线制接线

3. RS422

RS422 是一系列的规定采用四线制、全双工、差分传输、多点通信的数据传输协议，其电气性能与 RS485 完全一样，以差动方式发送和接收，不需要数字地线。如图 2-10 所示，RS422 的通信原理与 RS485 类似，区别在于只能采用全双工通信模式，必须使用两组双绞线，分别标示为 R+、R−、T+、T−。而且，RS422 只支持点到多点通信，不支持多点到多点

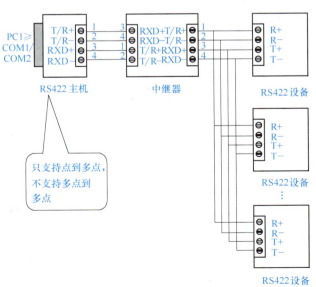

图 2-10　RS422 全双工的四线制接线

通信；通信网络上只能有一台主设备，其余为从设备，允许在相同传输线上连接最多 10 个节点；最大传输速率可达 10Mbit/s，最大传输距离约为 1200m。RS422 布线成本高，容易搞错，实际使用得比较少。

4. 串行通信标准比较

串行通信标准 RS232、RS422、RS485 的特征及区别见表 2-1。

表 2-1 串行通信标准的比较

接口标准	RS232	RS422	RS485
最大传输距离	15m	1200m	1200m
最高传输速率	20kbit/s	10Mbit/s	10Mbit/s
连接方式	2/3 交叉	四线制	二线制/四线制
传输方式	非差分	差分	差分
通信方式	全双工	全双工	半双工/全双工
组网能力	点到点	点到多点	点到多点/多点到多点
组网节点数量	1	10	128
抗干扰	弱	较强	较强

可以发现，RS485 接口具有良好的抗噪声干扰性、较长的传输距离、较快的传输速率和多站能力等优点。因此，RS485 是现场总线中首选的串行接口。

> **小试牛刀**
>
> （1）RS485 通信采用（　　）传输方式，最少使用（　　）根线。
> A. 平衡，2　　　B. 不平衡，3　　　C. 不平衡，2　　　D. 平衡，3
> （2）RS485 有半双工、全双工的通信方式，分别使用（　　）接线方式。
> A. 二线制、三线制　　　　　　B. 三线制、四线制
> C. 二线制、四线制　　　　　　D. 四线制、二线制

2.1.4 工业控制网络的拓扑结构

网络拓扑结构是指用传输媒体互联各种设备的物理布局，是用各种方式把网络中的一系列设备连接起来，是网络中各节点的互联形式。如果把工业设备、交换机、网关等网络单元抽象为"点"，把网络中的电缆等通信介质抽象为"线"，那么就可以形成点和线的几何图形，从而抽象出网络系统的具体结构，这种结构称为工业网络的拓扑结构。

工业网络的拓扑结构

如图 2-11 所示，工业网络中常用的拓扑结构有星形拓扑结构、树形拓扑结构、环形拓扑结构和总线型拓扑结构等。

1. 星形拓扑结构

星形拓扑结构将所有的设备连接到一个中枢装置（如交换机或集线器）。其连接特点是每个节点点对点连接到中心站。节点间的通信必须经过中心站。这样的连接便于系统集中控制、易于维护且网络扩展方便，但这种结构中心站的任务繁重，而每个节点的通信处理负担很小，要求中心站必须具有极高的可靠性，否则中心站一旦损坏，整个系统便趋于瘫痪。对

工业控制网络的通信知识 项目2

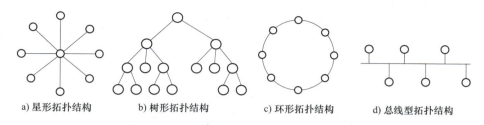

图 2-11 网络的拓扑结构

此中心站通常采用双机热备份,以提高系统的可靠性。几台计算机通过集线器相互连接的方式就是典型的星形拓扑结构。

2. 树形拓扑结构

其传输介质是不封闭的分支电缆,网络适应性强,可认为是星形拓扑或总线型拓扑的扩展形式,用多接点并联的接线盒取代星形结构的中心节点,一个站发送数据,其他站都能接收。因此,树形拓扑也可完成多点广播式通信。

3. 环形拓扑结构

环形拓扑结构通过网络节点的点对点链路连接,构成一个封闭的环路。信号在环路上从一台设备到另一台设备单向传输,直到信号传输到目的地为止。每台设备只与逻辑或空间上与其相连的设备连接,信号只能单向传输。如果 $N+1$ 端需将数据发送到 N 端,则几乎要绕环一周才能到达 N 端。这种结构容易安装和重新配置,接入和断开一个节点只需改动两条连接,可以减少初期建网的投资费用;每个节点只有一个下游节点,不需要路由选择;可以消除端用户通信时对中心系统的依赖性,但某一节点一旦失效,整个系统就会瘫痪。由于多个节点共享环路,需要某种访问控制方式。

4. 总线型拓扑结构

总线型拓扑结构在局域网中的使用最普遍,其连接布线简单、扩充容易、成本低廉。其连接特点是端用户的物理媒体由所有设备共享,各节点地位平等,无中心节点控制。总线上一个节点发送数据,所有其他节点都能接收。总线拓扑可以发送广播报文,某个节点一旦失效,不会影响其他节点的通信。但使用这种结构必须解决的一个问题是确保端用户发送数据时不能出现冲突。即每次只能由一个节点发送信息,要确保各节点发送数据时不能出现冲突,网络可以广播发送。

2.2 工业控制网络的通信模型

2.2.1 OSI 参考模型

OSI 参考模型是国际标准化组织(ISO)制定的一个用于计算机或通信系统间互联的标准体系,一般称为 OSI 模型或七层模型。1978 年,ISO 定义了这个开放协议标准。有了这个开放的模型,各网络设备厂商就可以遵照共

OSI 参考模型

同的标准来开发网络产品，最终实现彼此兼容。

OSI 参考模型的结构如图 2-12 所示，从下到上依次为物理层、数据链路层、网络层、传输层、会话层、表示层、应用层。

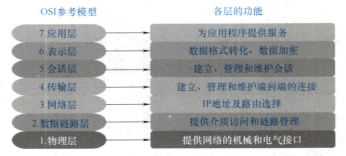

图 2-12 OSI 参考模型的结构

（1）物理层　这是整个 OSI 参考模型的最底层，是整个网络的基础，它的任务就是提供网络的物理连接。物理层建立在物理介质（而不是逻辑上的协议和会话）上，提供的是机械和电气接口，主要包括电缆、物理端口和附属设备，如双绞线、同轴电缆、RJ45 接口、串口和并口等在网络中都是工作在这个层次的。物理层提供有关数据单元顺序化、数据同步和比特流在物理媒介上的传输手段。物理层的数据单元为比特流，典型代表设备为集线器。

（2）数据链路层　数据链路层建立在物理传输能力的基础上，以帧为单位传输数据，负责数据封装和数据链接的建立。数据链路层的功能包括链路管理、帧同步、差错控制、流量控制等。数据链路层的数据单元为数据帧，典型代表设备为二层交换机。

（3）网络层　网络层的主要功能是提供路由，即选择到达目标节点的最佳路径，并沿该路径传送数据包。除此之外，网络层还要能够消除网络拥挤，具有流量控制和拥挤控制的能力。网络层的功能包括：建立和拆除网络连接、路径选择和中继、网络连接多路复用、分段和组块、服务选择和流量控制。网络层的数据单元为数据包，典型代表设备为路由器。

（4）传输层　传输层解决的是数据在网络之间的传输质量问题，属于较高层次。传输层用于提高网络层服务质量，提供可靠的端到端的数据传输，如 QoS 就是这一层的主要服务。这层主要涉及的是网络传输协议，提供的是一套网络数据传输标准，如 TCP。传输层的功能包括：映像传输地址到网络地址、多路复用与分割、传输连接的建立与释放、分段与重新组装、组块与分块。传输层的数据单元为数据段，典型设备为交换机。

（5）会话层　会话层利用传输层来提供会话服务，会话可能是一个用户通过网络登录到一个主站，或一个正在建立的用于传输文件的会话。会话层的功能主要有：会话连接到传输连接的映射、数据传送、会话连接的恢复和释放、会话管理、令牌管理和活动管理。

（6）表示层　表示层负责在不同的数据格式之间进行转换操作，以保证一个系统应用层发出的数据能被另一个系统的应用层读出，从而实现不同计算机系统间的信息交换。表示层的功能主要有：数据语法转换、语法表示、表示连接管理、数据加密和数据压缩。

（7）应用层　应用层是 OSI 参考模型的最高层，是直接为应用进程提供服务的。应用层包含用户应用程序执行通信任务所需要的协议和功能，如电子邮件和文件传输等。

2.2.2 TCP/IP 模型

TCP/IP 模型

OSI 参考模型是一个理论模型，是理想化的蓝图，实际工业控制网络往往只使用七层中的某些层，应用最广泛的是 TCP/IP 模型。TCP/IP 由四个层次组成：网络接口层、网络层、传输层、应用层。关于网络接口层，TCP/IP 并没有真正描述，只是指出主机必须使用某种协议与网络连接。

1. TCP/IP 模型介绍

TCP/IP 模型将通信过程抽象为四层，如图 2-13 所示，从上至下依次为应用层、传输层、网络层和网络接口层，是 OSI 参考模型的实体化，被称为网络互联实施上的标准。

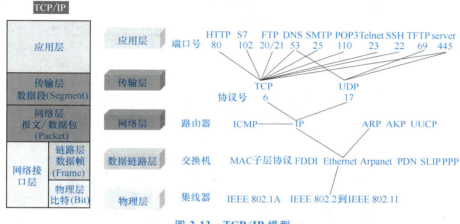

图 2-13 TCP/IP 模型

1）应用层：负责程序之间的数据沟通，常用协议有 HTTP、Telnet、FTP、SMTP、TFTP 等。

2）传输层：为两台主机的应用程序之间提供端到端的数据传输，提供了面向连接、可靠的数据流 TCP 传输控制协议和无连接、不可靠面向数据报传输的 UDP 用户数据报协议。

3）网络层：主要提供地址管理、路由选择，常用协议有 IP、ICMP、ARP 等。

4）网络接口层：负责监视数据在主机和网络之间的交换，TCP/IP 模型并未定义网络接口层的协议，而由参与互联的各网络使用自己的物理层和数据链路层协议，然后与 TCP/IP 的网络接口层进行连接。

由此可见，TCP/IP 模型是包含了一系列协议的四层协议簇，是网络中设备互联和传输数据的基础通信架构。为什么叫 TCP/IP 模型呢？这是因为 TCP、IP 这两大核心协议是该协议家族中最早通过的标准。

2. TCP/IP 数据交换原理

如图 2-14 所示，TCP/IP 模型中每一层都会有相应的协议来处理上层或者下层传来的数据，通信原理可以概括为"封装发送，解封接收"。

封装发送是指从上至下逐层发送，每一层都把上层的协议包当成数据部分，加上自己的协议头部，组成自己的协议包传输到下层。应用层根据程序协议将原始数据转换成协议数据

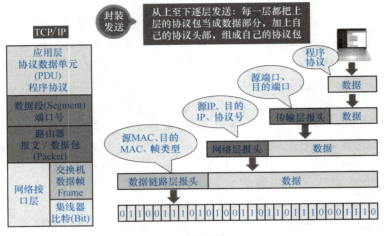

a) 封装发送

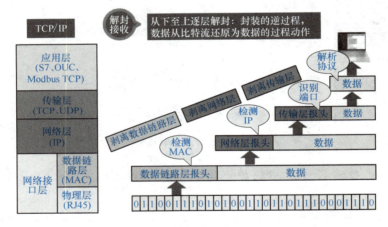

b) 解封接收

图 2-14 TCP/IP 数据交换原理

单元，发送至传输层。传输层将数据单元分割成小的数据段，并封装传输层报头形成数据段，传输层报头的关键信息是端口号。网络层将数据段封装上网络层报头形成数据包，网络层报头的关键信息是 IP 地址及协议号。数据链路层将数据包封装上数据链路层报头，形成数据帧，数据链路层报头的关键信息是 MAC 地址及帧类型。物理层将数据帧中的信息转化为电信号，形成网络中传输的比特流。

解封接收是指从下至上逐层解封，是封装的逆过程，数据从比特流还原为原始数据。物理层将电信号转化为二进制数据；数据链路层检测数据帧中的 MAC 地址，然后剥离数据链路层报头，传输至网络层。网络层检测数据包中的 IP 地址，然后剥离网络层报头，传输至传输层。传输层识别数据段中的端口号，判断应该传到哪个程序，然后剥离传输层报头，将数据重组后传输至应用层。应用层解析程序协议，将协议数据单元转换为原始数据。

3. TCP/IP 通信案例

如图 2-15 所示，触摸屏与 PLC 构成了星形网络结构，采用了 TCP/IP 通信协议。其通信过程如下。

TCP/IP 案例

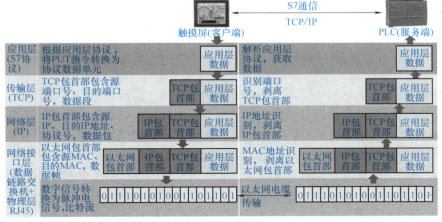

图 2-15　触摸屏与 PLC 的 TCP/IP 通信

1）当触摸屏发送数据给 PLC 时，应用层首先通过程序协议将 PUT 指令转换为协议数据单元，将功能需求转化为对方能够读懂的 01 代码，包含功能、类型、寄存器区、起始结束地址等，数据到达传输层后，由于采用的是面向连接、可靠的数据流 TCP 传输控制协议，因此封装 TCP 包首部，主要包含源端口号、目的端口号。其中，源端口触摸屏程序端口号为 3000、目标端口博途程序端口号为 102，西门子的 PLC 可以通过 102/TCP 端口来识别。

2）数据到达网络层后，由于采用的是网际互联协议 IP，因此封装 IP 包首部，主要包含源 IP、目的 IP 地址、协议号等。其中，源触摸屏 IP 地址为 192.168.1.58，目的 PLC 的 IP 地址为 192.168.1.18，协议号为 6。

3）数据到达数据链路层后，由于使用交换机进行数据转发，因此封装以太网包首部，主要包含源 MAC 地址、目的 MAC 地址。其中，源触摸屏的 MAC 为 00∶1B∶1B∶21∶B6∶A0，目的 PLC 的 MAC 为 28∶63∶36∶E9∶6D∶2C。

4）数据到达物理层后，将数字信号转换为脉冲电信号，通过以太网电缆进行传输，到达 PLC 的物理层，并将脉冲电信号转换为数字信号，传输至数据链路层。

5）数据链路层接收到数据后，通过 MAC 地址判断是否为发送给自己的数据，若不是则丢弃；若是发送给自己的，则从以太网包首部中的类型确定数据类型，传给相应的模块，如 IP、ARP 等。然后剥离以太网包首部，传输至网络层。

6）网络层接收到数据后，判断 IP 地址是否匹配，若匹配则根据首部的协议类型将数据发送至 TCP 模块；对于有路由器的情况，需要借助路由控制表，调查应该送往的主机或路由器之后再转发数据；然后剥离 IP 包首部，传输至传输层。

7）传输层接收到数据后，进行校验和计算，判断数据是否被破坏，检查是否按照序号接收数据，检查端口号，确定具体的应用程序；然后剥离 TCP 包首部，传输至应用层。

8）最后，应用层解析协议，将协议数据单元转换为原始数据，PLC 成功接收触摸屏发送的信息。

> **小试牛刀**
>
> （1）MAC 地址应用于 OSI 的（   ），主要由交换机通过 MAC 表进行寻址
>
>   A. 传输层　　　B. 网络层　　　C. 数据链路层　　　D. 物理层。
>
> （2）IP 地址应用于 OSI 的（   ），主要由路由器通过路由表进行寻址
>
>   A. 传输层　　　B. 网络层　　　C. 数据链路层　　　D. 物理层

2.2.3 现场总线的通信模型

在工业生产现场存在大量的传感器、控制器和执行器等，它们通常相当零散地分布在一个较大范围内。对由它们组成的控制网络，其单个节点面向控制的信息量不大，信息传输的任务相对也比较简单，但对实时性、快速性的要求较高。如果按照七层模式的参考模型，由于层间操作与转换的复杂性，网络接口的造价与时间开销显得过高。为满足实时性要求，也为了实现工业控制网络的低成本，现场总线采用的通信模型大都在 OSI 参考模型的基础上进行了不同程度的简化。

几种典型现场总线的通信参考模型与 OSI 参考模型的对照如图 2-16 所示。可以看到，它们与 OSI 参考模型不完全保持一致，在 OSI 参考模型的基础上分别进行了不同程度的简化，不过控制网络的通信参考模型仍然以 OSI 参考模型为基础。图 2-16 中的这几种控制网络还在 OSI 参考模型的基础上增加了用户层。用户层是根据行业的应用需要，在施加某些特殊规定后形成的标准。

H1 指国际电工委员会标准中的 61158，它采用了 OSI 参考模型中的 3 层，即物理层、数据链路层和应用层，

OSI		H1	HSE	Profibus
		用户层	用户层	应用过程
7	应用层	总线报文规范子层(FMS) 总线访问子层(FAS)	FMS/FDS	报文规范 底层接口
6	表示层			
5	会话层			
4	传输层		TCP/UDP	
3	网络层		IP	
2	数据链路层	H1数据链路层	数据链路层	数据链路层
1	物理层	H1物理层	以太网物理层	物理层 (RS485)

图 2-16　现场总线通信模型与 OSI 参考模型的对照

隐去了第 3~6 层。应用层有两个子层：总线访问子层（FAS）和总线报文规范子层（FMS）。此外，还将从数据链路到 FAS、FMS 的全部功能集成为通信栈。在 OSI 参考模型基础上增加的用户层规定了标准的功能模块、对象字典和设备描述，供用户组成所需要的应用程序，并实现网络管理和系统管理。在网络管理中，设置了网络管理代理和网络管理信息库，提供组态管理、性能管理和差错管理的功能。在系统管理中，设置了系统管理内核、系统管理内核协议和系统管理信息库，实现设备管理、功能管理、时钟管理和安全管理等功能。

HSE 即高速以太网，是 H1 的高速网段，也属于 IEC 的标准子集之一。其从物理层到传输层的分层模型与计算机网络中常用的以太网相同，应用层和用户层的设置与 H1 基本相当。图 2-16 中应用层的 FDS 指现场设备访问，是 HSE 的专有部分。

Profibus 也是 IEC 的标准子集之一，也作为德国国家标准 DIN19245 和欧洲标准 ENS01TO。它采用了 OSI 参考模型的物理层、数据链路层。其 DP 型标准隐去了第 3~7 层，而 FMS 型标准则只隐去了第 3~6 层，采用了应用层。此外，增加用户层作为应用过程的用

户接口。

图 2-17 所示为 OSI 参考模型与另两种现场总线的通信参考模型的分层比较。其中 LonWorks 采用了 OSI 参考模型的全部 7 层通信协议，被誉为通用控制网络。作为 OSI898 标准的 CAN 只采用了 OSI 参考模型的下面两层，即物理层和数据链路层，这是一种应用广泛的可以封装在集成电路芯片中的协议，要用它实际组成一个控制网络，还需要增添应用层或用户层以及其他约定。

OSI模型		LonWorks		
7	应用层	应用层 应用程序		
6	表示层	表示层 数据解释		
5	会话层	会话层 请求或响应，确认		
4	传输层	传输层 端端传输		
3	网络层	网络层 报文传递寻址		CAN
2	数据链路层	数据链路层 介质访问与成帧		数据链路层
1	物理层	物理层 物理电气连接		物理层

图 2-17 OSI 参考模型与 LonWorks 和 CAN 的分层比较

2.2.4 工业以太网的通信模型

1. Modbus TCP

Modbus TCP 使 Modbus_RTU 协议运行于以太网，Modbus TCP 使用 TCP/IP 和以太网在站点间传送 Modbus 报文结合了以太网物理网络和网络标准 TCP/IP 以及以 Modbus 作为应用协议标准的数据表示方法。Modbus TCP 通信报文被封装于以太网 TCP/IP 数据包中。与传统的串口方式相比，Modbus TCP 插入一个标准的 Modbus 报文到 TCP 报文中，不再带有数据校验和地址。

Modbus TCP 简化了 OSI 参考模型，省略了表示层和会话层，其模型如图 2-18 所示。物理层提供设备的物理接口，数据链路层在同一网络中传输数据帧，网络层实现了带有 32 位 IP 地址的 IP 报文包，传输层实现可靠性连接、传输、查错、重发、端口服务、传输调度，应用层使用 Modbus 协议报文。

2. Ethernet/IP

Ethernet/IP 是一种面向对象的协议，能够保证网络上隐式（控制）的实时 I/O 信息和显式信息（包括用于组态、参数设置、诊断等）的有效传输，Ethernet/IP 采用了 CIP（Common Industry Protocol，通用工业协议）应用层协议，CIP 是一种端对端的面向对象协议，规范了工业设备（传感器、执行器）和高级设备（控制器）之间的连接。

图 2-18 Modbus TCP 模型

为了减少 Ethernet/IP 在各种现场设备之间传输的复杂性，Ethernet/IP 预先制定了一些设备的标准，如气动设备等不同类型的规定。目前，CIP 进行了以太网标准实时性和安全总线的实施工作、采用 IEEE 1588 标准的分散式控制器同步机制的 CIP Sync 和基于 Ethernet/IP 的技术结合安全机制实现的 CIP Safety 等。

Ethernet/IP 的通信协议模型如图 2-19 所示。

3. EtherCAT

EtherCAT 是由德国 Beckhoff 公司开发的，并且在 2003 年底成立了 ETG 工作组（Ethernet Technology Group）。EtherCAT 是一个可用于现场级的超高速 IO 网络，它使用标准的以太

图 2-19　Ethernet/IP 模型

网物理层和常规的以太网卡，介质可为双绞线或光纤。

一般常规的工业以太网的传输方法都采用先接收通信帧，进行分析后作为数据送入网络中各个模块的通信方式，而 EtherCAT 的以太网协议帧中已经包含了网络中各个模块的数据。其数据的传输采用移位同步的方法进行，即在网络的模块中得到其相应地址数据的同时，数据帧可以传送到下一台设备，相当于数据帧通过一个模块时输出相应的数据后，马上转入下一个模块。由于这种数据帧的传送从一台设备到另一台设备的延迟时间仅为微秒级，所以与其他以太网解决方法相比，性价比得到了提高。

EtherCAT 的通信协议模型如图 2-20 所示。EtherCAT 通过协议内部可区别传输数据的优先权（Process Data），组态数据或参数的传输是在一个确定的时间中通过一个专用的服务通道（Acyclic Data）进行的，EtherCAT 系统的以太网功能与传输的 IP 兼容。

图 2-20　EtherCAT 的通信协议模型

4. Profinet

Profinet 是由 Profibus 国际组织提出的基于实时以太网技术的自动化总线标准，它将工厂自动化和企业信息管理层 IT 技术有机地融为一体，同时又完全保留了 Profibus 现有的开放性。Profinet 支持除星形、总线型和环形之外的拓扑结构。

Profinet 的通信协议模型如图 2-21 所示。Profinet 使用了 TCP/IP 和 IT 标准，并符合基于工业以太网的实时自动化体系，覆盖了自动化技术的所有要求，能够实现与现场总线的无缝

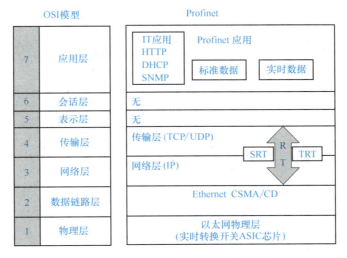

图 2-21　Profinet 的通信协议模型

集成。RT 实时通道能够实现高性能传输循环数据、时间控制信号和报警信号。

Profinet 的实时通信根据响应时间不同，分为三种通信方式。

（1）TCP/IP 标准通信　Profinet 基于工业以太网技术，使用 TCP/IP 和 IT 标准。TCP/IP 是 IT 领域关于通信协议方面事实上的标准，其响应时间大概在 100ms 的量级。TCP/IP 只提供了基础通信，用于以太网设备通过面向连接和安全的传输通道在本地分布式网络中进行数据交换。在较高层上则需要其他的规范和协议（也称为应用层协议），典型的应用层协议有 HTP、SNMP 和 DHCP 等。

（2）实时（RT）通信　对于传感器和执行器设备之间的数据交换，系统对响应时间的要求更为严格，因此 Profinet 提供了一个优化的、基于以太网第二层（Layer2）的实时通信通道。该实时通道极大地减少了数据在通信栈中的处理时间。Profinet 实时通信的典型响应时间是 510ms。

（3）同步实时（IRT）通信　在现场级通信中，对通信实时性要求最高的是运动控制（Motion Control），Profinet 的同步实时（Isochronous Real-Time，IRT）技术可以满足运动控制的高速通信需求。在 100 个节点下，其响应时间要小于 1ms，抖动误差要小于 1μs，以此来保证及时、确定的响应。

2.3　工业控制网络的通信知识

2.3.1　数据通信系统

数据通信系统模型如图 2-22 所示，包括源系统、传输系统和目的系统，源系统由信源和发送器组成，传输系统主要指信道，目的系统由接收器和信宿组成。通信是为了交换信息，信息经过信息编码变为数据，数据经过编

数据通信系统

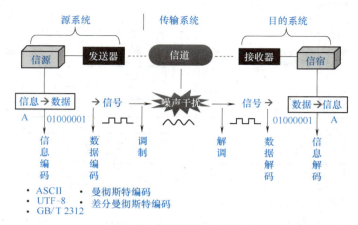

图 2-22 数据通信系统模型

码、调制后形成信号,信号通过信道传输;信号达到接收器后,经过解调及数据解码,还原为数据;数据通过信息解码还原为信息,实现了信息从信源到信宿的传输。

数据通信是指依据通信协议、利用数据传输技术在两个(或多个)功能单元之间传递数据信息的技术,一般不改变数据信息的内容。

(1)数据、信号与信道 数据(Data)是携带信息的实体,是信息的载体,是信息的表示形式,包括模拟数据和数字数据。模拟数据是指在时间和幅值上连续变化的数据,如由传感器接收到的温度、压力、流量和液位等信号。数字数据是指在时间上离散的、幅值经过量化的数据,一般是由二进制代码 0、1 组成的数字序列。单独的数据并没有实际含义,但如果把数据按一定规则、形式组织起来,就可以传达某种意义。

信号(Signal)是数据的物理量编码(通常为电编码),是数据的电气或电磁表现。数据以信号的形式传播,分为模拟信号和数字信号。模拟信号通常是一种连续变化的电磁波,数字信号通常是一系列的电压脉冲。模拟信号是指在时间和幅值上连续变化的信号,如传感器接收到的温度、压力、流量、液位等信号;数字信号是指在时间上离散的、幅值经过量化的信号,一般是由 0、1 表示的二进制代码组成的数字序列。

信道是以传输介质为基础的信号通路,是传输数据的物理基础,是信号传输的媒介,需要去噪声干扰,包括有线信道和无线信道。

(2)数据传输率 数据传输率是衡量通信系统有效性的指标之一,其含义为单位时间内传送的数据量,常用比特率 S 和波特率 B 来表示。

在数字信道上,比特率 S 是一种数字信号的传输速率,表示单位时间(1s)内传送的二进制代码的有效位(bit)数,单位有每秒比特(bit/s)数、每秒千比特(kbit/s)数和每秒兆比特(Mbit/s)数等。

波特率 B 是一种调制速率,指数据信号对载波的调制速率。在信息传输通道中。携带数据信息的信号单元称为码元,每秒通过信道传输的码元数称为码元传输速率,简称波特率 B,单位为波特(Baud)。

比特率和波特率的关系为:$S = B\log_2 N$。

其中,N 为一个载波调制信号表示的有效状态数。$N=2$,表示二相调制,对应一个二进制位,有两种状态;$N=4$,表示四相调制,对应两个二进制位,有 4 种状态;$N=8$,表示八相调制，对应 3 个二进制位，有 8 种状态；依此类推。比如，八相调制的比特率为 9600bit/s，则其波特率为 3200Baud；四相调制的波特率为 4800Baud，其比特率为 9600bit/s。

（3）误码率　误码率 P_e 是衡量通信系统线路质量的一个重要参数。误码率越低，通信系统的可靠性就越高。它的定义是二进制符号在传输系统中被传错的概率，近似等于被传错的二进制符号数 N_e 与所传二进制符号总数 N 的比值，即 $P_e = N_e/N$。在计算机网络通信系统中，误码率要求低于 10^{-6}，即平均每传输 1Mbit 数据才允许出现 1bit 或更少的错误数据。

（4）信道容量　信道（Channel）是以传输介质为基础的信号通路，是传输数据的物理基础。信道容量是指传输介质能传输信息的最大能力，以传输介质每秒能传送的信息比特数来衡量，单位为 bit/s。它的大小由传输介质的带宽、可使用的时间、传输速率及传输介质质量等因素决定。

（5）带宽与信道容量　度量介质传输能力的带宽，通常指信号所占据的频带宽度，又称为频宽，是信道频率上界和频率下界的差，单位为 Hz。信道容量是指传输介质能传输信息的最大能力，单位为 bit/s。

（6）频带与基带传输方式　频带传输中用数字信号对载波 $S(t) = A\cos(\omega t + \varphi)$ 的不同参量进行调制，$S(t)$ 的参量包括：幅度 A、频率 ω、初相位 φ，调制就是要使 A、ω 或 φ 随数字基带信号的变化而变化。

调制解调有三种基本形式：①幅移键控（Amplitude Shift Keying，ASK）编码，用载波的两个不同振幅表示 0 和 1；②相移键控（Phase Shift Keying，PSK）编码，用载波的起始相位的变化表示 0 和 1；③频移键控（Frequency Shift Keying，FSK）编码，用载波的两个不同频率表示 0 和 1。

在发送端通过调制解调器将数字信号的数据编码波形调制成一定频率的模拟载波信号，使载波的某些特性按数据波形的某些特性而改变，当模拟载波信号传送到目的地后，再将载波进行解调（去掉载波），恢复为原数据波形的过程，称为调制（Modulator）与解调（Demodulator）。数字信号经过调制解调的传输方式也称为宽带（Broad Band）传输。

HART 总线是典型的在低频 3～20mA 模拟线路上使用频移键控技术，叠加频率数字信号进行双向数字通信的总线，二者互不干扰。数字信号的幅度为 0.5mA，数据传输速率为 1200bit/s，1200Hz 代表逻辑"1"，2200Hz 代表逻辑"0"。HART 是最早出现的过渡型总线，现在也广泛使用，尤其在本质安全要求下，对仪表的参数设置及监控方面。

基带（Base Band）传输则不需要调制，编码后的数字脉冲信号直接在信道上传送。用高低电平的矩形脉冲信号来表达数据的 0、1 状态的，称为数字数据编码。基带传输可以达到较高的数据传输速率，是目前广泛使用的最基本的传输方式，如以太网。

（7）多路复用技术　当多个信息源共享一个公共信道，而信道的传输能力大于每个信源的平均传输需求时，为提高线路利用率所采用的技术，称为多路复用技术。复用类型主要有以下几种。

1）频分复用（Frequency Division Multiplexing，FDM）：整个传输频带被划分为若干个频率通道，每路信号占用一个频率通道进行传输，频率通道之间留有防护频带以防相互干扰。

2）波分复用（Wave Division Multiplexing，WDM）：实际上是光的频分复用，在光纤传输中被采用，整个波长频带被划分为若干个波长范围，每路信号占用一个波长范围来进行传输。

3）时分复用（Time Division Multiplexing，TDM）：把时间分割成小的时间片，每个时间片分为若干个时隙，每路数据占用一个时隙进行传输。

2.3.2 数据编码技术

数据编码技术

根据数据通信类型，网络中常用的通信信道分为两类：模拟通信信道与数字通信信道。相应地，用于数据通信的数据编码方式也分为两类：模拟数据编码和数字数据编码。

模拟数据编码是用模拟信号的不同幅度、不同频率、不同相位来表达数据的 0、1 状态的；数字数据编码是用高低电平的矩形脉冲信号来表达数据的 0、1 状态的。

基带传输中常见的数据编码形式有两类：电平码和曼彻斯特编码。

（1）电平码

1）归零码（Return to Zero，RZ）：每一位二进制信息传输之后均返回零电平。

2）非归零码（Non-Return to Zero，NRZ）：在整个码元时间内维持有效电平。二进制数字 0、1 分别用两种电平来表示，常用 -5V 表示 1，5V 表示 0。非归零码效率高，缺点是存在直流分量，传输中不能使用变压器，有线缆腐蚀等问题。

3）单极性码：信号电平为单极性，如逻辑 1 为高电平，逻辑 0 为低电平。

4）双极性码：信号电平为正负两种极性，如逻辑 1 为正电平，逻辑 0 为负电平。

图 2-23 所示为基带信号的数据编码形式。

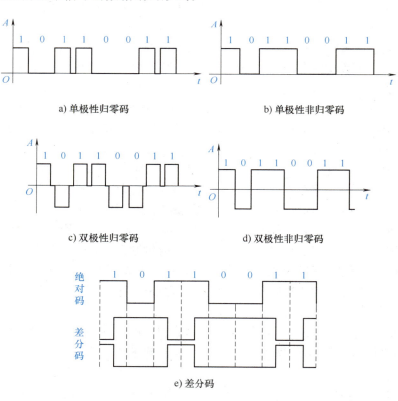

图 2-23 基带信号的数据编码

1）单极性归零码：有归零时间段，如图2-23a所示。
2）单极性非归零码：每个时刻都是有效电平，如图2-23b所示。
3）双极性归零码、双极性非归零码，如图2-23c、d所示。
4）差分码：电平变化代表"1"，不变化代表"0"，又分为两种情形：起始为高电平；起始为低电平。差分码遵循"为1则变"的原则，如图2-23e所示。

上述简单的基带信号的最大问题就是当出现一长串的连续1或0时，在接收端无法从收到的比特流中提取位同步信号，接收和发送之间不能保持同步，所以要采用某种措施来保证发送和接收的时钟同步，于是出现了曼彻斯特编码。

（2）曼彻斯特编码（Manchester code） 用电压的变化表示0和1，规定在每个码元的中间发生跳变：高→低的跳变代表0，低→高的跳变代表1。每个码元中间都要发生跳变，接收端可将此变化提取出来作为同步信号。这种定义的典型应用是使用IEEE 802.3协议的基带同轴电缆和CSMA/CD机制的双绞线中，ControlNet等现场总线中使用的曼彻斯特编码的定义与上述定义正好相反，其中：｛L, H｝= 0，｛H, L｝= 1。这种编码也称为自同步码（Self-Synchronizing Code），数据自同步传输，不用另外采取措施对准，无累计误差，但需要双倍的传输带宽，即信号速率是数据速率的2倍。

差分曼彻斯特编码（Differential Manchester Code）是对曼彻斯特编码的一种改进，保留了曼彻斯特编码作为"自含时钟编码"的优点，仍将每比特中间的跳变作为同步之用，但是每比特的取值则根据其开始处是否出现电平的跳变来决定。在信号位开始时不改变信号极性，表示逻辑"1"；在信号位开始时改变信号极性，表示逻辑"0"，不论码元是1或者0，在每个码元正中间的时刻，一定有一次电平转换。差分曼彻斯特编码需要较复杂的技术，但变化少，可以获得较好的抗干扰性，更适用于高频。这种定义使用在802.5令牌环双绞线网络中。

图2-24所示为曼彻斯特编码和差分曼彻斯特编码。

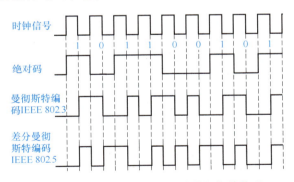

图 2-24 曼彻斯特编码和差分曼彻斯特编码

2.3.3 工业控制网络的数据传输方式

数据传输方式是数据在信道上传送所采取的方式，按数据传输的顺序，可以分为并行传输和串行传输；按数据传输的同步方式，可分为同步传输和异步传输；按数据传输的流向和时间关系，可以分为单工数据传输、半双工数据传输和全双工数据传输。

工业控制网络的数据传输方式

1)并行传输是将数据以成组的方式在两条以上的并行信道上同时传输,每个数据位都需要一条单独的传输线。它一般用于可编程控制器内部的各元件之间、主机与扩展模块或近距离智能模块之间的数据处理。并行传输速度快、效率高,但当数据位数较多、传送距离较远时,则线路复杂、成本较高且干扰大,故其不适合远距离传送。

2)串行传输是数据流以串行方式在一条信道上传输,数据从低位开始一位接一位按顺序传送。串行传输多用于可编程控制器与计算机之间、多台可编程控制器之间的数据传送。串行传输虽然传输速度较慢,但传输线少、连线简单,特别适合多位数据的长距离通信。串行传输一般又分为异步传输和同步传输。在异步传输中,信息以字符为单位进行传输,每个字符中的各个位是同步的,相邻两个字符传送数据之间的停顿时间长短是不确定的。异步传输传送数据效率低,主要用于中低速数据通信。同步传输的数据传输是以数据块为单位的,字符与字符之间、字符内部的位与位之间都同步,每次传送1~2个同步字符、若干个数据字节和校验字符,发送方和接收方要保持完全同步。同步传输效率高,但对硬件要求也相应提高,主要用于高速通信。

3)单工数据传输是两数据站之间只能沿一个指定的方向进行数据传输。半双工数据传输是两数据站之间可以在两个方向上进行数据传输,但不能同时进行。全双工数据传输是在两数据站之间可以在两个方向上同时进行传输。

如图2-25所示,在PLC控制系统中,PLC的输入端口I采用并行通信方式扫描外部元件状态,输出端口Q并行驱动外部负载,是一种本地近距离的并行I/O传输方式。然而,在实际工业控制系统中,现场需要采集大量的开关量及传感数据,由于PLC输入/输出端口的限制,不可能完全采用PLC并行直连方式,一般采用分布式系统。分散在现场基层的、用来采集控制仪表及传感器等信号数据的系统称为分布式系统,通过总线与PLC进行串行数据交换。

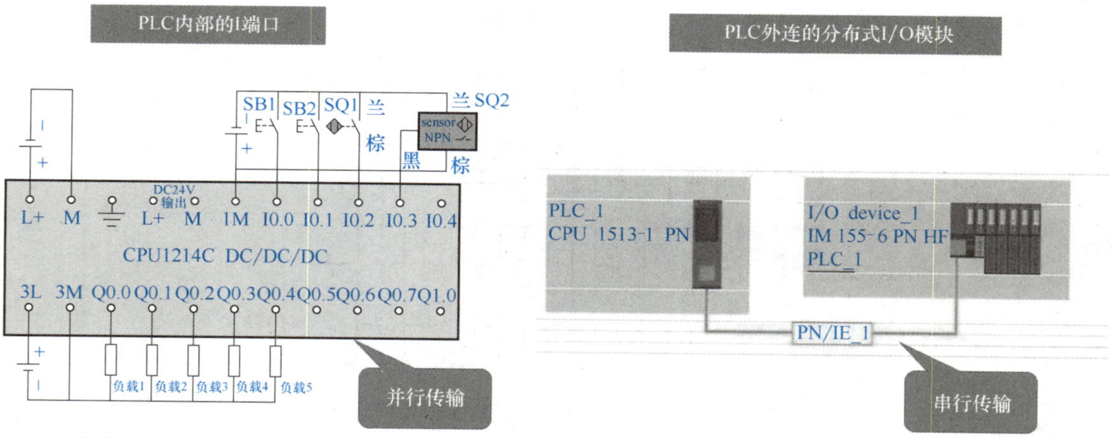

图2-25 并行传输与串行传输

如图2-26所示,控制器与现场分布式I/O模块ET 200M采用了串行通信方式,ET 200M负责采集现场数据,并将现场采集的数据串行传输给控制器;控制器将结果串行反馈给现场分布式I/O模块ET 200M,再由ET 200M来控制现场执行机构,是一种远距离的串行I/O传输方式。在工业控制网络中,不管是现场总线、工业以太网,还是工业互联网,为了实现海量数据的远距离传输,通常使用串行通信方式。

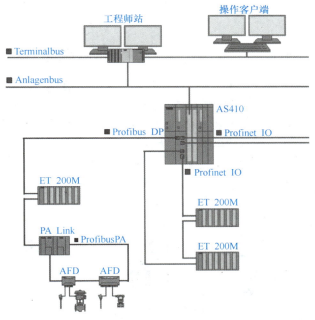

图 2-26 串行通信方式

在工业自动化控制中,不同的控制对象其实时性要求也不同。比如过程参数的设置、设备的诊断等一般没有实时性要求,可以采用异步传输。现场总线 CAN 是典型的异步传输,没有时钟信号线,连接在同一个总线网络中的各个节点会像串口异步传输那样,节点间使用约定好的波特率进行通信。CAN 还会使用"位同步"的方式来抗干扰、吸收误差,实现对总线电平信号的正确采样,确保通信正常。

在工业控制系统中,对于分布式传感器数据的交换需要满足一定的实时性要求,而对于运动控制,其实时性要求更高。Profinet 网络支持等时同步传输,该通信方式下,数据的循环刷新时间小于 1ms,循环扫描周期的抖动时间不大于 $1\mu s$,实现了数据的高速传输。

为了实现数据的双向传输,工业控制网络一般使用双工通信方式。如图 2-27 所示,

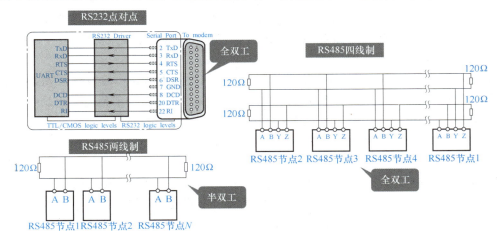

图 2-27 双工通信方式

RS232 点对点是全双工通信方式，RS485 两线制是半双工通信方式，RS485 四线制是全双工通信方式。

2.3.4 工业控制网络的数据交换技术

广域网一般都采用点到点信道，使用存储转发的方式传送数据。通常把传输过程中的中间交换设备称为节点，终端设备称为站点，数据经过几次存储转发环节就有几个节点。数据从一个节点传到另一个节点，直至到达目的地为止，数据在节点间的传输就涉及数据交换技术。如图 2-28 所示，数据交换技术主要有电路交换（Circuit Switching）、报文交换（Message Switching）和分组交换（Packet Switching）三种类型。

分组交换　　报文交换　　电路交换

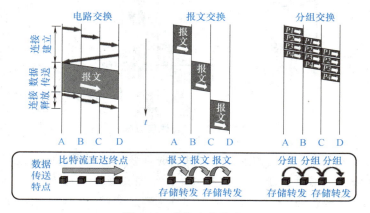

图 2-28 数据交换技术

1. 电路交换

电路交换也称为线路交换，是一种直接的交换方式。它通过节点在两个站点之间建立一条临时的专用通道来进行数据交换，采用全双工通信方式，数据可以在已经建立好的物理线路上进行双向传输。这条通道既可以是物理通道又可以是使用时分或频分复用技术的逻辑通道。整个电路交换的过程包括建立电路、占用电路并进行数据传输、释放电路三个阶段。

1）建立电路阶段指在通信双方开始传输数据之前，必须建立一条端到端的物理电路。建立连接的过程实际上就是电路资源的分配过程，是在收发双方之间分配了一定的带宽资源，所以这个连接也称为物理连接。

2）数据传输阶段是指成功建立了电路连接后，双方独占电路传输数据。数据传输过程中不需要进行路径选择，数据在每个中间节点上没有停留，直接向前传递，因此电路交换的传输延迟最短，一般没有阻塞问题，除非有意外的电路或节点故障使电路中断。一旦建立好电路连接后，即使双方没有数据传输，该电路也被双方占用，不能再被其他站点使用，造成了带宽资源的浪费。

3）释放电路阶段指数据传输结束后，应该尽快拆除连接以释放占用的带宽资源。通信的任何一方都可以发出拆除连接的请求信号，拆除信号沿途经过各个中间节点，一直到达通信的另一方。释放电路连接后，带宽资源就可以分配给其他需要的站点。

电路交换的特点如下：①传输延迟小，唯一的延迟是物理信号的传播延迟；②一旦电路建立，便不会发生冲突；③呼叫建立时间长，存在呼损，信道利用率低；④就通信双方而言，必须做到双方的收发速度、编码方法、信息格式和传输控制等一致才能完成通信。

2. 报文交换

报文交换又称存储转发交换。报文交换不需要为通信双方预先建立一条专用的通信线路，不存在连接建立时延，用户可随时发送数据。报文交换以"报文"作为数据传输单元。报文携带有目标地址、源地址等信息，在交换节点采用存储转发的传输方式，整个发送报文，一次一跳。

中间交换节点收到数据先存储在缓冲区中，并检查有无错误；当所需要的输出电路空闲时，根据目的地址寻址下一个连接的节点，将缓冲数据转发出去。以此类推，节点不断根据报头中的目标地址为报文进行路径选择，直至将数据发送到目的节点。在两个通信用户间的其他线段，可传输其他用户的报文，不需要像电路交换那样占用端到端的全部信道。报文交换具有以下特征：①节点之间通信不需要专用通道；②节点间可根据电路情况选择不同的速度传输，数据传输高效、可靠；③要求各节点具备足够的报文数据存放能力，节点存储/转发的时延较大，不适于交互式通信；④报文交换只适用于数字信号。为解决上述问题，引入了分组交换技术。

3. 分组交换

分组交换的工作原理与报文交换相同，只是把较长的报文划分成一系列报文分组，以"分组"作为数据传输单元，这样就降低了对各节点数据存放能力的要求。分组交换包括发送方构造发送分组、中间节点缓存转发分组、接收方接收还原报文三个阶段。

发送方将要发送的报文分隔为许多较短的数据块，每个块增加带有控制信息的首部构成分组（即包），依次传送每个分组。每个分组标识后，在一条物理线路上采用动态复用技术，可同时传送多个数据分组。中间节点（如路由器、交换机）将来自发送端的数据缓存在存储器内，根据数据包首部中的地址信息寻址下一个节点，转发数据，直至到达接收端。接收端剥去首部抽出数据，将各数据字段按顺序重新装配成完整的报文。

分组交换兼有电路交换和报文交换的优点，分组交换比电路交换的传输效率高，比报文交换的时延小。同时，分组交换技术能保证任何用户都不长时间独占某传输线路，减少了传输延迟，提高了网络的吞吐量；还提供了一定程度的差错检测和代码转换能力，因而非常适合于交互式通信。但分组交换要进行组包、拆包和重装，增加了报文的加工处理时间，需要考虑如何提高响应速度。

2.3.5 传输差错及其检测技术

与语音、图像传输不同，计算机通信要求极低的差错率。产生差错的主要原因有信号衰减、信号反射、冲击噪声（闪电、大功率电动机的起停）等，种种原因造成信号幅度、频率、相位的畸变，使数据在传输过程中可能出错。为了提高通信系统的传输质量和数据的可靠程度，应该对通信中的传输错误进行检测和纠正。传输中误码是必然的，分析错误并纠正错误是必需

传输差错及其检测技术

的。有效地检测并纠正差错也被称为差错控制。计算机网络中，一般要求误码率低于 10^{-6}，即平均每传输 10^6 位数据仅允许错一位。若误码率达不到这个指标，可以通过差错控制方法进行检错和纠错。实际的数据传输系统，不能笼统地说误码率越低越好，在数据传输速率确定后，

误码率越低,数据传输系统设备越复杂,造价越高。计算机通信的平均误码率要求低于10^{-9}。

1. 差错类型

数据通信中差错的类型一般按照单位数据域内发生差错的数据位个数及其分布划分为单比特错误、多比特错误和突发错误三类。

(1) 单比特错误 在单位数据域内只有1个数据位出错的情况,称为单比特错误。单比特错误是工业数据通信的过程中比较容易发生,也容易被检测和纠正的一类错误。

(2) 多比特错误 在单位数据域内有1个以上不连续的数据位出错的情况,称为多比特错误。多比特错误也被称为离散错误。

(3) 突发错误 在单位数据域内有2个或2个以上连续的数据位出错的情况,称为突发错误。发生错误的多个数据位是连续的,是突发错误区别于多比特错误的主要特征。

2. 差错控制编码方法

衡量编码性能好坏的一个重要参数是编码效率R,它是码字中信息位所占的比例。若码字中信息位为k位,编码时外加冗余位为r位,则编码后得到的码字长度为$n=k+r$位,由此编码效率R可表示为:$R=k/n=k/(k+r)$。显然,编码效率越高,即R越大,信道中用来传送信息码元的有效利用率就越高。几种常用的差错控制编码方法有奇偶校验码、循环冗余码、校验和、海明码。

3. 差错控制技术

由于通信线路周围电磁干扰的存在,以及收发器件噪声的影响,信息在发送、接收及传递过程中难免出现差错。通信网络的差错控制技术就是要及时将差错检测出来,并采取适当的措施纠正错误,以确保接收信息的准确性。差错控制技术包括检验错误和纠正错误。

检测错误最简单的方法是将同一数据发送多次,在接收端进行逐位比较。源节点在发送数据时,除基本数据外,还包含附加校验位。附加校验位与基本数据有一定关系,为基本数据按指定规则的运算结果。目的节点接收到数据后,仍按相同规则对基本数据进行计算并将计算结果与接收到的附加校验位相比较,若二者相同,则认为所接收数据正确,否则认为所接收数据错误。不难理解,校验位越多,校验准确性越高,但传送效率越低。

常用的校验方法有奇偶校验(VRC)、纵向冗余校验(LRC)、循环冗余校验(CRC)等几种。

1) 奇偶校验是在传递字节最高位后附加一位校验位。该校验位根据字节内容取1或0,奇校验时传送字节与校验位中"1"的数目为奇数,偶校验时传送字节与校验位中"1"的数目为偶数。接收端按同样的校验方式对收到的信息进行校验。如发送时规定为奇校验,若收到的字符及校验位中"1"的数目为奇数,则认为传输正确;否则,认为传输错误。奇偶校验只能检测出单个信息位出错而不能确定差错位置,因此这种校验方式检错能力低。

2) 纵向冗余校验是一种从纵向通道上的特定比特串产生校验比特的错误检测方法。将一个数据块的所有数据字节递归,经过异或运算产生异或校验和。然而,LRC并不很可靠,多个错误可能相互抵消,在一个数据块内字节顺序的互换根本识别不出来。因此,LRC主要用于快速校验很小的数据块(如32B)。在射频识别系统中,由于标签的容量一般较小,每次交易的数据量也不大,一般使用这种算法。

3) 循环冗余校验发送端发送的信息由基本信息位与校验冗余位两部分组成。发送端在发送基本信息位的同时,发送端的CRC位生成器自动生成CRC位(由基本信息除以所谓生成多项式而得），一旦基本信息位发送完，就将 CRC 位紧随其后发送。接收端用接收到的基本信息及校验位除以同一多项式，如果这种除法的余数为 0，即能被除尽，则认为传输正确；否则认为传输错误。与奇偶校验不同，循环冗余校验是一个数据块校验一次。在同步串行通信中，几乎都采用循环冗余校验。

纠正错误的基本思想是在发送端被传送的信息码序列的基础上，按照一定的规则加入若干"监督码元"后进行传输，这些加入的码元与原来的信息码序列之间存在着某种确定的约束关系。信息码+监督码=码组，称差错控制编码或纠错编码或信道编码。利用差错控制编码来控制传输系统的传输差错的方法称为差错控制方法。差错控制编码按照能发现错误和能纠正错误分为检错码和纠错码。检错码只能发现错误而不能纠正错误；纠错码不仅能发现错误，而且能自动纠正错误。

差错控制方法的基本工作方式可分成四类：自动请求重发（ARQ）方式、前向纠错（FEC）方式、混合纠错（HEC）方式、信息反馈（IRQ）方式。

1）自动请求重发是在发送端对数据序列进行分组编码，加入一定多余码元，使之具有一定的检错能力，成为能够发现错误的码组。接收端收到码组后，按一定规则对其进行有无错误的判别，并把判决结果（应答信号）通过反向信道送回发送端。如有错误，发送端把前面发出的信息重新传送一次，直到接收端认为已正确接收到信息为止。其特点是编码效率比较高，对信道的适应能力强；重发导致信道的有效利用率较低，通信的实时性较差；译码设备较简单，适用于数据通信系统。

2）前向纠错系统中，发送端的信道编码器将输入数据序列变换成能够纠正错误的码，接收端的译码器根据编码规律检验出错误的位置并自动纠正。其特点是无须重发、实时性好、编码效率较低、译码设备比较复杂；若错误超出纠错码纠错能力，只好将其抛弃；适用于移动通信系统。

3）混合纠错方式是前向纠错方式和自动请求重发方式的结合。在这种系统中，发送端发出同时具有检错和纠错能力的码，接收端收到码后，检查错误情况，如果错误少于纠错能力，则自行纠正；如果干扰严重，错误很多，超出纠错能力，但能检测出来，则经反向信道要求发送端重发。混合纠错方式在保证系统较高的有效性的同时，大幅度提高了整个系统的可靠性。

4）信息反馈方式又称为信息重发请求法或信息反馈对比法。它将接收到的数据原封不动地通过反馈信道送回到发送端，发送端将反馈来的数据与发送的数据进行比较并判断是否有错。若有错，则该数据再发一次，直到发送端收到的反馈数据与原数据一样，即发送端没有发现错误为止。

4. 差错控制技术的应用

在现场总线中，AS-I 报文使用了奇偶校验，PB 表示奇偶校验位。CAN 报文中使用了 CRC。Modbus 协议也使用了差错校验，其中，Modbus ASCII 报文使用了 LRC，Modbus RTU 报文使用了 CRC。但 Modbus TCP 模式没有额外规定校验，因为 TCP 是一个面向连接的可靠协议。

2.3.6　工业网络的控制方法

网络控制方法主要研究在通信网络中，信息如何从源站迅速、正确地传

工业网络的
控制方法

递到目的站。网络控制方法与所使用的网络拓扑结构有关。典型工业网络控制方法有载波监听多路访问/冲突检测（Carrier Sense Multiple Access/Collision Detection，CSMA/CD）、令牌网、主从方式、CSMA/NBA 等。

1. CSMA/CD

CSMA/CD 是一种分布式介质访问控制协议，IEEE802.3 是载波侦听多路访问局域网的标准。这种传送方式允许网络中的各节点自由发送信息，但如果两个以上的节点同时发送信息，则会出现线路冲突，须采用 CSMA/CD 方式处理。每个站在发送数据帧之前，首先要进行载波监听，只有介质空闲时，才允许发送数据帧。如果两个以上的站同时监听到介质空闲并发送帧，则会产生冲突现象，会使发送的帧都成为无效帧，发送随即宣告失败。每个站必须有能力随时检测冲突是否发生，一旦发生冲突，则应停止发送，然后随机延时一段时间后，再重新争用介质，重新发送帧。网络中的各个节点都能独立地决定数据帧的发送与接收，采用点到点或广播式通信。

CSMA/CD 原理比较简单、技术上容易实现；网络中各工作站处于平等地位，不需要集中控制，不提供优先级控制；但在网络负载增大时，冲突概率增加，发送效率急剧下降。因此，CSMA/CD 常用于总线型网络，且通信负荷较轻的场合。

2. 令牌网

这种传送方式对介质访问的控制权是以令牌（TOKEN）为标志的：只有得到令牌的节点才有权控制和使用网络，物理拓扑可以是总线型网络也可以是环形网络结构。IEEE802.4 是总线令牌网的标准，IEEE802.5 是环形令牌网的标准。

令牌网实际上是一种按预先的安排让网络中各节点依次轮流占用通信线路的方法，传送的次序由用户根据需要预先确定，而不是按节点在网络中的物理次序传送。

令牌网是一种有规划、有控制、有组织的网络，当出现下列情况时节点必须交出令牌：①本节点已发完要发送的数据；②本节点根本没有数据发送；③令牌持有最大时间限制到。

维护令牌是网络上所有节点的责任，与令牌相关的必不可少的处理包括：节点的自由上/下线、令牌传递、令牌丢失处理等。表 2-2 是令牌网与 CSMA/CD 的区别。

表 2-2 令牌网与 CSMA/CD 的区别

项目	令牌网	CSMA/CD
实时性	高	低
负载敏感性	低	高
价格通用性	高	低

3. 主从方式

严格来讲，主从方式是在网络的更高层定义的，但表现在对介质的访问特点时，网络中的主站周期性地轮询各从站节点，被轮询到的从站向主站汇报状态、接受主站控制，从站节点一般不会主动发出信息。这种方式适用于星形网络结构或具有主站的总线型网络拓扑结构。Modbus 网络和 Profibus-DP 主从结构均按照这种方式工作，也按照这种方式对介质访问进行控制。

4. CSMA/NBA

CAN 总线对 MAC 访问控制采用"优先级仲裁"机制，即带非破坏性逐位仲裁的载波侦听多址访问（Carrier Sense Multiple Access/Nondestructive Bit-Wise Arbitration，CSMA/NBA），这是一种与上述三种方法都截然不同的做法。

CAN 协议规范定义总线数值为两种互补的逻辑数值之一："显性"（逻辑 0）和"隐性"（逻辑 1）。任何发送设备都可以驱动总线为"显性"，当同时向总线发送"显性"位和"隐性"位时，最后总线上出现的是"显性"位，当且仅当总线空闲或发送"隐性"位期间，总线为"隐性"状态。在总线空闲时，每个节点都可尝试发送，但如果多于两个的节点同时发送，发送权的竞争需要通过 1bit 标识符的逐位仲裁来解决。标识符值越小，优先级越高，标识符值小的节点在竞争中为获胜的一方。这种机制不同于以太网，总线上不会发生冲突，竞争中获胜的节点可以继续发送，直到完成发送为止。

2.4 工业控制网络的测试指令与测试方法

2.4.1 查询 MAC 地址、IP 地址

MAC 地址

查询 MAC 地址、IP 地址

1. MAC 地址

媒体存取控制位地址（Media Access Control Address，MAC 地址），也称物理地址、硬件地址，由网络设备制造商生产时烧录在网卡的闪存芯片中，是网络中每台设备唯一的网络标识。MAC 地址是 48 位的 6 字节地址，通常表示为 12 个 16 进制数，每 2 个 16 进制数之间用冒号隔开，如 00：e0：fc：01：11：AB。其中，其前 3 字节表示 OUI 供应商代码，是 IEEE 的注册管理机构给不同厂家分配的代码，用于区分不同的厂家；后 3 字节由供应商自行分配。

MAC 地址包括单播 MAC 地址、组播 MAC 地址和广播 MAC 地址。其中，单播 MAC 地址的最高字节的最低位是 0，表示单一设备节点；组播 MAC 地址的最高字节的最低位是 1，表示一组设备节点，是虚拟地址，对应的是一个 Group 的标识；广播 MAC 地址的每个比特都是 1，是组播 MAC 地址的一个特例，表示同一局域网内所有设备节点。单播是主机之间"一对一"的通信方式，只有目的 MAC 地址对应的单台设备会接收数据帧。组播是主机之间"一对一组"的通信方式，加入同一组的多台设备均会接收到此组内的所有数据帧。广播是主机之间"一对所有"的通信方式，同一网络内的所有设备均接收数据帧。

IP 地址

2. IP 地址

（1）IP 地址的概念 Internet Protocol Address，简称 IP 地址，是 IP 提供的一种统一的地址格式，为互联网上的每一个网络和每一台主机分配逻辑地址。IP 地址是一个 32 位（4 个字节）的二进制数，通常用"点分十进制"表示，如 192.168.1.18，由网络标识和主机标识两部分组成。

A 类 IP 地址由 1 字节的网络地址和 3 字节的主机地址组成，网络地址的最高位必须是"0"。B 类 IP 地址由 2 字节的网络地址和 2 字节的主机地址组成，网络地址的最高位必须是"10"。C 类 IP 地址由 3 字节的网络地址和 1 字节的主机地址组成，网络地址的最高位必

是"110"。D类IP地址又称多播地址或组播地址,最高位必须是"1110",范围为224.0.0.0~239.255.255.255。

还有一些比较特殊的IP地址。如:主机标识部分全0表示子网的网络号;主机标识部分全1表示当前子网的广播地址;以十进制"127"开头的IP地址用于回路测试,范围为127.0.0.1~127.255.255.255,如127.0.0.1可以代表本机IP地址,用"http://127.0.0.1"就可以测试本机中配置的Web服务器;IP地址中凡是以"11110"开头的E类IP地址,保留用于将来和实验使用。

(2)子网掩码 子网掩码(NetMask)由一系列的0和1构成,用来指明一个IP地址的哪些位标识的是主机所在的子网,哪些位标识的是主机的位掩码。子网掩码的长度也是32位,左边是网络位,用二进制数字"1"表示,1的数目等于网络位的长度;右边是主机位,用二进制数字"0"表示,0的数目等于主机位的长度。A类网络默认的子网掩码为255.0.0.0;B类网络默认的子网掩码为255.255.0.0;C类网络默认的子网掩码为255.255.255.0。

(3)网络号 通过将子网掩码和IP地址做"与"运算可以计算一个IP地址的网络号,网络号相同的设备处于同一个局域网内,这是判断设备是否处于同一网段的方法。

比如,设备A的IP地址为192.168.0.100,子网掩码为255.255.255.128,通过"与计算"得到网络号为192.168.0.0;设备B的IP地址为192.168.0.130,子网掩码为255.255.255.128,通过"与计算"得到网络号为192.168.0.128;发现设备A与设备B的网络号不同,处于不同网络。

(4)网络划分 子网掩码可以从逻辑上把一个大网络划分成一些小网络。假设有一个C类网络,网络号为192.168.1.0,子网掩码为255.255.255.0。那么192.168.1.1~192.168.1.254是设备可选用的IP地址,而且这些IP地址处于同一个子网,没有路由即可直接通信;广播IP地址为192.168.1.255。

如果需要将这个C类网络划分成4个子网,为4个不同的部门使用,子网掩码的最后8位就不能全部为0,需要将前两位设置为1,作为网络位,从逻辑上把一个C类网络划分成4个子网,网络号分别为:192.168.1.0、192.168.1.64、192.168.1.128、192.168.1.192。每个逻辑子网可用IP地址范围以及广播地址如图2-29所示。

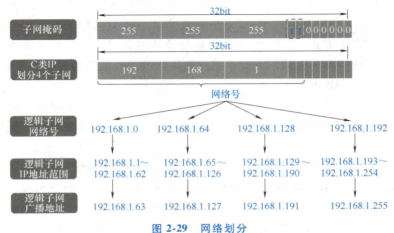

图2-29 网络划分

由此可见，若想将一个网络划分成 N 个子网，需要将默认子网掩码中的部分主机位 0 换成网络位 1。

3. IP 地址与 MAC 地址的比较

1) 长度：MAC 地址为 48 位，IP 地址为 32 位。

2) 分配依据：MAC 地址的分配是基于制造商，IP 地址的分配是基于网络拓扑。

3) 改变方法：MAC 地址像身份证号码，是生产商烧录的唯一标识，一般不能改动；IP 地址像家庭住址，是可变标识，可以根据网络结构即时更改。

4) 寻址协议：MAC 地址应用于 OSI 的第二层，即数据链路层，主要由交换机通过 MAC 表进行寻址；IP 地址应用于 OSI 的第三层，即网络层，主要由路由器通过路由表进行寻址。

4. 查询 IP 地址、MAC 地址

1) Ipconfig/all 命令：可以查看计算机的网卡 MAC 地址、IP 地址。

2) 博途软件的在线访问：如图 2-30 所示，打开博途软件，找到在线访问，选择计算机的网络适配器类型，选中需要查询的设备，双击"在线和诊断"，将设备转至监控模式后，单击"功能"中的"分配 IP 地址"，即可查看设备的 MAC 地址为 28：63：36：E9：6D：48，IP 地址为 192.168.1.18，子网掩码为 255.255.255.0。

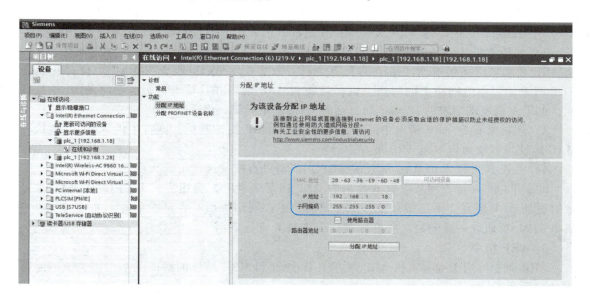

图 2-30 查询 IP 地址、MAC 地址

小试牛刀

（1）（　　）是由一系列的 0 和 1 构成，用来指明一个 IP 地址的哪些位标识的是主机所在的子网，哪些位标识的是主机的位掩码。

　　A. 网络号　　　　B. 主机号　　　　C. MAC 地址　　　　D. 子网掩码

（2）网络层地址由两部分地址组成，网络层地址和（　　）。

　　A. 主机地址　　　B. MAC 地址　　　C. IP 地址　　　　　D. 子网掩码

2.4.2 解析 ARP

1. ARP 的概念

地址解析协议（Address Resolution Protocol，ARP）是根据 IP 地址获取物理地址的一个协议。主机发送信息时将包含目标 IP 地址的 ARP 请求广播到局域网络上的所有主机，并接收返回消息，以此确定目标的物理地址；收到返回消息后将该 IP 地址和物理地址存入本机 ARP 缓存中并保留一定时间，下次请求时直接查询 ARP 缓存以节约资源。

解析 ARP

2. ARP 的解析过程

在通过以太网发送 IP 数据包时，由于发送时只知道目标 IP 地址，不知道目的 MAC 地址，所以需要使用地址解析协议，根据网络层 IP 数据包报头中的 IP 地址信息解析出目标硬件 MAC 地址，以保证通信的顺利进行。ARP 的解析过程可以概括为"广播请求、单播接收、暂缓保存"。

主机 A 的 IP 地址为 192.168.1.1，MAC 地址为 0A-11-22-33-44-01，主机 B 的 IP 地址为 192.168.1.2，MAC 地址为 0A-11-22-33-44-02。当主机 A 要与主机 B 通信时，地址解析协议可以将主机 B 的 IP 地址（192.168.1.2）解析成主机 B 的 MAC 地址，以下为工作流程：

1）根据主机 A 上的路由表内容，确定用于访问主机 B 的转发 IP 地址是 192.168.1.2；然后 A 主机在自己的本地 ARP 缓存中检查主机 B 的匹配 MAC 地址。

2）如果主机 A 在 ARP 缓存中没有找到映射，它将询问 192.168.1.2 的硬件地址，从而将 ARP 请求帧广播到本地网络上的所有主机。源主机 A 的 IP 地址和 MAC 地址都包括在 ARP 请求中，本地网络上的每台主机都接收到 ARP 请求并且检查是否与自己的 IP 地址匹配。如果主机发现请求的 IP 地址与自己的 IP 地址不匹配，将丢弃 ARP 请求。

3）主机 B 确定 ARP 请求中的 IP 地址与自己的 IP 地址匹配，则将主机 A 的 IP 地址和 MAC 地址映射添加到本地 ARP 缓存中。

4）主机 B 将包含其 MAC 地址的 ARP 回复消息直接发送回主机 A。

5）当主机 A 接收到从主机 B 发来的 ARP 回复消息时，会用主机 B 的 IP 和 MAC 地址映射更新 ARP 缓存。本机缓存是有生存期的，生存期结束后，将再次重复上面的过程。主机 B 的 MAC 地址一旦确定，主机 A 就能向主机 B 发送数据了。

3. ARP 指令

ARP 命令可用于查询本机 ARP 缓存中 IP 地址和 MAC 地址的对应关系、添加或删除静态对应关系等。

1）arp-a 或 arp-g：用于查看缓存中的所有项目。

2）arp-a Ip：如果有多个网卡，那么使用 arp-a 加上接口的 IP 地址，就可以只显示与该接口相关的 ARP 缓存项目。

3）arp-s Ip 物理地址：可以向 ARP 缓存中人工输入一个静态项目，该项目在计算机引导过程中将保持有效状态，在出现错误时，人工配置的物理地址将自动更新该项目。

4）arp-d Ip：使用该命令能够人工删除一个静态项目。

4. ARP 欺骗

地址解析协议是建立在网络中各主机互相信任的基础上的使得网络能够

ARP 欺骗

更加高效运行，但其本身也存在缺陷。ARP 地址转换表是依赖于计算机中高速缓冲存储器动态更新的，而高速缓冲存储器的更新是受到更新周期的限制的，只保存最近使用的地址的映射关系表项，这使得攻击者有了可乘之机，可以在高速缓冲存储器更新表项之前修改地址转换表，实现攻击。ARP 请求为以广播形式发送的，网络上的主机可以自主发送 ARP 应答消息，并且当其他主机收到应答报文时不检测该报文的真实性就将其记录在本地的 MAC 地址转换表，这样攻击者就可以向目标主机发送伪 ARP 应答报文，从而篡改本地的 MAC 地址表。ARP 欺骗可以导致目标计算机与网关通信失败，更会导致通信重定向，所有的数据都会通过攻击者的机器，因此存在极大的安全隐患。

5. RARP

反向地址转换协议（Reverse Address Resolution Protocol，RARP）是局域网的物理机器从网关服务器的 ARP 表或者缓存上根据 MAC 地址请求 IP 地址的协议，其功能与地址解析协议相反。首先是查询主机向网络送出一个 RARP Request 广播封包，向别的主机查询自己的 IP 地址；网络上的 RARP 服务器就会将发送端的 IP 地址用 RARP Reply 封包回应给查询者，这样查询主机就获得自己的 IP 地址了。

6. NDP

地址解析协议是 IPv4 中必不可少的协议，但 IPv6 中不存在地址解析协议。在 IPv6 中，地址解析协议的功能将由邻居发现协议（Neighbor Discovery Protocol，NDP）实现。它使用一系列 IPv6 控制信息报文（ICMPv6）来实现相邻节点（同一链路上的节点）的交互管理，并在一个子网中保持网络层地址和数据链路层地址之间的映射。邻居发现协议中定义了 5 种类型的信息：路由器宣告、路由器请求、路由重定向、邻居请求和邻居宣告。与 ARP 相比，NDP 可以实现路由器发现、前缀发现、参数发现、地址自动配置、地址解析（代替 ARP 和 RARP）、下一跳确定、邻居不可达检测、重复地址检测、重定向等更多功能。

> **小试牛刀**
> （1）ARP 协议是 TCP/IP 协议簇中（　　）的一个协议。
> A．物理层　　　　B．数据链路层　　　　C．网络层　　　　D．传输层
> （2）下列（　　）命令可以查看主机当前的 ARP 缓存表。
> A．arp-a　　　　B．arp-s　　　　C．arp-d　　　　D．arp-g

2.4.3　解析单环冗余

1. 环网交换机

环网交换机是一种特殊的管理型交换机，因为主流的环网交换机均为工业交换机，因此一般可以将其称为工业级环网交换机。环网交换在环网结构上有很多的优点，比如有冗余性、可靠性等。环网交换机可以组建环形网络，每台交换机上有两个用于组环的端口，交换机之间通过手拉手形式构成环形的网络拓扑。其组建的优势是当环网上的某一路链路断开时，不会影响网络上数据的转发，因此在很多工业通信领域引入了环网交换机。环网交换机采用了某些特殊技术，避免了广播风暴的产生，同时又实现了环形网络的可靠性。

2. 工业冗余环网

工业冗余环网包括多台环网交换机，每台交换机有两个用于组成环网的光纤端口，通过

手拉手的级联方式组成环形的网络拓扑结构。工业冗余环网（FC-Ring）设计是为了实现在恶劣环境下，保证数据传输的稳定性、可靠性和实时性。其工作原理是物理连接上成环形结构，工作时网络信号成链状结构，一旦传输光纤某处节点断路，设备可以极短的时间自动切换到备用线路上传输。冗余环网结构不仅减少了数据信号传输风险，更简化了工程安装，降低了工程成本。

3. 解析单环冗余技术

以太网环冗余技术能够在通信链路发生故障时启用另外一条健全的通信链路，使网络通信的可靠性大大提高。单环冗余网络如图 2-31 所示，连接成环的目的是提供两条数据传输路径，冗余协议是为了防止环网中间形成广播风暴。HRP 是高速冗余协议（High Speed Redundancy Protocol），交换机通过环网端口互连，其中只能有一台交换机组态为冗余管理器，其他交换机为冗余客户端。如果要组成 HRP 环，环中所有交换机都必须支持此功能。HRP 最长重构时间为 0.3s，环网中可具备 50 台交换机。

解析 HRP

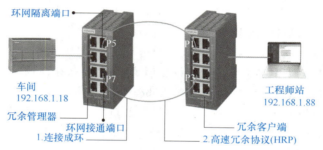

图 2-31 单环冗余网络

冗余管理器分别从环网接通端口、环网隔离端口发送循环检测帧，如果从第一个环网端口发送的检测帧被第二个环网端口接收，则说明环网正常。正常情况下，数据通过 P7～P3 端口传输，冗余管理器 P7 端口快闪（或常亮），P5 端口慢闪。若环网出现故障，P7～P3 端口链路断开时，冗余管理器 P5 端口变为接通端，数据由 P5～P1 端口传输，此时 P5 端口快闪。故障恢复后，数据又通过 P7～P3 端口传输，冗余管理器 P7 端口快闪（或常亮），P5 端口慢闪。可以发现，当车间与控制中心任意一条通信线路故障（网络的单点故障问题）时，单环冗余网络都能自动判断和进行网络重构，以保障通信不间断。

2.4.4 网线的制作

1. RJ45 的概念

RJ 是 Registered Jack 的缩写，意思是"注册的插座"。RJ45 是布线系统中信息插座（即通信引出端）连接器的一种，由插头和插座组成。这两种元器件组成的连接器连接于导线之间，以实现导线的电气连续性。RJ45 插头又称为 RJ45 水晶头，用于数据电缆的端接，实现设备、配线架模块间的连接及变更，有 8 个凹槽和 8 个触点；要求具有良好的导通性能，接点三叉簧片镀金厚度为 $50\mu m$，满足超 5 类传输标准，符合 T568A 和 T568B 线序；具有防止松动、便于插拔、可自锁等功能。

制作网线

RJ45 插头分为非屏蔽和屏蔽两种。工业环境中经常有某种等级的温度、粉尘、湿度以及其他在家庭和办公环境中不常见的影响因素，需要使用专为工厂环境特殊设计的工业用的屏蔽 RJ45 插头，与屏蔽模块搭配使用。RJ45 插头常使用一种防滑插头护套，用于保护插头、防滑动和便于插拔。RJ45 接口的引脚定义如图 2-32 所示，可以发现，1 号、2 号引脚用于数据接收，3 号、6 号引脚用于数据发送。

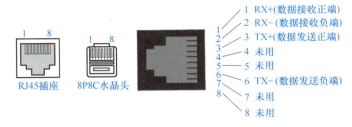

图 2-32　RJ45 接口

2. RJ45 的线序与连接方法

工业环境中，RJ45 的连接线通常由双层屏蔽的 4 对双绞线（8 芯）组成，每对双绞线两两以铝箔屏蔽，结合网格屏蔽，覆盖聚氯乙烯护套以提高屏蔽性能。

如图 2-33 所示，RJ45 插头与双绞线端接有 T568A 和 T568B 两种结构。在 T568A 中，与之相连的 8 根线分别定义为：白绿、绿；白橙、蓝；白蓝、橙；白棕、棕。在 T568B 中，与之相连的 8 根线分别定义为：白橙、橙；白绿、蓝；白蓝、绿；白棕、棕。其中定义的差分传输线分别是白橙色和橙色线缆、白绿色和绿色线缆、白蓝色和蓝色线缆、白棕色和棕色线缆；即颜色相近的是一对双绞线，1、2 是一对，3、6 是一对，4、5 是一对，7、8 是一对。为达到最佳兼容性，制作直通线时一般采用 T568B 结构。

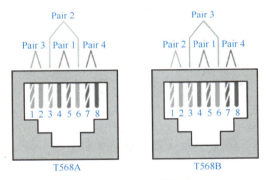

图 2-33　RJ45 的线序

其连接方法有直连法和交叉互连法。直连法用于异种网络设备之间的互连，例如，计算机与路由器。交叉互连法中 1、3 引脚和 2、6 引脚必须互换，用于同种网络设备之间的互连，例如，计算机与计算机。特别强调，当两台类型一样的设备使用 RJ45 接口连接通信时，必须使用交叉线连接。

在连接两个 RJ45 插头时，务必注意以下几点：

1）1、2 引脚是一个绕对，3、6 引脚是一个绕对，4、5 引脚是一个绕对，7、8 引脚是一个绕对。

2）在同一个综合布线系统工程中，只能采用一种连接标准。制作连接线、插座、配线架等一般较多使用 TIA/EIA-568-B 标准，否则，应标注清楚。

3）电缆需与同类的连接器件端接。比如，5e 类和 6 类的连接器在外观上很相似，但在物理机构上是有差别的，如果把一条 5e 类电缆与一个 3 类标准连接器或配线盘端接，就会把电缆信道的性能降低为 3 类。所以，为了保证电缆的性能指标，模块连接器也必须达到相应的标准。

在工业现场可以使用 4 根线传输信号，一般 Profinet 网线都是 4 芯的，颜色分别为白、黄、蓝、橙。连接的时候只需要把相应颜色的线插入到 RJ45 插头相应颜色的通道即可，白、黄、蓝、橙分别对应 RJ45 的 1、2、3、6 引脚，用于接收和发送数据，其余引脚不使用。

3. 制作 Profinet 连接器

Profinet 网线采用绿色护套，4 芯屏蔽网线 4X22AWG 芯线颜色为白色、黄色、蓝色、橘色，屏蔽多层作为铝箔屏蔽加镀锡铜网编织屏蔽，作为短距离信号传输。

准备工具：网线剥线钳、RJ45 插头、Profinet 网线、RJ45 插座等。

制作步骤：首先，用网线剥线钳剥去网线外壳；然后打开 RJ45 插头，将白色、黄色、蓝色、橘色芯线依次插入 RJ45 的 1、2、3、6 引脚；最后，将导线插入到 RJ45 插头顶部，按压透明盖板，压紧即可。

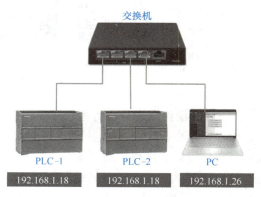

图 2-34　网络结构

2.4.5　网络测试与典型故障诊断

如图 2-34 所示，网络由两台 S7-1200PLC、一台 PC 组成，通过交换机构成简易的星形 Profinet 网络。

1. 网络通断测试

方法一：打开博途软件，进入项目视图，单击"在线访问"，选择计算机的网络适配器类型，双击"更新可访问的设备"，等待一会，如果可以搜索到设备，说明网络是通的；如果没有搜索到任何设备，说明网络是断的。如图 2-35 所示，当前搜索结果显示网络中存在两台 PLC，一台 PLC 的 IP 地址为 192.168.1.18；另一台 PLC 的 IP 地址为 192.168.1.28，表明交换机正常工作，PC 可以访问到网络中的设备。

网络通断测试

方法二：按下 <Windows+R> 键，在弹出的运行文本框中输入"cmd"，单击确定，打开 cmd 命令行。分别输入"ping 192.168.1.18""ping 192.168.1.28"，访问这两台 PLC 设备。如图 2-36 所示，可以根据反馈信息辨别网络是否通畅，"丢失 = 0"的结果表示网络是通畅的。

图 2-35　网络通断测试

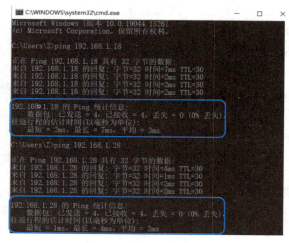

图 2-36　Ping 指令

2. 辨别设备

在博途软件中，选中"在线访问"，选择想要辨别的设备（如 plc_1），双击"在线和诊断"，进入诊断模式，单击"功能"菜单下的"分配 PROFINET 设备名称"选项，可以查看设备类型及名称，如图 2-37 所示，设备类型为"S7-1200"，设备名称为"plc_1"；勾选"LED 闪烁"复选框，可以让对应设备的 LED 灯闪烁。

辨别设备

单击"诊断"菜单下的"常规"选项，可以查看设备的 CPU 信息。如图 2-38 所示，短名称为 CPU 1214C DC/DC/DC，订货号为 6ES7 214-1AG40-0XB0。

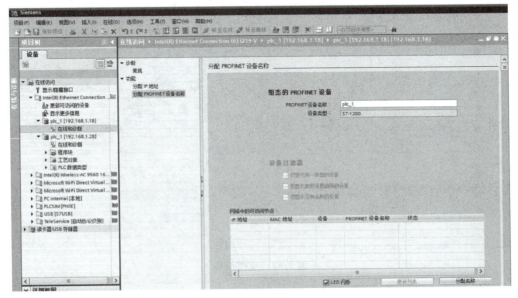

图 2-37 读取设备类型

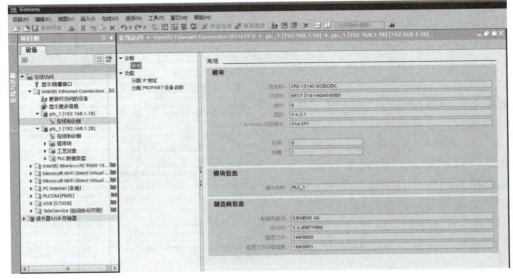

图 2-38 读取设备型号

3. 复位设备

工业控制网络中经常出现设备的"ERROR"指示灯红色常亮，提示设备出错的现象。此时需要对设备进行复位操作。

利用博途软件对设备进行复位的操作过程如下：如图 2-39 所示，选中待复位设备（如 plc_1），单击"在线和诊断"，进入诊断模式，单击"功能"菜单下的"重置为出厂设置"选项，选中"删除 IP 地址"单选按钮，单击"重置"按钮，就可以将 plc_1 恢复为出厂设置。

复位设备

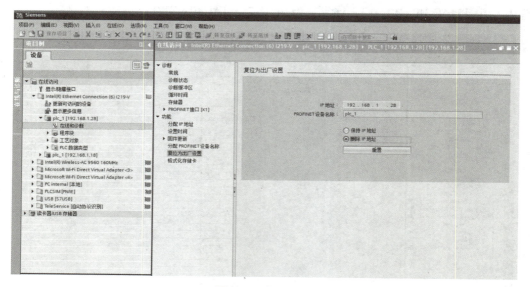

图 2-39 复位设备

4. 解除 IP 地址冲突

地址冲突是指同一局域网内，出现两台或多台设备 IP 地址相同的现象，如图 2-40 所示。地址冲突会导致局域网瘫痪，无法访问设备，不能下载程序。此时，PC 端无法访问到两台 PLC 中的任何一台。

想要解除地址冲突，需要先将一台 PLC 脱离网络，然后修改另一台 PLC 的 IP 地址。如图 2-41 所示，选中存在于网络中的 PLC，单击"在线和诊断"，进入诊断模式，单击"功能"菜单下的"分配 IP 地址"选项，重新输入非冲突的 IP 地址，比如 192.168.1.28，单击"分配 IP 地址"按钮，等待参数传递结果，当出现"参数已成功传送"的信息后，就成功更改了 PLC 的 IP 地址，有

解除 IP 地址冲突

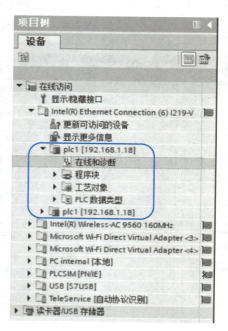

图 2-40 地址冲突

效解除了地址冲突现象。

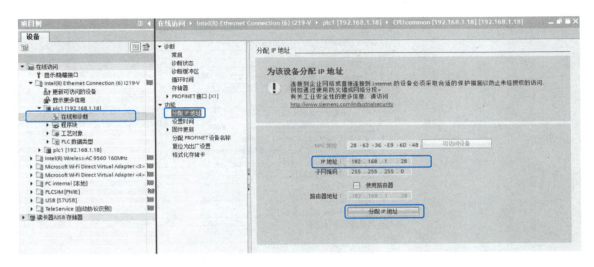

图 2-41　修改设备 IP 地址

如图 2-42 所示，单击"功能"菜单下的"分配 PROFINET 设备名称"选项，可以修改 PROFINET 设备名称为"plc2"。

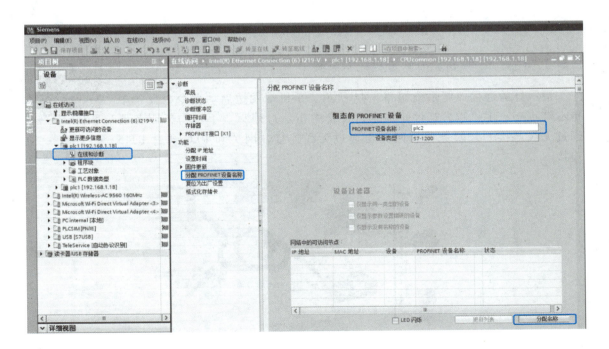

图 2-42　修改设备名称

此时，将脱离网络的那台 PLC 重新连接到局域网内，单击"更新可访问的设备"，如图 2-43 所示，发现两台 PLC 的 IP 地址不再冲突。

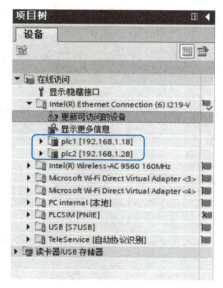

图 2-43 解除地址冲突

2.5 识读典型工业控制网络

2.5.1 任务 1 解析指示灯远程控制系统

解析指示灯远程控制系统

指示灯的远程控制系统如图 2-44 所示,手机端发送启动命令,设备中指示灯点亮;手机端发送停止命令,设备中指示灯熄灭。手机与云服务器通过无线连接,云服务器和网关也通过无线连接,网关和 PLC 通过 RJ45 连接。

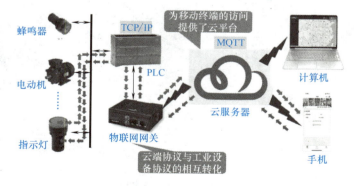

图 2-44 指示灯远程控制系统

移动终端给 PLC 发送命令的时候,数据传输可以分为 3 个过程,依次为移动终端访问云服务器、云服务器发送命令至网关、网关转换协议转发命令至 PLC。其中,云服务器、网关、PLC 的关系如下：一旦云服务器添加了某个网关，就可以访问到该网关连接的所有工业设备中的变量。此时，云服务器已经添加了网关，网关也连接了 PLC，就可以将云服务器中的变量关联 PLC 中的变量。本任务中已经将云服务器中的启动变量关联了 PLC 设备的 M 变量。网关主要用于协议转换，PLC 用于执行任务。为了保护网络的安全，移动终端一般需要授权后才能访问云服务器。

其数据传输具体过程如下：移动终端访问云服务器，修改服务器中相关变量的值（如设置启动变量为 1），将启动命令通过无线 4G/5G 或 WiFi 网络发送给云服务器，云服务器接收到数据后，启动变量被成功设置为 1。由于启动变量关联了 PLC 设备的 M 变量，云服务器向 PLC 连接的网关发送命令，网关将 MQTT 协议转换为 PLC 识别的 TCP/IP，然后发送给 PLC，PLC 接收到启动命令后，关联的 M 变量被置为 1，通过 PLC 程序控制指示灯依次点亮。同样，PLC 可以将指示灯的状态反馈给网关，网关将 TCP/IP 转换为云端标准的 MQTT 协议，把控制结果反馈给云服务器，移动终端通过访问云服务器，监控控制结果。

2.5.2 任务 2 解析风光互补发电系统

随着能源危机日益严重，新能源已经成为当今世界上的主要能源之一，风光互补系统应运而生。风光互补系统是风力发电机和太阳能电池方阵两种发电设备共同发电，构成的分布式电源。该系统利用太阳能电池方阵及风力发电机将发出的电能存储到蓄电池组中。当用户需要用电时，通过逆变器将蓄电池组中储存的直流电转变为交流电，通过输电线路送至用户负载。

1. 网络拓扑图

风光互补发电系统主要由光伏供电装置、光伏供电系统、风力供电装置、风力供电系统、逆变与负载系统、监控系统等组成，其网络拓扑结构如图 2-45 所示。

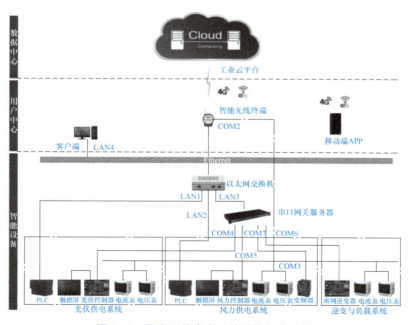

图 2-45 风光互补发电系统网络拓扑结构

光伏供电系统的 PLC、风力供电系统的 PLC 通信方式采用以太网通信，通信接口分别为：LAN1、LAN2，6 块智能数显仪表、风力供电系统的变频器通信方式为 RS485，通信接口分别为 COM3、COM7，光伏供电系统的充电控制器、风力供电系统的充电控制器、逆变与负载系统的逆变控制器通信方式为 RS232，通信接口分别为 COM4、COM5、COM6，再利用串口网关服务器把串口数据流快速解析成 TCP/IP 的数据包，进行 IP 化的管理，IP 化的数据存取通信接口为 LAN3；监控系统上位机连接到 LAN4，实现异构组网，但其中 6 块智能数显仪表是不与串口网管服务器连接的，直接连接至 KNET-BOX 的 COM2 端口。

2. 混合式网络结构

（1）点对点结构　光伏控制器与触摸屏的通信、风力控制器与触摸屏的通信，以及光伏控制器、风力控制器、离网逆变器与串口服务器的通信都属于 RS232 的点对点通信。

（2）总线型结构　6 块智能数显仪表的通信方式为 RS485，构成总线型通信，连接到智能无线终端网关上；风力供电单元的变频器通信方式也是 RS485，连接至串口服务器。

（3）星形网络结构　光伏供电系统的 PLC、风力供电系统的 PLC、监控系统上位机、串口服务器、智能无线终端网关全部连接至中枢装置以太网交换机，构成星形网络结构，采用以太网的通信方式。

3. 网络组件

（1）串口服务器　它主要负责将 RS232、RS485 串口换成 TCP/IP 网络接口，实现光伏控制器、风力控制器、离网逆变器的 RS232 串口、变频器的 RS485 串口与客户端、智能无线终端的 TCP/IP 网络接口的数据双向透明传输，实现了现场工业数据的联网。

（2）以太网交换机　它主要负责光伏供电单元 PLC、风力供电单元 PLC、客户端、智能无线终端及串口服务器之间的数据转发。

（3）智能无线终端　它主要负责串口 RS485 协议、TCP/IP 与云端标准 MQTT 的相互转换，实现数据上云，即通过移动终端可以监控 PLC、光伏控制器、风力控制器、离网逆变器，即电压、电流仪表，实现了风光互补发电系统的远程控制。

4. 网络控制技术

1）智能无线终端与 6 块智能数显仪表之间的总线型结构，采用了 RS485 串口协议，是使用了主从控制技术的 Modbus-RTU 网络。作为主站的智能无线终端主动周期性地向 6 块智能数显仪表从站节点发送请求，6 块智能数显仪表从设备分析并处理主设备的请求，然后向智能无线终端反馈电压、电流数值；如果出现任何差错，从设备将返回一个异常功能码。

2）客户端与光伏控制器、风力控制器、离网逆变器、变频器是使用了主从控制技术的 Modbus TCP 网络。采用查询/回应的工作方式，在站点间传送 ModbusTCP 报文。客户端是主站，使用 TCP/IP；连接在串口服务器的光伏控制器、风力控制器、离网逆变器、变频器是从站，使用 Modbus-RTU 协议。客户端周期性地轮询光伏控制器、风力控制器、离网逆变器、变频器，并通过串口服务器进行协议转换，在 TCP 报文中插入标准的 Modbus 报文，使 Modbus-RTU 协议运行于以太网。

3）客户端与光伏供电系统 PLC、风力供电系统 PLC、串口服务器、智能无线终端之间使用了存储转发技术，是以交换机为中心的星形结构。交换机先将输入端到来的数据包缓存起来，检查数据包是否正确，并过滤掉冲突包错误；确定数据包正确后，取出目的地址，通过查找表找到想要发送的输出端口地址，然后将该数据包发送出去。

5. 差错控制技术

1）智能无线终端与 6 块智能数显仪表之间的总线型结构，采用了 RS485 标准串口，是使用了主从控制技术的 Modbus-RTU 网络，采用了 CRC 校验方法。

2）客户端与光伏控制器、风力控制器、离网逆变器、变频器是使用了主从控制技术的 Modbus TCP 网络，TCP 用一个校验和函数来检验数据是否有错误，在发送和接收时都要计算和校验；同时可以使用 MD5（Message-Digest Algorithm 5）认证对数据进行加密。因此，TCP 是一个面向连接的可靠协议，Modbus TCP 网络不需要再额外校验。

案例—解析钢珠灌装生产线网络

项目 3 MODULE 3
现场总线网络的构建与运维

【学习目标】

素养目标：培养学生信息强国、科技报国的使命担当；认真严谨、精益求精的职业素养。

知识目标：了解 Profibus-DP、CC-Link、AS-I、CAN、Modbus-RTU 网络的通信原理、协议标准、传输介质、总线结构等知识。

能力目标：会进行 Profibus-DP、CC-Link、AS-I、CAN、Modbus-RTU 网络的构建、运行维护、故障诊断。

【项目导入】

现场总线是指安装在制造或过程区域内的现场装置与控制室内的自动装置之间的数字式、串行、多点通信的数据总线。它是一种工业数据总线，是自动化领域中底层数据通信网络。简单来说，现场总线就是以数字通信替代了传统模拟信号及普通开关量信号的传输，是连接智能现场设备和自动化系统的全数字、双向、多站的通信系统。它主要解决工业现场的智能化仪器仪表、控制器、执行机构等现场设备间的数字通信以及这些现场控制设备和高级控制系统之间的信息传递问题。现场总线是现场智能设备的互连通信网络，负责沟通生产过程现场及控制设备之间及其与更高控制管理层之间的联系。本项目主要介绍典型现场总线 Profibus-DP、Modbus、CAN、AS-I 的通信原理、协议标准、传输介质、总线结构等知识，重点讲解 Profibus-DP、AS-I 网络的构建、运行维护及故障诊断方法。

【项目知识】

3.1 典型现场总线技术

3.1.1 Profibus-DP 概述

Profibus-DP（Decentralized Periphery）是专为自动控制系

Profibus-DP 的总线拓扑

Profibus-DP 的介绍

统和设备级分散 I/O 之间的通信而设计的，DP 代表"分布式设备"，使用 Profibus-DP 模块可取代 24V 或 0~20mA 并行信号线，用于分布式控制系统的高速数据传输，其数据传输速率可达 12Mbit/s。它与 Profibus-PA（Process Automation）、Profibus-FMS（Fieldbus Message Specification）共同组成了 Profibus 标准。其中，Porfibus-PA 专为过程自动化设计，可使传感器和执行机构连在一根总线上，并有本质安全规范；Profibus-FMS 用于车间级监控网络，是一个令牌结构的实时多主网络，如图 3-1 所示。

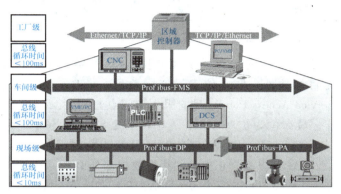

图 3-1　Profibus 总线

Profibus-DP 主要用于连接 PLC、PC、HMI 设备和分布式现场设备。为了将不同厂家生产的 Profibus 产品集成在一起，生产厂家必须以 GSD 文件（电子设备数据库文件）方式将这些产品的功能参数（如 I/O 点数、诊断信息、波特率、时间监视等）存储起来，标准的 GSD 数据将通信扩大到操作员控制级，使用根据 GSD 所做的组态工具可将不同厂商生产的设备集成在同一总线系统中。

GSD 文件可分为三个部分：

1）总规范：包括生产厂商和设备名称、硬件和软件版本、波特率、监视时间间隔、总线插头指定信号。

2）与 DP 有关的规范：包括适用于主站的各项参数，如允许从站个数、上装/下装能力。

3）与 DP 从站有关的规范：包括与从站有关的一切规范，如输入/输出通道数、类型、诊断数据等。

1. Profibus-DP 的协议结构

根据国际标准 ISO 7498，Profibus-DP 协议结构以 OSI 作为参考模型，定义了第 1、2 层和用户接口，第 3~7 层未加描述。用户接口规定了用户及系统以及不同设备可调用的应用功能，并详细说明了各种不同 Profibus-DP 设备的设备行为。Profibus-DP 协议明确规定了用户数据怎样在总线各站之间传递，而用户数据的含义是在 Profibus 行规中具体说明的。

Profibus-DP 协议中传输报文的格式主要有以下 5 种类型。

1）SD1：设备状态请求帧，无数据域，用于查询总线上激活的站点，即用于主站与从站间的站点查询。建立好通信网络后，主站便会向从站发送总线上在线站点的查询请求，在线的从站收到查询本从站的请求帧，便会回应相应的应答帧；在通信时，主站会时不时地发送查询帧，确保能与总线上的所有站点进行通信。SD1 报文格式见表 3-1。

表 3-1 SD1 报文格式

SD1	DA	SA	FC	FCS	ED
0X10	××	××	××	××	0X16

2）SD2：可变长度数据域，其参数最多，是 Profibus 中使用最多的一种帧结构。

表 3-2 SD2 报文格式

SD2	LE	LEr	SDr	DA	SA	FC	DU	FCS	ED
0X68	××	××	0X68	××	××	××	××	××	0X16

SD2 报文格式见表 3-2。其中，LE 为数据长度，LE［DA+SA+FC+DU］<250，LEr 与 LE 内容相同；DA 为目标地址，低 7 位表示实际地址，最高位为扩展标识位，0 表示无 DSAP（Destination Service Access Point，目的服务访问点），1 表示有 DSAP；SA 为源地址，低 7 位表示实际地址，最高位为扩展标识位，0 表示无 SSAP（Source Service Access Point，源服务访问点），1 表示有 SSAP；FC 为功能码域；DU 为数据域，最大长度为 246B，包括扩展地址部分 DSAP、SSAP，以及真正传输的用户数据部分 PDU，DSAP、SSAP 定义了通信的服务类型；FCS 为帧校验位，FCS 值为 DA、SA、FC、DU 4 个域的二进制代数和。FC 功能码见表 3-3。

表 3-3 FC 功能码

B7	B6	B5	B4	B3	B2	B1	B0
总为 0	报文类型 1:请求报文 0:响应报文	站类型和状态 00:从站 01:主站未准备好 10:主站已装备好,进入令牌循环 11:主站正在令牌环			功能码		

B6B5B4 的含义：000 代表从站；001 代表主站未准备好；010 代表主站已就绪，无令牌；011 代表主站已就绪，在令牌环上；10X 代表 FCB 不可用；11X 代表 FCB 可用。

3）SD3：定长数据帧，固定 8B 数字域，报文格式见表 3-4。

表 3-4 SD3 报文格式

SD3	DA	SA	FC	DU	FCS	ED
0XA2	××	××	××	××	××	0X16

4）SD4：令牌传递帧，用于主站间的令牌传递，报文格式见表 3-5。

表 3-5 SD4 报文格式

SD4	DA	SA
0XDC	××	××

5）SC：用于对主站请求帧的短回应帧，由从站发出，用于对上级请求的快速响应，是单个字节的特殊应答报文，SC 为 0XE5。

根据 Profibus-DP 的通信机制，主站与从站建立通信时，预先发送总线查询帧得知哪些从站处于总线激活状态，一旦确定总线上的激活站点后，便开始对激活站点进行参数化、组态并诊断，只有当所有配置正确后才进入数据交换阶段。所以，Profibus-DP 中几种常见的报文格式如下。

1）诊断报文。

诊断请求报文：基本请求报文（主站-从站），格式见表 3-6。

表 3-6　Profibus-DP 诊断请求报文

SD2	LE	LEr	SDr	DA	SA	FC	DSAP	SSAP	FCS	ED
0X68	××	××	0X68	××	××	××	0X3C	0X3E	××	0X16

诊断响应报文：基本响应报文（从站-主站），格式见表 3-7。

表 3-7　Profibus-DP 诊断响应报文

SD2	LE	LEr	SDr	DA	SA	FC	DSAP	SSAP	DU	FCS	ED
0X68	××	××	0X68	××	××	××	0X3E	0X3C	××	××	0X16

2）参数化报文。

参数设置请求报文：基本请求报文（主站-从站），格式见表 3-8。

表 3-8　Profibus-DP 参数设置请求报文

SD2	LE	LEr	SDr	DA	SA	FC	DSAP	SSAP	DU	FCS	ED
0X68	××	××	0X68	××	××	××	0X3D	0X3E	××	××	0X16

参数设置基本响应报文（从站-主站）是单个字节的特殊应答报文，为 0XE5。

3）组态报文。

检查组态请求报文：基本请求报文（主站-从站），格式见表 3-9。

表 3-9　Profibus-DP 检查组态请求报文

SD2	LE	LEr	SDr	DA	SA	FC	DSAP	SSAP	DU	FCS	ED
0X68	××	××	0X68	××	××	××	0X3E	0X3E	××	××	0X16

组态基本响应报文（从站-主站）是单个字节的特殊应答报文，为 0XE5。

4）数据交换报文，格式见表 3-10。

表 3-10　Profibus-DP 数据交换报文

SD2	LE	LEr	SDr	DA	SA	FC	DU	FCS	ED
0X68	××	××	0X68	××	××	××	××	××	0X16

数据交换响应报文（从站-主站），格式见表 3-11。

表 3-11　Profibus-DP 数据交换响应报文

SD2	LE	LEr	SDr	DA	SA	FC	DU	FCS	ED
0X68	××	××	0X68	××	××	××	××	××	0X16

2. Profibus-DP 的总线拓扑

Profibus-DP 通常采用总线拓扑结构，物理层提供两种不同的传输技术，一种是 RS485，采用屏蔽双绞线，是两端有终端电阻的总线拓扑，通过中继器可将传输距离延长到 10km；另一种是光纤，用于电磁兼容性要求高和长距离传输的场合。

Profibus-DP 的总线拓扑如图 3-2 所示。

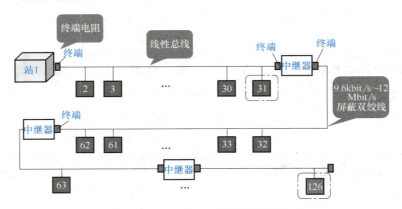

图 3-2　Profibus-DP 的总线拓扑

RS485 传输技术的基本特征：网络拓扑为线性总线，两端有有源的总线终端电阻，传输速率为 9.6kbit/s~12Mbit/s，介质为屏蔽双绞线，也可取消屏蔽，取决于环境条件；不带中继时每分段可连接 32 个站，带中继时可多到 127 个站。采用 RS485 传输技术的 Profibus 网络最好使用 9 针 D 型插头，当连接各站时，应确保数据线不拧绞，系统在高电磁发射环境下运行应使用带屏蔽的电缆，屏蔽可提高电磁兼容性（EMC）；如用屏蔽编织线和屏蔽箔，应在两端与保护接地连接，并尽可能通过大面积屏蔽接线来覆盖，以保持良好的传导性。

3. Profibus-DP 的主从通信原理

在数据链路层，Profibus-DP 使用混合的总线存取控制机制来实现相关站之间的通信。Profibus-DP 的总线存取控制机制与所使用的传输介质无关，每个 DP 节点有一个总线上唯一的地址，报文用节点编址的方法组织。其存取控制机制包括用于主站间通信的分散令牌传递机制和用于主站与从站间通信的集中主从机制。

连接到 Profibus 网络的主站按其总线地址（由总线存取控制 MAC 程序自动判定总线上所有主动节点的地址并记录在主动站表 LAS 中）的升序组成一个逻辑令牌环。当某个主站得到令牌后，该主站就被允许在以后的一段时间内执行主站工作，根据主从站关系表给其他的主站或从站发送帧，直到发完或规定的时间到，再把令牌按令牌环规定的顺序传给其他主站。具有总线地址 HAS（最高站地址）的站点例外，它只传递令牌给具有最低总线地址的站点，以使逻辑令牌环闭合。在主从方式下，由一个主站控制多个从站，构成主从系统。主站发出命令，从站给出响应，配合主站完成对数据链路的控制，一个主站应与相关的多个从站中的每个从站建立一条数据链路，从站可以发送多个帧，直到以下一种情况发生为止：从站没有信息帧可发送，未完成帧的数目已达最大值或从站被主站停止。

4. Profibus-DP 的主从通信过程

典型的 Profibus-DP 总线配置是以主从总线存取程序为基础的，一个主动节点（DP 主站）循环地与被动节点（DP 从站）交换数据。Profibus-DP 主站需要知道 Profibus 网络上的 DP 从站的地址、DP 从站的类型、数据交换区和诊断缓存区。Profibus-DP 主站启动整个网络的通信并初始化 DP 从站，它首先根据 DP 地址把硬件组态信息（参数及 IO 配置）写入到相应的从站。如果该地址的从站存在，它会接收该配置信息并且与自身实际的 IO 配置进行比较，并把结果写到自身的诊断缓存区。Profibus-DP 主站会读取 DP 从站的缓存区信息，从而来判断从站是否接收了主站的配置命令；一旦从站接收了主站的配置，主从关系便确立起来。

主从关系确立后，Profibus-DP 主站与 DP 从站便开始交换数据，DP 主站可以把数据写入 DP 从站的数据输入区（Input），也可以从 DP 从站的数据输出区（Output）读取数据；DP 从站可以把数据写入 DP 主站的数据输入区，也可以从 DP 主站的数据输出区读取数据；如果 DP 从站发生故障，它会把故障信息写入自身的诊断缓存区，DP 主站通过读取 DP 从站的诊断缓存区，就能发现从站的故障并发出报警。

5. Profibus-DP 的典型系统

Profibus-DP 允许构成单主站或多主站系统，在同一总线上最多可连接 126 个站。系统配置包括站数、站地址、输入/输出地址、输入/输出数据格式、诊断信息格式及所使用的总线参数。Profibus-DP 单主站系统中，在总线系统运行阶段，只有一个活动主站，如图 3-3 所示。

Profibus-DP 多主站系统中总线上连有多个主站，如图 3-4 所示。总线上的主站与各自从站构成相互独立的子系统，任何一个主站均可读取 DP 从站的输入/输出映像，但只有一个 DP 主站允许对 DP 从站写入数据。

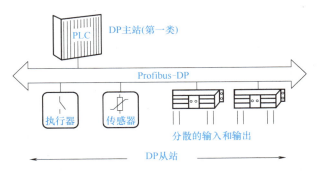

图 3-3　Profibus 单主站系统

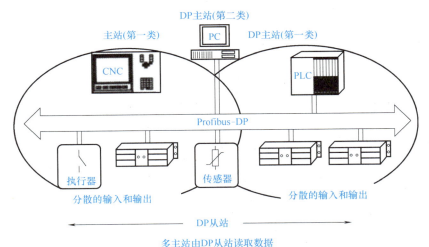

图 3-4　Profibus 多主站系统

如图 3-4 所示,每个 Profibus-DP 系统包括 3 种类型的设备:第一类 DP 主站(DPM1)、第二类 DP 主站(DPM2)和 DP 从站。DPM1 是中央控制器,在预定的周期内与分散的站(如 DP 从站)交换信息,典型的 DPM1 包括 PLC、PC 等;DPM2 是编程器、组态设备或操作面板,在 DP 系统组态操作时使用,完成系统操作和监视;DP 从站是进行输入和输出信息采集和发送的外围设备,是带二进制值或模拟量输入/输出的 I/O 设备、驱动器、阀门等。

Profibus-DP 系统行为主要取决于 DPM1 的操作状态,这些状态由本地或总线的配置设备控制,主要有运行、清除和停止 3 种状态。在运行状态下,DPM1 处于输入和输出数据的循环传输,DPM1 从 DP 从站读取输入信息并向 DP 从站写入输出信息;在清除状态下,DPM1 读取 DP 从站的输入信息并使输出信息保持在故障安全状态;在停止状态下,DPM1 和 DP 从站之间没有数据传输。DPM1 设备在一个预先设定的时间间隔内,以有选择的广播方式将其本地状态周期性地发送到每一个有关的 DP 从站。如果在 DPM1 的数据传输阶段发生错误,DPM1 将所有相关的 DP 从站的输出数据立即转入清除状态,而 DP 从站将不再发送用户数据。在此之后,DPM1 转入清除状态。

DPM1 和相关 DP 从站之间的用户数据传输是由 DPM1 按照确定的递归顺序自动进行的。在对总线系统进行组态时,用户对 DP 从站与 DPM1 的关系做出规定,确定哪些 DP 从站被纳入信息交换的循环周期,哪些被排斥在外。DPM1 和 DP 从站之间的数据传送分为参数设定、组态和数据交换 3 个阶段。在参数设定阶段,每个从站将自己的实际组态数据与从 DPM1 接收到的组态数据进行比较,只有当实际数据与所需的组态数据相匹配时,DP 从站才进入用户数据传输阶段。因此,设备类型、数据格式、长度以及输入/输出数量必须与实际组态一致。

除 DPM1 设备自动执行的用户数据循环传输外,DP 主站也可向单独的 DP 从站、一组从站或全体从站同时发送控制命令。这些命令通过有选择的广播命令发送,使用这一功能将打开 DP 从站的同级锁定模式,用于 DP 从站的事件控制同步。主站发送同步命令后,所选的从站进入同步模式,在这种模式中,所编址的从站输出数据锁定在当前状态下。在这之后的用户数据传输周期中,从站存储接收到的输出数据,但它的输出状态保持不变;当接收到下一同步命令时,所存储的输出数据才发送到外围设备上。

小试牛刀

(1) 现场总线 Profibus 决定数据通信的是(   )。
A. 智能从站   B. DP 从站   C. 主站   D. 中继器

(2) Profibus 标准中,(   )协议适用于设备级分散 I/O 之间的通信
A. Profibus-DP   B. Profinet   C. Profibus-PA   D. Profibus-FMS

(3) Profibus-DP 允许构成单主站或多主站系统,在同一总线上最多可连接(   )站。
A. 110   B. 126   C. 225   D. 127

3.1.2　AS-I 概述

AS-I(Actuator-Sensor Interface)是执行器-传感器接口的英文缩写,是一种用来在控制器和传感器/执行器之间双向交换信息、主从结构的总线网络,属于现场总线中设备级的底

层通信网络。AS-I 是整个工业通信网络中最底层的总线,直接与现场的传感器和执行器等连接。它只负责简单的数据采集与传输,虽然信息量的吞吐相对于高级的 Profibus 等总线少了很多,但它的实时性和可操作性很高。

AS-I 总线特别适用于连接需要传送开关量的传感器和执行器系统,传感器可以是各种位置接近开关以及温度、压力、流量、液位开关等;执行器可以是各种开关阀门、声光报警器,也可以是继电器、接触器等低压开关电器。AS-I 总线也可以连接模拟量设备,只是模拟信号的传输要占据多个传输周期。AS-I 总线取代了传统自动控制系统中烦琐的底层连线,实现了现场设备信号的数字化和故障诊断的现场化、智能化,大大提高了整个系统的可靠性,降低了调试和维护成本。

1. AS-I 网络的组成

AS-I 网络的组成

如图 3-5 所示,构建一个 AS-I 网络,须具备 4 个单元:AS-I 主站、AS-I 从站、AS-I 电源、AS-I 网络部件,可能的网络结构有总线形、星形和树形。

(1) AS-I 主站 AS-I 属于主从式网络,每个网段只能有一个主站。主站是 AS-I 总线网络通信的中心,负责网络的初始化以及设置从站的地址和参数等,具有错误校检功能,发现传输错误将重发报文。主站模块实质为 PLC 的通信处理模块,通过它来完成现场数据与 PLC 的通信。主站由 AS-I 主机和控制器组成。AS-I 主机的使用方式有两种:一种是可以集成在 PLC 上,例如以扩展网络的形式集成,这种方式适合于所需信号较少的中小型系统;另一种是网关,网关可以把 AS-I 系统连接到更高层的网络(如 Profibus、Ethernet 等)中;网关作为 AS-I 主站的同时,也是高层网络中的从站,大型复杂的分布式监控系统常采用此方式。

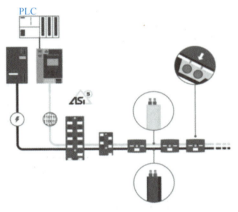

图 3-5 AS-I 网络

(2) AS-I 从站 AS-I 从站是 AS-I 系统的输入/输出通道,仅在被主站访问时才被激活,其作用是连接现场 I/O。根据安装环境的要求,AS-I 从站分两种防护等级:IP20 防护等级(用于安装在控制柜内)、IP65/67 防护等级(用于直接安装在恶劣现场)。AS-I 从站也分为两种,一种是带有 AS-I 通信芯片的智能传感器/执行器,另一种是分离型 I/O 模块连接普通的传感器/执行器。在智能型装置中,集成有通用的 Asic(AS-I 专用集成电路),有自己的从站地址,它们可以通过电缆直接连接到 AS-I 中,并具有诊断功能。对于普通 I/O 设备来说,如果想接入 AS-I 系统,必须提供一个带有 Asic 的 AS-I 模块;传感器、执行器、开关等元件直接通过电缆插接到模板上即可。标准的 AS-I 节点(从站)地址为 5 位二进制数,每个标准从站占一个 AS-I 地址,最多可以连接 31 个从站。在最新的 AS-I 总线技术规范 2.1 中,一个主站所能控制的从站数量由 31 个增加到 62 个,每个地址连接 2 个从站(分为 a/b 组)。

(3) AS-I 电源 AS-I 电源是 AS-I 网络的一个组成部分。AS-I 电源的集成数据解耦可以确保数据和电能分隔,因此使 AS-I 能够在一条线路上传输数据和电源。AS-I 网络电源模块的额定电压为 DC 24V，31 个从站的最大电流为 2A。

（4）AS-I 网络部件　网络部件包括黄色和黑色异形电缆、中继器/扩展器、编址和诊断单元。黄色电缆是双芯的，除传输信号外，还传输网络电源；黑色的异型电缆用于连接辅助电源和从站。中继器用于 AS-I 网络的扩展，使用中继器时，每个网段不能超过 100m，并且每个网段有自己的电源。任何从站和主站之间不允许超过两个中继器，整个网络的长度最多为 300m，但采取一定措施后，可达到 500m 左右。AS-I 从站地址编址器专门用于 AS-I 网络从站地址、参数的设定，编址器可以与所有 AS-I 从站进行连接，并快速设定 AS-I 从站的地址。AS-I 总线主从之间的通信采用非屏蔽、非绞线的双芯电缆。其中一种是普通的圆柱形电缆，另一种为专用的扁平电缆，由于采用一种特殊的穿刺安装方法把线压在连接件上，所以安装和拆卸都很方便。

2. APM 技术

AS-I 采用交变脉冲调制（Alternating Pulse Modulation，APM）技术将传输的数据转换成曼彻斯特编码进行传输。APM 技术如图 3-6 所示。

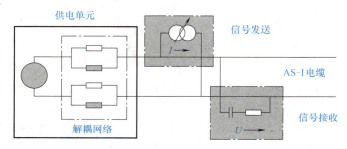

图 3-6　APM 技术

AS-I 采用 APM 技术的工作过程如图 3-7 所示。

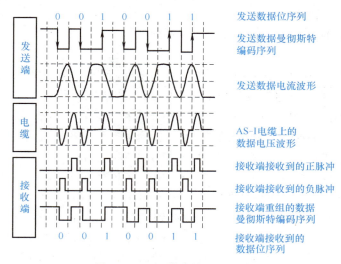

图 3-7　APM 技术的工作过程

3. AS-I 的报文

在 AS-I 网络中，主站通过轮询的方式与从站进行通信，而通信中所有的数据交换都是通过报文的形式来实现的。AS-I 的报文格式如图 3-8 所示，包含 14 位的请求报文和 7 位的应答报文。

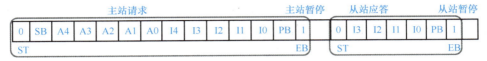

图 3-8　AS-I 的报文格式

主站请求报文信息、从站应答报文信息分别见表 3-12 和表 3-13。

表 3-12　主站请求报文信息

报文信息	名称	说明
ST	起始位	主站请求开始，0 为有效，1 为无效
SB	控制位	数据/参数/地址位或命令位，0 为数据/参数/地址位，1 为命令位
A0~A4	从站地址位	被访问的从站地址（5 位 32 个地址，0 为出厂时用，还有 31 个地址即 1~31）
I0~I4	信息位	要向从站下传的信息（5 位，第 1 位为确认主站请求类型，还有 4 位为给从站的信息）
PB	奇偶校验位	在主站请求信息中不包括结束位为 1 的各位总和必须是偶数
EB	结束位	请求结束，0 为无效，1 为有效

表 3-13　从站应答报文信息

报文信息	名称	说明
ST	起始位	从站应答开始，0 为有效，1 为无效
I0~I3	信息位	从站向上传输的信息（4 位），应答类型
PB	奇偶校验位	在从站应答信息中不包括结束位为 1 的各位数总和必须是偶数
EB	结束位	应答结束，0 为无效，1 为有效

4. AS-I 的通信原理

AS-I 网络中只有一个主站，各种报文的传递均在该主站和它所组态的从站中进行，主站通过轮询的方式与从站进行通信，每次主站向一个从站发出请求报文，从站检测到是自己的报文后，在一定的时间内向主站发出响应报文，主站收到该响应报文后，再向下一个从站发出轮询请求，这样一直进行下去，直到对所有的从站轮询完毕，主站再从头开始下一轮的循环。

AS-I 的通信原理

主站和从站之间的操作控制过程分几个阶段，在每个阶段都有不同的控制任务。首先是初始化阶段，初始化的操作在离线状态下进行，当然在在线状态下，如果 AS-I 系统复位，也要进入初始化阶段；然后，进入系统启动阶段后，所有被检测到的正确从站都进入激活状态；最后进入正常的周期性数据交换和系统处理阶段。

头脑风暴

（1）构建一个 AS-I 网络，必须具备哪 4 个单元？

（2）AS-I 网络中包括哪些网络组件？每个组件有什么功能？

3.1.3　Modbus 概述

Modbus 是一种串行通信协议，是由 Modicon 公司（现属施耐德电气公司）在 1979 年发明的，是用于工业现场的总线协议。Modbus 已经成为工业领域通信协议的业界标准，并且是工业电子设备之间常用的连接方式。Modbus 协议是 OSI 参考模型第七层上的应用层报文传输协议，与底层的基础通信层无关，可以在 RS232、RS422、RS485 和以太网设备上应用。Modbus 采用主从方式定时收发数据，在实际使用中如果某 Slave 站点断开（如故障或关机）后，Master 端可以诊断出来，而当故障修复后，网络可自动接通。

1. Modbus 工作过程

Modbus 协议是一个主从架构的协议，有一个节点是主站节点，其他使用 Modbus 协议参与通信的节点是从站节点，每个从站都有唯一的地址，从站地址一般通过 DIN 拨码开关或配置软件来设定。一个 Modbus 命令包含了打算执行设备的 Modbus 地址，所有设备都会收到命令，但只有指定位置的设备会执行及回应指令（地址 0 例外，地址 0 的指令是广播指令，所有收到指令的设备都会运行，且不回应指令）。

Modbus 工作过程

Modbus 通信使用主从技术，其通信工作过程如图 3-9 所示，主站可对各从站寻址，发出广播信息，从站返回信息作为对查询的响应。从站对于主站的广播查询，无响应返回。Modbus 协议根据设备地址、请求功能码、发送数据、错误校验码，建立了主站查询格式；从站的响应信息也用 Modbus 协议组织，包括确认动作的代码、返回数据和错误校验码。当接收信息时出现一个错误或从站不能执行要求的动作时，从站会组织一个错误信息，并作为响应向主站发送。

图 3-9 Modbus 通信工作过程

查询中的功能码为被寻址的从站设定须执行的动作类型。数据字节中包含从站须执行功能的各附加信息，如功能码 03 将查询从站，读保持寄存器，并用寄存器的内容作为响应。该数据区必须含有告之从站读取寄存器的起始地址及数量、错误校验区的一些信息，为从站提供一种校验方法，以保证信息内容的完整性。

从站正常响应时，响应功能码是查询功能码的应答，数据字节包含从站采集的数据，如寄存器值或状态。如出现错误，则修改功能码，指明为错误响应，并在数据字节中含有一个代码来说明错误，错误检查区允许主站确认有效的信息内容。

2. Modbus 协议规范

Modbus 协议是一项应用层报文传输协议，包括 ASCII、RTU、TCP 三种报文类型，协议本身并没有定义物理层，只是定义了控制器能够认识和使用的消息结构，而不管是经过何种网络进行通信的。Modbus 是一种简单客户机/服务器应用协议，客户机能够向服务器发送请求，服务器分析请求，处理请求，向客户机发送应答。

Modbus 技术规范如图 3-10 所示。

Modbus 协议定义了一个与基础通信层无关的简单协议数据单元（Protocol Data Unit，PDU），特定总线或网络上的 Modbus 协议映射能够在应用数据单元（Application Data Unit，ADU）上引入一些附加域，如图 3-11 所示。

现场总线网络的构建与运维　项目3

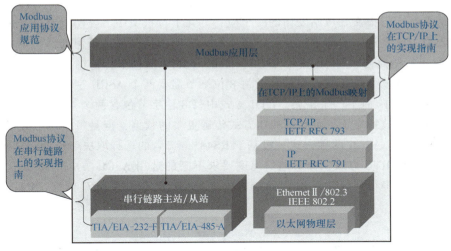

图 3-10　Modbus 技术规范

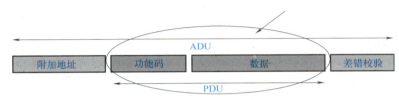

图 3-11　Modbus 数据单元

3. Modbus 协议在串行链路上的实现

Modbus 协议在串行链路上的实现模型如图 3-12 所示，主要是在 RS485 和 RS232 等物理接口上实现 Modbus 协议，在 Modbus 链路层上客户机的功能由主站提供，而服务器的功能由从站实现。

Modbus 协议的实现

层	ISO/OSI模型	
7	应用层	Modbus应用协议
6	表示层	空
5	会话层	空
4	传输层	空
3	网络层	空
2	数据链路层	Modbus串行链路协议
1	物理层	EIA/TIA-485(或EIA/TIA-232)

图 3-12　Modbus 协议在串行链路上的实现模型

Modbus 串行链路协议是一个主从协议，在同一时刻，只有一个主节点连接于总线，一个或多个子节点（最大编号为 247）连接于同一串行总线。Modbus 通信由主节点发起，子节点在没有收到来自主节点的请求时，不会发送数据；子节点之间互不通信，主节点在同一时刻只会发起一个 Modbus 事务处理，主节点以广播、单播两种模式对子节点发送 Modbus

请求。除广播命令外，一个完整的数据交换由下行报文和上行报文组成，下行报文是主站发出的一个请求，上行报文是从站发回的一个应答。在下行报文中，表明只有符合地址码的从站才能接收由主站发送来的信息；在上行报文中，表明该信息来自于何处。

Modbus 串行链路协议有 Modbus ASCII、Modbus RTU 两种串行传输方式，报文形式分别见表 3-14 和表 3-15。ASCII 方式中信息的每 8 位字节需要两个 ASCII 字符，其优点是准许字符的传输间隔达到 1s 而不产生错误。RTU 方式中每 8 位字节包含两个 4 位的十六进制字符，其优点是在同样的波特率下，可比 ASCII 方式传送更多的数据，但是每个信息必须以连续的数据流传输。RTU、ASCII 两种方式一般基于 RS485，二者的选择取决于对通信速度的要求：要求速度快的选用 RTU 方式，而对通信速度要求不高的选用 ASCII 方式。Modbus 协议需要对数据进行校验，串行协议中除有奇偶校验外，ASCII 方式采用 LRC 校验，RTU 方式采用 16 位 CRC 校验。

表 3-14 Modbus ASCII 报文

起始位	设备地址	功能码	数据	LRC 校验	结束符
1 个字符	2 个字符	2 个字符	N 个字符	2 个字符	2 个字符

表 3-15 Modbus RTU 报文

起始位	设备地址	功能码	数据	CRC 校验	结束符
T1-T2-T3-T4	8bit	8bit	N 个 8bit	16bit	T1-T2-T3-T4

其中，功能码是 Modbus 通信规约定义的功能号，范围为 1~127，大多数设备只利用其中一部分功能码。Modbus-RTU 的常用功能码如下：

1）功能码"02"：读 1 路或多路开关量输入状态。
2）功能码"01"：读 1 路或多路开关量输出状态。
3）功能码"03"：读多路寄存器输入。
4）功能码"05"：写 1 路开关量输出。
5）功能码"06"：写单路寄存器。
6）功能码"10"：写多路寄存器。

4. Modbus 协议在 TCP/IP 上的实现

Modbus TCP 是运行在 TCP/IP 上的 Modbus 报文传输协议，是一个开放的协议。互联网编号分配管理机构（Internet Assigned Numbers Authority，IANA）给 Modbus 协议赋予的 TCP 端口号为 502，这是目前在仪表与自动化行业中唯一分配到的端口号。

Modbus TCP 的通信设备包括连接至 TCP/IP 网络的 Modbus TCP 客户机和服务器设备；也包括 TCP/IP 网络和串行链路子网之间互连的网桥、路由器或网关等互连设备，如图 3-13 所示。

Modbus TCP 传输过程中使用了 TCP/IP 以太网参考模型的五层：第一层物理层，提供设备物理接口；第二层数据链路层，负责格式化信号到源/目硬件地址的数据帧；第三层网络层，实现带有 32 位 IP 地址 IP 报文包；第四层传输层，实现可靠性连接、传输、查错、重发、端口服务、传输调度；第五层应用层，负责 Modbus 协议报文。

Modbus TCP 的协议报文包括 MBAP（Modbus Application Protocol，Modbus 应用协议）

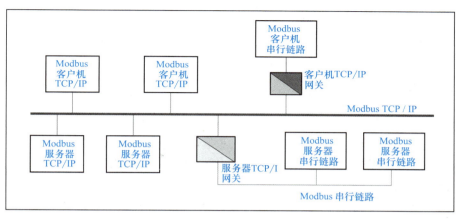

图 3-13　Modbus TCP 的通信设备

和 PDU（Protocol Data Unit，协议数据单元）两部分，MBAP 为报文头，分 4 个域，共 7B。由于使用以太网 TCP/IP 数据链路层的校验机制而保证了数据的完整性，Modbus TCP 报文中不再带有"差错校验"，原有报文中的"附加地址"也被"单元标识符"替代，而加在 Modbus 应用协议报文头中，如图 3-14 所示。

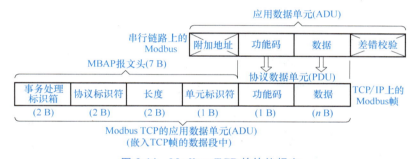

图 3-14　Modbus TCP 的协议报文

Modbus TCP 通信时，在 Modbus 服务器中按默认协议使用 Port 502 通信端口，在 Modbus 客户端程序中设置任意通信端口，为避免与其他通信协议的冲突，一般建议 2000 开始可以使用。在读寄存器的过程中，以 Modbus TCP 请求报文为例，具体的数据传输过程如下：

1）Modbus TCP 客户端实况，用 Connect（）命令建立目标设备 TCP 502 端口连接数据通信过程。

2）准备 Modbus 报文，包括 7B MBAP 内请求。

3）使用 send（）命令发送。

4）同一连接等待应答。

5）同 recv（）读报文，完成一次数据交换过程。

6）当通信任务结束时，关闭 TCP 连接，使服务器可以为其他任务服务。

小试牛刀

（1）Modbus 通用帧格式包括（　　）。
　　A．设备地址　　　　B．功能码　　　　C．数据码　　　　D．校验码

（2）Modbus 通信协议包括（　　）通信方式。
A. ASCII　　　B. RTU　　　C. TCP　　　D. NTU
（3）Modbus 信息帧所允许的最大长度为（　　）B。
A. 256　　　B. 255　　　C. 612　　　D. 1024

3.1.4　CC-Link 概述

CC-Link 是 Control& Communication Link（控制与通信链路系统）的简称，是一种省配线、信息化的网络，是在 1996 年 11 月，以三菱电机为主导的多家公司以"多厂家设备环境、高性能、省配线"理念开发、公布和开放的。它不但具备高实时性、分散控制、与智能设备通信等功能，而且依靠与诸多现场设备制造厂商的紧密联系，提供开放式的环境。

1. CC-Link 的网络结构

一般情况下，CC-Link 整个一层网络可由 1 台 PLC 和 64 个子站组成，它采用总线方式通过屏蔽双绞线进行连接。网络中的 PLC 由三菱电机 FX 系列以上的 PLC 或计算机担当，子站可以是远程 I/O 模块、特殊功能模块、带有 CPU 的 PC 本地站、触摸屏、变频器、伺服驱动器、机器人以及各种测量仪表、阀门、数控系统等现场仪表设备。如图 3-15 所示，CC-Link 网络中包含 1 个 Master 主站、7 个子站。

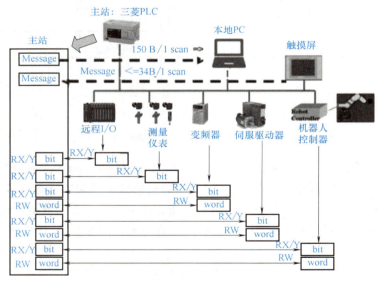

图 3-15　CC-Link 的网络结构

2. CC-Link 的内存数据形式

在 CC-Link 网络中，每个内存站的循环传送数据为 24B，其中 8B（64bit）用于位数据传送，16B 用于字传送；一个物理站最大占用 4 个内存站，故一个物理站的循环传送数据为 96B。对于 CC-Link 整个网络而言，其循环传输每次链接扫描的最大容量是 2048bit 和 512B。在循环传输数据量不够用的情况下，CC-Link 提供瞬时传输功能，可将 960B 的数据用指令传送给目标站。CC-Link 在链接 64 个远程 I/O 站、通信速率为 10Mbit/s 的情况下，循环通信的链接扫描时间为 3.7ms，稳定快速的通信速率是 CC-Link 的最大优势。

其中，每个内存站中 CC-Link 的数据形式见表 3-16。

表 3-16 CC-Link 的数据形式

设备	名称	描述	大小/站	大小/网络	适用的远程终端
RX	远程输入	输入主站/Local PLC 的位数据	32bit	2048bit	远程 I/O 远程设备 智能设备 主站/Local PLC
RY	远程输出	从主站/Local PLC 输出的位数据	32bit	2048bit	远程 I/O 远程设备 智能设备 主站/Local PLC
RWr	远程寄存器（读）	输入主站/Local PLC 的字数据	4word	256word	远程设备 智能设备 主站/Local PLC
RWw	远程寄存器（写）	从主站/Local PLC 输出的字数据	4word	256word	远程设备 智能设备 主站/Local PLC
Message		非刷新数据，用于传送大容量的数据			智能设备 主站/Local PLC

3. CC-Link 的通信原理

CC-Link 的数据帧格式如图 3-16 所示。

图 3-16 CC-Link 的数据帧格式

其中，F 为前置码的标志段，A1 为发送方地址信息，A2 为接收方地址信息，ST1、ST2 为主从站之间的通信状态，DATA 为 RX/RY、RW 和报文数据段，CRC 为差错校验。

CC-Link 的底层通信协议遵循 RS485，提供循环传输和瞬时传输两种通信方式，主要采用广播-轮询（循环传输）的方式进行通信。所有主站和从站之间的通信进程以及协议都是由三菱现场网络处理机（Mitsubishi Field Network Processor，LSI-MFP）控制，其硬件的设计结构决定了 CC-Link 高速稳定的通信。

CC-Link 通信包括初始循环、刷新循环、恢复循环 3 个阶段。初始循环用于建立从站的数据链接，实现方式为在上电或复位恢复后，作为测试，主站进行轮询传输，从站返回响应；刷新循环负责执行主站和从站之间的循环或瞬时传输；恢复循环用于建立从站的数据链接，实现方法为主站向未建立数据链接的站执行测试传输，该站返回响应。

CC-Link 的具体通信过程如下：主站将刷新数据（RY/RWw）发送到所有从站，与此同时轮询从站 1；从站 1 对主站的轮询做出响应（RX/RWr），同时将该响应告知其他从站；然后主站轮询从站 2（此时并不发送刷新数据），从站 2 给出响应，并将该响应告知其他从站；依此类推，循环往复。除了广播-轮询方式以外，CC-Link 也支持主站与本地站、智能设备站之间的瞬时通信。主站向从站的瞬时通信量为 150B/数据包，由从站向主站的瞬时通信量为 34B/数据包。

4. CC-Link 的功能

（1）自动刷新、预约站功能　CC-Link 网络数据从网络模块到 CPU 是自动刷新完成的，不必有专用的刷新指令；安排预留以后需要挂接的站，可以事先在系统组态时加以设定，当此设备挂接在网络上时，CC-Link 可以自动识别，并纳入系统的运行，不必重新进行组态，以保持系统的连续工作，方便设计人员设计和调试系统。

（2）完善的 RAS 功能　RAS 是 Reliability（可靠性）、Availability（有效性）、Serviceability（可维护性）的缩写。例如，故障子站自动下线功能、修复后的自动返回功能、站号重叠检查功能、故障无效站功能、网络链接状态检查功能、自诊断功能等，提供了一个可以信赖的网络系统，帮助用户在最短时间内恢复网络系统。

（3）互操作性和即插即用功能　CC-Link 提供给合作厂商描述每种类型产品的数据配置文档，称为内存映射表，用来定义控制信号和数据的存储单元（地址）。合作厂商按照内存映射表的规定进行 CC-Link 兼容性产品的开发工作。以模拟量 I/O 开发工作表为例，在映射表中位数据 RX0 被定义为"读准备好信号"，字数据 RWr0 被定义为模拟量数据。由不同的 A 公司和 B 公司生产的同样类型的产品，在数据的配置上是完全一样的，用户不需要考虑在编程和使用上 A 公司与 B 公司的不同。另外，如果用户换用同类型的不同公司的产品，程序基本不用修改，即可实现"即插即用"连接。

（4）循环传送和瞬时传送功能　CC-Link 有两种通信模式：循环通信和瞬时通信。循环通信意味着不停地进行数据交换。除了循环通信，CC-Link 还提供主站、本地站及智能装置站之间传递信息的瞬时传送功能。瞬时通信需要由专用指令 FROM/TO 来完成。瞬时通信不会影响循环通信的时间。

（5）优异的抗噪性能和兼容性　为了保证多厂家网络的良好兼容性，CC-Link 的一致性测试程序包含了抗噪声测试。因此，所有 CC-Link 兼容产品都具有高的抗噪性能。

5. CC-Link 的中继器

CC-Link 具有高速的数据传输速率，最高可以达到 10Mbit/s，其数据传输速率随距离的增长而逐渐减慢。CC-Link 的中继器目前有多种。第一种为 T 形分支中继器 AJ65SBT-RPT，每增加一个距离延长 1 倍，一层网络最多可以使用 10 个。第二种为光中继器 AJ65SBT-RPS 或 AJ65SBT-RPG，在一些比较容易受干扰的环境可以采用光缆延长。光中继器要成对使用，每一对 AJ65SBT-RPS 之间的延长距离为 1km，最多可以使用 4 对；每一对 AJ65SBT-RPG 之间的延长距离为 2km，最多可以使用 2 对。第三种为空间光中继器 AJ65BT-RPI-10A/AJ65BT-RPI-10B，采用红外线无线传输的方式，在布线不方便或者连接设备位置会移动的场合使用。空间光中继器也必须成对使用，两者之间的距离不能超过 200m，还有一些方便接线的中继器和与其他网络相连的网关和网桥。

CC-Link 提供了 110Ω 和 130Ω 两种终端电阻，用于避免因在总线的距离较长、传输速率较快的情况下，由于外界环境干扰出现传输信号的奇偶校验出错等传输质量下降的情况。

3.1.5　CAN 总线概述

CAN（Controller Area Network）是控制器局域网，最早由德国 BOSCH 公司提出，用于汽车内部测量与执行部件之间的数据通信。其总线规范现已被国际标准组织制订为国际标准，得到了 Motorola、Intel、Philips、Siemens 和 NEC 等公司的支持，已广泛应用在离散控制领域。CAN 协议也是建立在国际标准组织的开放系统互连模型基础上的，不过，其模型结构只有 3 层，只取 OSI 的物理层、数据链路层和应用层。其信号传输介质为双绞线，传输速率最高可达 1Mbit/s（传输距离为 40m），直接传输距离最远可达 10km（传输速率为 5kbit/s），可挂接设备最多可达 110 台。

CAN 的信号传输采用短帧结构，每一帧的有效字节数为 8 字节，因而传输时间短，受干扰的概率低。当节点严重错误时，其具有自动关闭的功能，可切断该节点与总线的联系，使总线上的其他节点及其通信不受影响，具有较强的抗干扰能力。

1. CAN 总线网络

CAN 总线网络如图 3-17 所示，主要挂在 CAN_H 和 CAN_L，各个节点通过这两条线实现信号的串行差分传输，为了避免信号的反射和干扰，还需要在 CAN_H 和 CAN_L 之间接上 120Ω 的终端电阻。

CAN 总线网络

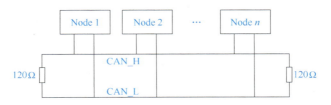

图 3-17　CAN 总线网络

2. CAN 的报文格式

在 CAN 总线中传送的报文，每帧由 7 部分组成，分别为帧起始、仲裁段、控制段、数据段、CRC 段、应答段和帧结束，如图 3-18 所示。CAN 协议支持两种报文格式，其唯一的不同是标识符（ID）长度不同，标准格式为 11 位，扩展格式为 29 位。

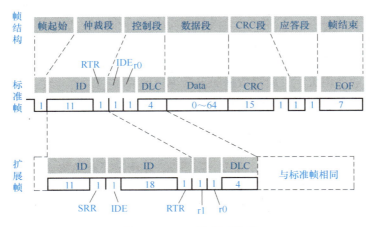

图 3-18　CAN 的报文格式

在标准格式中，报文的起始位称为帧起始（Start of Frame，SOF），然后是由 11 位标识符和远程发送请求位（Remote Transmission Request Bit，RTR 位）组成的仲裁段，RTR 位标明是数据帧还是请求帧，在请求帧中没有数据字节。控制段包括标识符扩展位（Identifier Extension Bit，IDE 位），指出是标准格式还是扩展格式。它还包括一个保留位（r0），为将来扩展使用，最后 4 位用来指明数据段中数据的长度（Date Length Code，DLC）。数据段范围为 0~8 字节，其后有一个检测数据错误的循环冗余检查（Cyclic Redundancy Check，CRC）。应答段（Acknowledge，ACK）包括应答位和应答分隔符。发送站发送的这两位均为隐性电平（逻辑 1），这时正确接收报文的接收站发送主控电平（逻辑 0）覆盖它。用这种方法，发送站可以保证网络中至少有一个站能正确接收到报文。报文的尾部由帧结束（End of Frame，EOF）标出，在相邻的两条报文间有一个很短的间隔位，如果这时没有站进行总线存取，总线将处于空闲状态。

3. CAN 总线原理

CAN 总线以广播的方式从一个节点向另一个节点发送数据，当一个节点发送数据时，该节点的 CPU 把将要发送的数据和标识符发送给本节点的 CAN 芯片，并使其进入准备状态；一旦该 CAN 芯片收到总线分配，就变为发送报文状态，该 CAN 芯片将要发送的数据组成规定的报文格式发出。此时，网络中其他的节点都处于接收状态，所有节点都要先对其进行接收，通过检测来判断该报文是否是发给自己的。

CAN 总线原理

CAN 支持多主机方式工作，网络上任何节点均可在任意时刻主动向其他节点发送信息，支持点对点、点对多点和全局广播方式接收/发送数据。它采用总线仲裁技术，当出现几个节点同时在网络上传输信息时，优先级高的节点可继续传输数据，而优先级低的节点则主动停止发送，从而避免了总线冲突。

4. CAN 总线的特点

1）多主机方式工作：网络上任意节点可在任意时刻主动向其他节点发送数据，通信方式灵活。

2）网络上每个节点都有不同的优先级，可以满足实时性的要求。

3）采用非破坏性仲裁总线结构，当两个节点同时向网络上传送信息时，优先级高的优先传送。

4）传送方式有点对点、点对多点、点对全局广播 3 种。

5）通信距离可达 10km；传输速率可达 1Mbit/s；节点数可达 110 个。

6）采用的是短帧结构，每帧有 8 个有效字节。

7）具有可靠的检错机制，使得数据的出错率极低。

8）当发送的信息遭到破坏后，可自动重发。

9）节点在严重错误时，会自动切断与总线的联系，以免影响总线上的其他操作。

> **小试牛刀**
>
> （1）CAN 的直接传输距离最远可达（   ），传输速率最高可达（   ）。
> A. 10km，1Mbit/s B. 10km，10Mbit/s C. 20km，10Mbit/s D. 1km，10Mbit/s
>
> （2）CAN 总线报文格式中不包括（   ）。
> A. 仲裁段   B. 超载帧   C. 数据段   D. 控制段

【项目实施】

3.2 任务1 基于S7-1500/S7-300的Profibus-DP网络构建与运维

任务描述：

构建基于S7-1500/S7-300的Profibus-DP网络，主站PLC_1为S7-1500 PLC，从站PLC_2为S7-300 PLC，两台PLC通过Profibus-DP网络实现数据交换，PLC_1发送3字节数据给PLC_2，并接收从PLC_2发来的3字节数据。

其中，硬件包括1台S7-1500 PLC、1台S7-300 PLC、1台PC、1根Profibus-DP通信线，网络拓扑结构如图3-19所示。

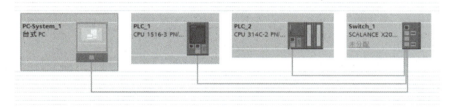

图3-19 网络拓扑结构

任务实施：

首先按照网络拓扑图连接相关硬件，然后基于博途软件构建Profibus-DP网络。

其中，基于博途软件的Profibus-DP网络构建与运行一般步骤包括硬件组态与网络连接、网络设置、编写程序、网络测试与运行。具体操作步骤如下。

1. 硬件组态与网络连接

（1）创建项目 打开博途软件的"创建新项目"对话框，输入项目名称，如图3-20所示。

（2）添加设备 单击"项目视图"，进入项目视图界面，打开"添加新设备"对话框，添加主站S7-1500，选择订货号为"6ES7 516-3AN01-0AB0"的控制器，单击"确定"按钮，如图3-21所示。由于S7-1500本身没有电源、DI、DQ、AI、AQ模块，需要根据实际硬件设备添加相应模块，添加的外围模块如图3-22所示。其中，DI订货号为"6ES7 521-1BL00-0AB0"，DQ订货号为"6ES7 522-1BL01-0AB0"，AI订货号为"6ES7 531-7KF00-0AB0"，AQ订货号为"6ES7 532-5HD00-0AB0"。

图3-20 创建新项目

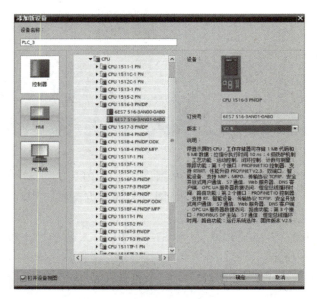

图 3-21　添加主站 S7-1500

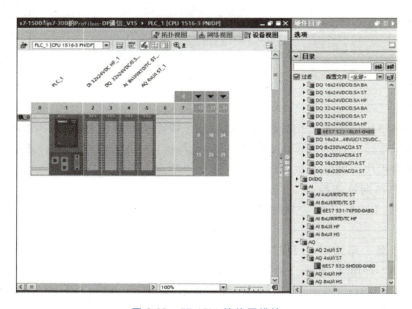

图 3-22　S7-1500 的外围模块

同理，添加从站 S7-300，选择订货号为"6ES7 314-6EH04-0AB0"的控制器，如图 3-23 所示。

（3）网络连接　选择"网络视图"选项卡，拖动 PLC_1 的 Profibus-DP 接口，连接至 PLC_2 的 Profibus-DP 接口上，实现网络的连接，如图 3-24 所示。

2. 网络设置

1）在"网络视图"下，单击"显示地址"按钮，即可显示主从站的 IP 地址和 Profibus 地址，如图 3-25 所示。

图 3-23　添加从站 S7-300

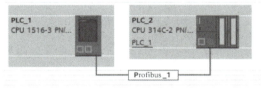

图 3-24　网络连接

图 3-25　显示地址

2）双击 IP 地址文本框，修改主从站的 IP 地址；双击 Profibus 地址文本框，修改 Profibus 地址，如图 3-26 所示。PLC 地址修改后，设置 PC 的地址为 192.168.0.3（PC、PLC_1、PLC_2 的 IP 地址必须在同一个网段，且保证地址不冲突），分别将主站、从站的硬件配置下载至 S7-1500、S7-300 中。

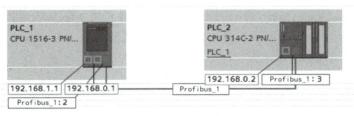

图 3-26　修改 IP 地址

— 91 —

3）单击从站"PLC_2",选择"设备视图",进入属性窗口,展开"MPI/DP 接口[x1]",单击"操作模式"选项,选中"DP 从站"单选按钮,"分配的 DP 主站"设置为"PLC_1.DP 接口_1",勾选"测试、运行和路由""看门狗"复选框,如图 3-27 所示。

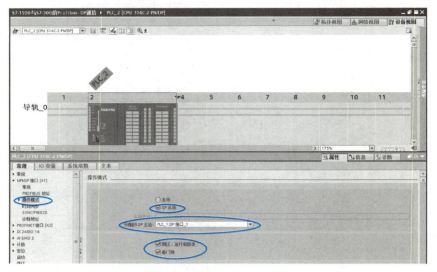

图 3-27　操作模式

4）建立主从站数据传输区域,在"传输区域"新增主站发往从站和从站发往主站各三组传输区,如图 3-28 所示。

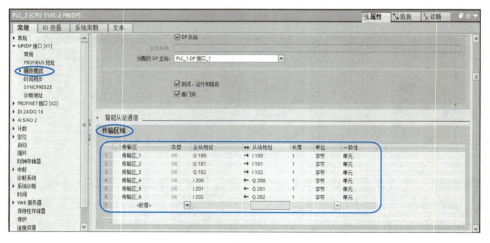

图 3-28　传输区域设置

注意：传输区域的主站地址、从站地址中的 I、Q 并不是主站、从站的输入/输出端口的 DI、DQ、AI、AQ 地址,而是主从站通信的数据传输区域地址,必须与主站、从站输入/输出端口的 DI、DQ、AI、AQ 地址不一样,以避免地址冲突。

3. 编写程序

根据项目控制要求,分别编写主站 S7-1500、从站 S7-300 的控制程序。由于该任务只涉及数据传输,没有控制功能,故不需要编写程序。

4. 网络测试与运行

1）添加主站 S7-1500 的数据通信监控表。在主站"PLC_1"中"添加新监控表",如图 3-29 所示；根据图 3-28 中的数据传输区域,添加主站监控地址,如图 3-30 所示。

2）同理,添加从站 S7-300 的数据通信监控表,如图 3-31 所示。

3）主从站数据通信测试。在监控表的修改值列输入数据,然后单击工具栏中的"修改和监控"按钮,产生通信结果,如图 3-32 所示。可以发现,主站将 QB100、QB101、QB102 3 字节的数据写入到了从站 IB100、IB101、IB102 单元,主站 IB200、IB201、IB202 三个字节单元读取了从站 QB200、QB201、QB202 的 3 字节数据,表明通信成功。

图 3-29　添加监控表

图 3-30　添加主站监控地址

图 3-31　添加从站监控地址

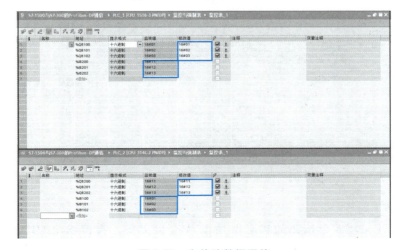

图 3-32　主从站数据通信

实训 1　基于 S7-1500/S7-300 的指示灯控制网络

实训要求：

构建基于 S7-1500/S7-300 的指示灯控制网络，由主站上的 8 个按钮分别控制从站上的 8 个指示灯的亮灭；按下按钮，对应指示灯亮；松开按钮，对应指示灯灭。

其中，硬件包括 1 台 S7-1500PLC、1 台 S7-300 PLC、1 台 PC、1 根 Profibus-DP 通信线，网络拓扑结构如图 3-19 所示；按钮 1~8 分别连接至主站 S7-1500 的 I0.0~I0.7，指示灯 HL1~HL8 分别连接至从站 S7-300 的 Q136.0~Q136.7。

基于 S7-1500/S7-300 的指示灯控制网络任务描述

实训操作：

首先按照网络拓扑图连接相关硬件，然后基于博途软件构建 Profibus-DP 网络，具体操作如下。

1. 硬件组态与网络连接

创建项目，添加设备，连接网络，操作参考任务 1。

2. 网络设置

1）设置 PC 地址、主从站的 IP、Profibus 地址，如图 3-26 所示。

2）设置从站操作模式，如图 3-27 所示。

3）设置 PC 的地址。

基于 S7-1500/S7-300 的指示灯控制网络硬件连接

4）建立主从站数据传输区域，主站将 Q100 单元的按钮状态传输至从站的 I100 单元，如图 3-33 所示。

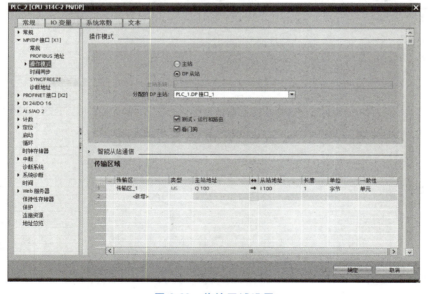

图 3-33　传输区域设置

基于 S7-300 的 ProfibusDP 网络软件实操

3. 编写程序

设计思想：主站将 8 个按钮的状态保存于 M 存储器中，再传输至 Q100 单元；主站将 Q100 单元的按钮信息传输至从站的 I100 单元，再传输至从站的 Q136 单元，实现主站按钮控制从站指示灯。

（1）主站的程序设计　增加主站的相关 PLC 变量，如图 3-34 所示，主站主程序如图 3-35 所示。

图 3-34　主站变量表

图 3-35　主站主程序

（2）从站的程序设计　增加从站的相关 PLC 变量，如图 3-36 所示，从站主程序如图 3-37 所示。

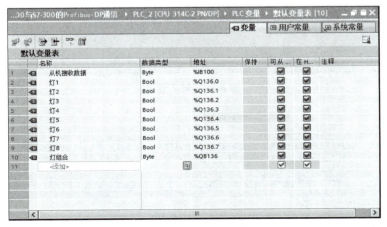

图 3-36　从站变量表

图 3-37 从站主程序

4. 网络测试与运行

1) 创建主站、从站的强制表、监控表。

2) 保存项目，编译下载，将程序分别下载至主站、从站，进行功能测试。在主站 S7-1500 的强制表中对开关量进行强行设置，观察从站 S7-300 的监控表中对应指示灯的状态。测试结果如图 3-38 所示，当主站 I0.7 ~ I0.0 分别强行设置为 11001101 时，从站 Q136.7 ~ Q136.0 立即变为了 11001101，实现了主站开关控制从站指示灯的功能。

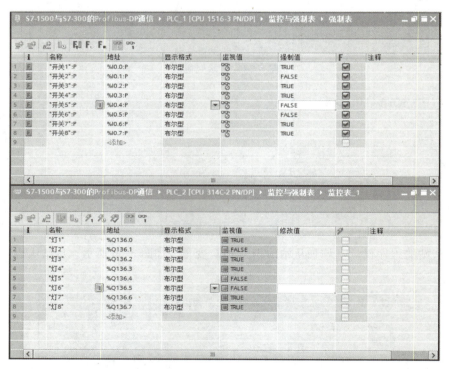

图 3-38 测试结果

3.3 任务2 基于 S7-1500/S7-1500 的 Profibus-DP 网络构建与运维

任务描述：

构建基于 S7-1500/S7-1500 的 Profibus-DP 网络，两台 PLC 通过 Profibus-DP 网络实现数

据交换，客户端 PLC_2 发送 3 字节数据给服务器 PLC_1，并读取服务器 PLC_1 的 3 字节数据。

其中，硬件包括 2 台 S7-1500PLC、1 台交换机、1 台 PC、1 根 Profibus-DP 通信线，网络拓扑结构如图 3-39 所示。

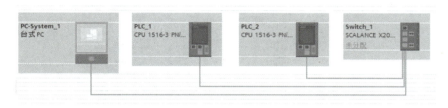

图 3-39　网络拓扑结构图

任务实施：

首先按照网络拓扑图连接相关硬件，然后基于博途软件构建 Profibus-DP 网络。具体操作步骤如下。

1. 硬件组态与网络连接

（1）创建项目　打开博途软件的"创建新项目"对话框，输入新的项目名称，如图 3-40 所示。

图 3-40　创建新项目

（2）添加服务器 PLC_1 及其外围模块　单击"项目视图"，进入项目视图界面，打开"添加新设备"对话框，添加服务器 PLC_1，选择订货号为"6ES7 516-3AN01-0AB0"的控制器，单击"确定"按钮，如图 3-41 所示。由于 S7-1500 本身没有电源、DI、DQ、AI、AQ 模块，需要根据实际硬件设备添加相应模块，添加的外围模块如图 3-42 所示。其中，DI 订货号为"6ES7 521-1BL00-0AB0"，DQ 订货号为"6ES7 522-1BL01-0AB0"，AI 订货号为"6ES7 531-7KF00-0AB0"，AQ 订货号为"6ES7 532-5HD00-0AB0"。

（3）增加客户端 PLC_2 及其外围模块　单击"网络视图"选项卡，右击已添加的 PLC_1，在弹出的快捷菜单中选择"复制"命令，在空白处单击鼠标右键，在弹出的快捷菜单中单击"粘贴"命令，添加客户端 PLC_2 及其外围模块，如图 3-43 所示。

（4）网络连接　拖动 PLC_1 的 Profibus 接口到 PLC_2 上，如图 3-44 所示。

2. 网络设置

1）设置服务器 PLC_1、客户端 PLC_2 的地址。在"网络视图"下，单击"显示地址"

图 3-41 添加服务器 PLC_1

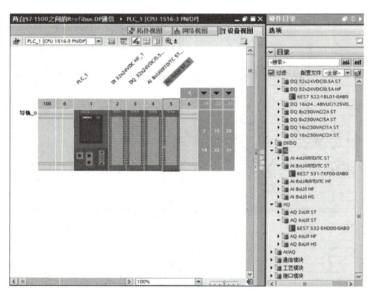

图 3-42 添加服务器外围模块

图 3-43 添加客户端 PLC_2

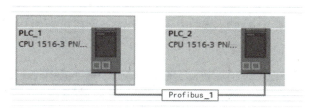

图 3-44　连接网络

按钮，即可显示 IP 地址和 Profibus 地址。双击 IP、Profibus 地址文本框，修改 IP、Profibus 地址，如图 3-45 所示。

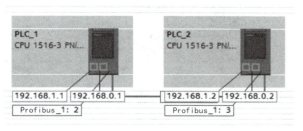

图 3-45　地址设置

2）设置服务器 PLC_1、客户端 PLC_2 的系统和时间存储器。选中"PLC_1"，右击选择"属性"，在"常规"菜单下单击"系统和时钟存储器"，勾选"启用系统存储器字节"和"启用时钟存储器字节"复选框，如图 3-46 所示。同理，完成 PLC_2 的系统和时间存储器设置。

图 3-46　系统和时间存储器设置

3）设置服务器 PLC_1 的连接机制。PLC_1 作为服务器，需要接收客户端 PLC_2 的 PUT/GET 通信访问。选择启用"防护与安全"中的"连接机制"，勾选"允许来自远程对象的 PUT/GET 通信访问"复选框，如图 3-47 所示。

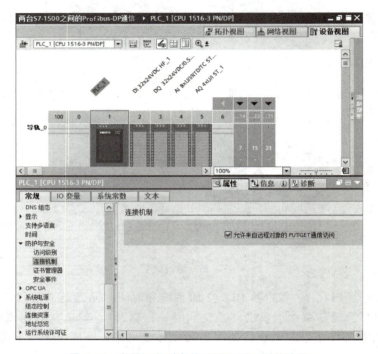

图 3-47　启用远程对象的 PUT/GET 通信访问

4）设置 PC 的地址为 192.168.0.3（PC、PLC_1、PLC_2 的 IP 地址必须在同一个网段，且保证地址不冲突），分别将 PLC_1、PLC_2 的硬件配置下载至服务器、客户端中。

3. 编写程序

设计思路：首先建立数据块，作为服务器、客户端的数据传输区域，然后利用 PUT/GET 指令进行数据通信。客户端通过 PUT 指令向服务器发送数据，通过 GET 指令读取服务器的数据。

（1）建立 PLC_1 用于收发 PLC_2 数据的数据块　单击左侧"项目树"下的"PLC_1"，双击"程序块"下的"添加新块"选项，在弹出的窗口中单击"数据块"，修改"数据块"的名称，然后单击"确定"按钮，编号默认为 1，如图 3-48 所示。

在左侧"项目树"下，右击新建的数据块"PLC_1 发送"，选择快捷菜单中的"属性"命令，在弹出的窗口中选择"属性"，取消勾选"优化的块访问"复选框，单击"确定"按钮，如图 3-49 所示。并在数据块"PLC_1 发送"内新建变量，根据实际需求设置变量数据类型、偏移量、起始值等，变量列表如图 3-50 所示。

同理，添加新的数据块名称为"PLC_1 接收"，默认编码为 2；设置"PLC_1 接收"数据块的属性，取消勾选"优化的块访问"复选框，单击"确定"按钮；在数据块内新建变量，变量列表如图 3-51 所示。

现场总线网络的构建与运维 项目3

图 3-48　添加数据块

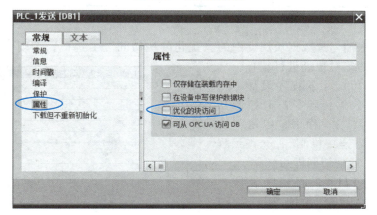

图 3-49　数据块属性

图 3-50　PLC_1 发送变量列表

图 3-51　PLC_1 接收变量列表

（2）建立 PLC_2 用于收发 PLC_1 数据的数据块　单击左侧"项目树"下的"PLC_2"，添加新的数据块名称为"PLC_2 接收""PLC_2 发送"，并分别在两个数据块内新建变量，如图 3-52 所示。

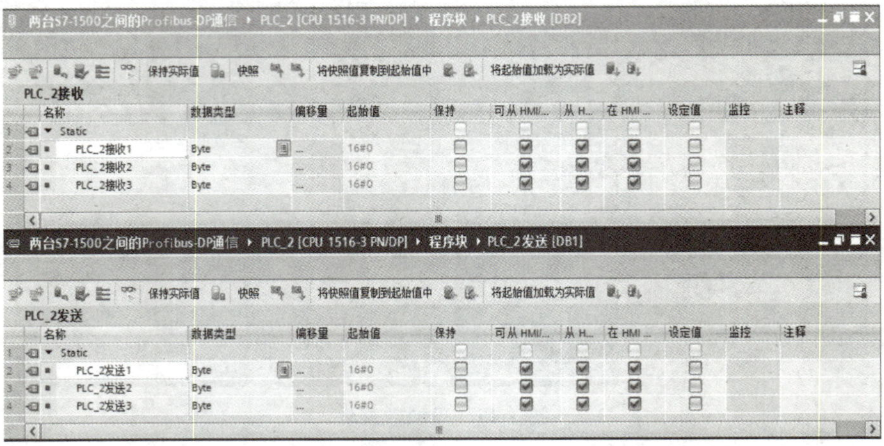

图 3-52　建立 PLC_2 发送、接收数据块

注意：务必取消勾选数据块属性中的"优化的块访问"复选框，否则不允许绝对寻址，无法使用数据块的绝对地址进行编程。

（3）服务器 PLC_1 的程序设计　由于该任务只涉及数据传输，没有控制功能，PLC_1 不需要编写程序，启用"防护与安全"中的"连接机制"，允许远程对象的 PUT/GET 通信访问即可。

（4）客户端 PLC_2 的程序设计　PLC_2 通过"S7 通信"中的 PUT、GET 指令与服务器建立通信。

单击左侧"项目树"下的"PLC_2"，单击"Main［OB1］"进入主程序编辑界面。展开指令菜单，选择右侧"通信"选项卡中的"S7 通信"，拖动

图 3-53　调用选项

"PUT"到程序 Main 中，出现调用选项对话框，如图 3-53 所示。单击"确定"按钮，即可生成"PUT_DB"功能块，如图 3-54 所示。

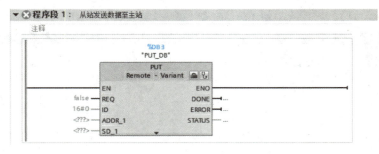

图 3-54　PUT_DB 功能块

参数说明：

EN：使能；REQ：使用时钟脉冲，上升沿激活发送；ID：连接 ID；ADDR_1：要写入对方数据存储区地址指针；SD_1：自己用于存储发送数据的存储区指针；DONE：为 1 时，写入完成；ERROR：为 1 时，表示写入失败，有故障；STATUS：故障代码。

选中"PUT_DB"功能块，右击选择"属性"，单击"组态"选项，对 PUT_DB 功能块进行属性设置，包括连接参数、块参数的设置。在属性窗口中，单击"连接参数"填写对应参数，建立服务器、客户端的通信连接，如图 3-55 所示；单击"块参数"填写对应参数，如图 3-56 所示。

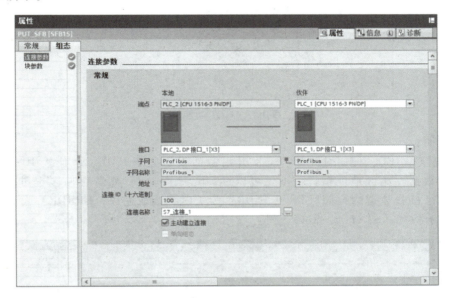

图 3-55　连接参数设置

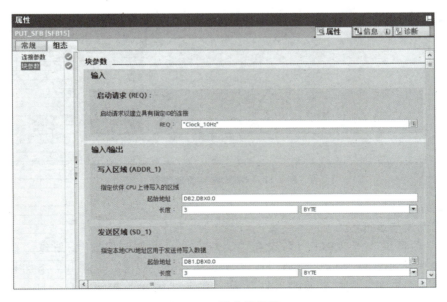

图 3-56　块参数设置

注意：PUT、GET指令均是按位传输数据的，其写入、发送区域的起始地址必须是"位"地址。

同理，在右侧"通信"项目下展开"S7通信"，拖动"GET"到程序Main中，调用"GET"功能块，如图3-57所示。设置其连接参数、块参数，分别如图3-58、图3-59所示。

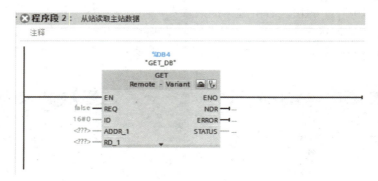

图3-57　GET功能块

参数说明：

EN：使能；REQ：使用时钟脉冲，上升沿激活发送任务；ID：S7连接ID；ADDR_1：要读取对方数据存储区地址指针，不仅可以读DB块，I、Q、M等存储区也可读；RD_1：用于存储自己接收数据的存储区指针；NDR：为1时，读取完成；ERROR：为1时，表示接收失败，有故障；STATUS：故障代码。

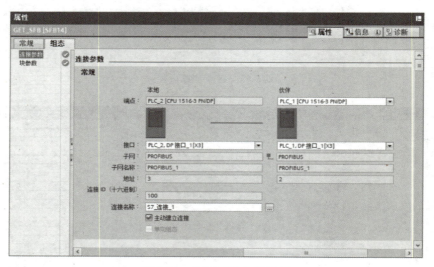

图3-58　GET连接参数设置

PLC_2的主程序如图3-60所示。

4. 网络测试与运行

1）在"项目树"的"PLC_1"设备中，双击"添加新监控表"，新建"监控表_1"，在监控表_1中添加监控变量；同理，在"项目树"的PLC_2设备中，添加相关监控变量。服务器、客户端的监控表如图3-61所示，单击"编译"按钮，系统自动显示监控量地址。

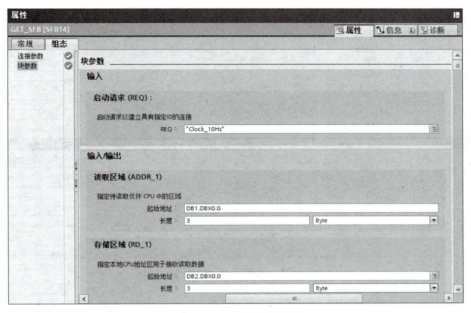

图 3-59 GET 块参数设置

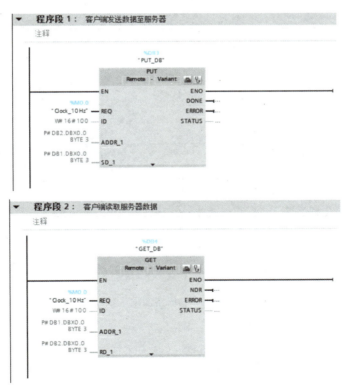

图 3-60 PLC_2 的主程序

2) 服务器、客户端的数据通信测试。在监控表"修改值"列输入数据，然后单击工具栏中的"修改和监控"按钮，监视通信结果，如图 3-62 所示。

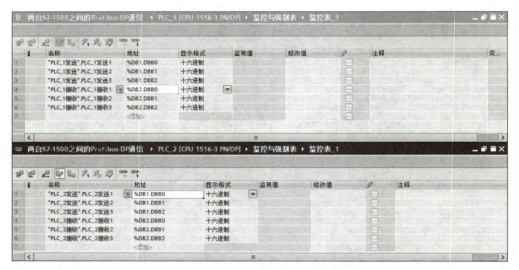

图 3-61　服务器、客户端的监控表

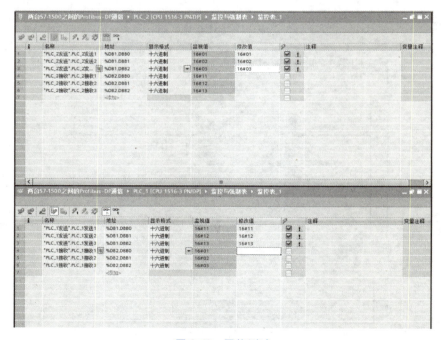

图 3-62　网络测试

实训 2　基于 S7-1500/S7-1500 的电动机正反转监控网络

实训要求：

构建基于 S7-1500/S7-1500 的电动机正反转监控网络，由 PLC_1 上的正转启动、反转启动、停止按钮控制 PLC_2 上的接触器线圈；并将 PLC_2 连接的接触器线圈状态反馈给 PLC_1。

两台 S7-1500
的电动机正
反转监控网络
任务描述

其中，硬件包括 2 台 S7-1500 PLC、1 台 PC、1 根 Profibus-DP 通信线，网络拓扑结构如图 3-39 所示；正转启动按钮、反转启动按钮、停止按钮分别连接至 PLC_1 的 I0.0、I0.1、I0.2；电动机正转接触器线圈 KM1、反转接触器线圈 KM2 分别连接至 PLC_2 的 Q0.0、Q0.1；正转反馈指示灯、反转反馈指示灯分别连接至 PLC_1 的 Q0.0、Q0.1。

实训操作：

首先按照网络拓扑图连接相关硬件，然后基于博途软件构建 Profibus-DP 网络，具体操作如下。

1. 硬件组态与网络连接

创建项目，添加设备，连接网络，操作参考任务 2。

2. 网络设置

1）设置 PLC_1、PLC_2 的地址，如图 3-45 所示。

2）设置 PLC_1、PLC_2 的系统和时间存储器，如图 3-46 所示。

3）设置 PLC_1 的连接机制，如图 3-47 所示。

4）设置 PC 的地址。

3. 编写程序

两台 S7-1500 的电动机正反转监控网络场景实施

设计思路：利用 M100、M200 存储器作为两台 PLC 的数据传输区域。PLC_1 读取正转启动、反转启动、停止按钮的状态，传送至本地 M100 单元，PLC_2 通过 GET 指令可以读取 PLC_1 的 M100 单元数据，获取正转启动、反转启动、停止命令，并保存于本地 M100 单元，由 PLC_2 程序控制本地接触器线圈状态；PLC_2 将接触器线圈状态保存于本地 M200 单元，并通过 PUT 指令将 M200 单元数据发送至 PLC_1 的 M200 单元，将接触器线圈状态反馈给 PLC_1，由 PLC_1 程序控制反馈指示灯的亮灭。

（1）PLC_1 程序设计　PLC_1 作为服务器，启用"防护与安全"中的"连接机制"，允许远程对象的 PUT、GET 通信访问；添加变量表如图 3-63 所示，编辑主程序如图 3-64 所示。

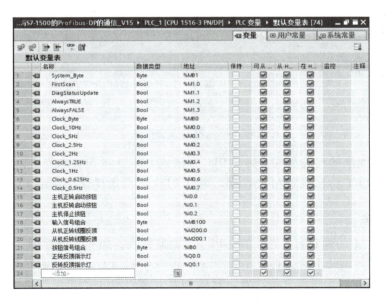

两台 S7-1500 的电动机正反转监控网络软件操作

图 3-63　PLC_1 变量表

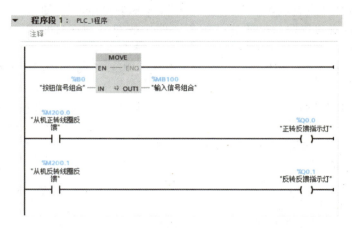

图 3-64 PLC_1 主程序

（2）PLC_2 程序设计 PLC_2 作为客户端，通过 PUT、GET 指令与 PLC_1 进行通信，添加变量表如图 3-65 所示。

...与s7-1500的Profibus-DP的通信_V15 ▸ PLC_2 [CPU 1516-3 PN/DP] ▸ PLC 变量 ▸ 默认变量表 [71]

变量 | 用户常量 | 系统常量

默认变量表

	名称	数据类型	地址	保持	可从...	从 H...	在 H...	监控	注释
1	System_Byte	Byte	%MB1	☐	☑	☑	☑		
2	FirstScan	Bool	%M1.0	☐	☑	☑	☑		
3	DiagStatusUpdate	Bool	%M1.1	☐	☑	☑	☑		
4	AlwaysTRUE	Bool	%M1.2	☐	☑	☑	☑		
5	AlwaysFALSE	Bool	%M1.3	☐	☑	☑	☑		
6	Clock_Byte	Byte	%MB0	☐	☑	☑	☑		
7	Clock_10Hz	Bool	%M0.0	☐	☑	☑	☑		
8	Clock_5Hz	Bool	%M0.1	☐	☑	☑	☑		
9	Clock_2.5Hz	Bool	%M0.2	☐	☑	☑	☑		
10	Clock_2Hz	Bool	%M0.3	☐	☑	☑	☑		
11	Clock_1.25Hz	Bool	%M0.4	☐	☑	☑	☑		
12	Clock_1Hz	Bool	%M0.5	☐	☑	☑	☑		
13	Clock_0.625Hz	Bool	%M0.6	☐	☑	☑	☑		
14	Clock_0.5Hz	Bool	%M0.7	☐	☑	☑	☑		
15	主机正转信号	Bool	%M100.0	☐	☑	☑	☑		
16	主机反转信号	Bool	%M100.1	☐	☑	☑	☑		
17	主机停止信号	Bool	%M100.2	☐	☑	☑	☑		
18	从机正转线圈	Bool	%Q0.0	☐	☑	☑	☑		
19	从机反转线圈	Bool	%Q0.1	☐	☑	☑	☑		
20	从机反馈信号	Byte	%MB200	☐	☑	☑	☑		
21	接触器线圈状态	Byte	%QB0	☐	☑	☑	☑		
22	<添加>			☐	☑	☑	☑		

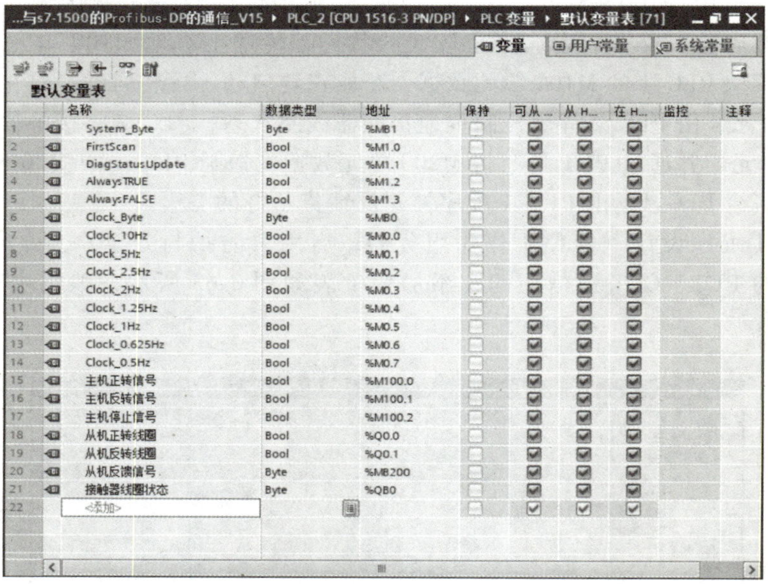

图 3-65 PLC_2 变量表

设置 GET 功能块的相关参数，编写 PLC_2 读取 PLC_1 按钮状态程序，如图 3-66 所示。

同理，设置 PUT 功能块的相关参数，编写 PLC_2 发送反馈信息给 PLC_1 的程序，如图 3-67 所示。

4. 网络测试与运行

1）创建 PLC_1 的强制表、监控表，PLC_2 的监控表，如图 3-68 所示。

2）保存项目，编译下载，将程序分别下载至 PLC_1、PLC_2，进行功能测试。在 PLC_1 的强制表中对按钮状态进行强行设置，观察 PLC_2 监控表中的正反转接触器线圈的状态；并观察 PLC_1 中的反馈信息。

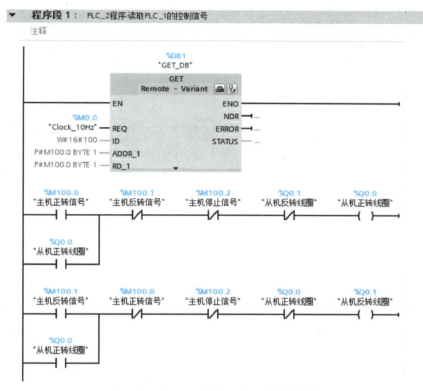

图 3-66 PLC_2 读取 PLC_1 的控制信息

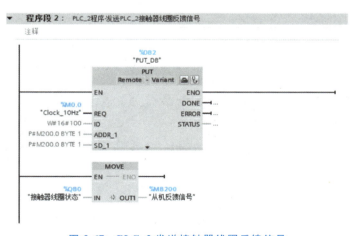

图 3-67 PLC_2 发送接触器线圈反馈信号

正转测试：强制 PLC_1 正转启动按钮 I0.0 为 1，可以发现 PLC_2 中的 M100.0、Q0.0 变为 1，正转接触器线圈得电，电动机正转，并将正转状态反馈给 PLC_1，PLC_1 中的 M200.0 变为 1，测试效果如图 3-69 所示。

反转测试：强制 PLC_1 反转启动按钮 I0.1 为 1，可以发现 PLC_2 中的 M100.1、Q0.1 变为 1，反转接触器线圈得电，电动机反转，并将反转状态反馈给 PLC_1，PLC_1 中的 M200.1 变为 1，测试效果如图 3-70 所示。

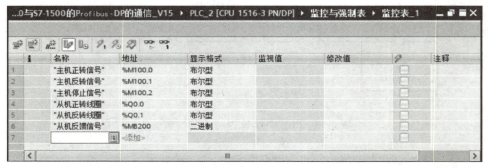

a) PLC_1的强制表、监控表

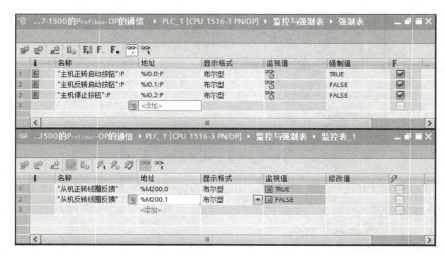

b) PLC_2的监控表

图 3-68　创建强制表、监控表

a) PLC_1正转测试效果

图 3-69　正转测试效果

b) PLC_2正转测试效果

图 3-69　正转测试效果（续）

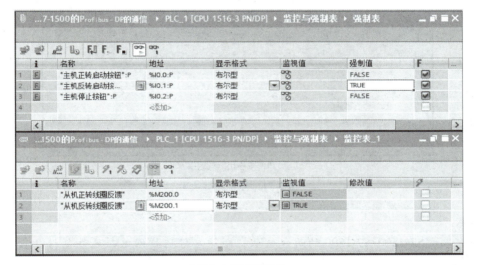

a) PLC_1反转测试效果

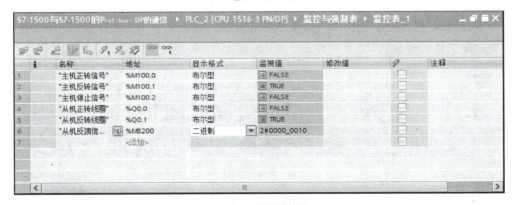

b) PLC_2反转测试效果

图 3-70　反转测试效果

同理，进行停止测试，测试效果如图 3-71 所示。

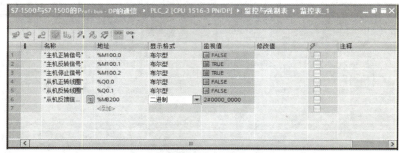

a) PLC_1停止测试效果

b) PLC_2停止测试效果

图 3-71 停止测试效果

拓展训练

构建基于 S7-1500/S7-1500 的两台电动机顺序启停监控网络,硬件包括 2 台 S7-1500 PLC、1 台 PC、1 根 Profibus-DP 线,网络拓扑结构如图 3-39 所示。启动按钮 SB1、停止按钮 SB2 分别连接至 PLC_1 的 I0.0、I0.1,两台电动机 M1、M2 的接触器线圈 KM1、KM2 分别连接至 PLC_2 的 Q0.0、Q0.1。要求按下启动按钮,M1 立即转动,M2 延时 6s 后转动;按下停止按钮,M2 立即停止,M1 延时 4s 停止。

3.4 任务 3 基于 S7-1500/MM440 的 Profibus-DP 网络构建与运维

任务描述:

构建基于 S7-1500/MM440 的 Profibus-DP 网络,S7-1500 PLC 通过 Profibus-DP 网络给变频器 MM440 发送报文,从而控制电动机的启停、正反转及无级调速。

其中,硬件包括 1 台 S7-1500PLC、1 台 MM440 变频器、1 台交

基于 S7-1500/MM440 的 Profibus-DP 网络任务描述

换机、1 台 PC、1 根 Profibus-DP 通信线、2 根网线，网络拓扑结构如图 3-72 所示。

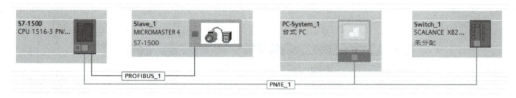

图 3-72　网络拓扑结构

任务实施：

首先按照网络拓扑图连接相关硬件，然后基于博途软件构建 Profibus-DP 网络。具体操作步骤如下。

1. 变频器 MM440 的参数设置

（1）恢复出厂设置　按"P"按钮，进入参数设置界面，设置 P0003 = 1、P0004 = 0、P0010 = 30、P0970 = 1，变频器显示"Busy"，将变频器的所有参数复位为出厂时的默认设置值。

基于 S7-1500/MM440 的 Profibus-DP 网络变频设置

（2）设置参数

设置 P0003 = 1、P0004 = 0、P0010 = 1，进入变频器的快速调试模式。

设置 P0100 = 0，选择功率的单位。

设置 P0304［0］= 电动机的额定电压。

设置 P0305［0］= 电动机的额定电流。

设置 P0307 = 电动机的额定功率。

设置 P0308 = 电动机的功率因数。

设置 P0310［0］= 电动机的额定频率。

设置 P0311［0］= 电动机的额定转速。

设置 P0700 = 6，表示电动机的启停、转向命令源来源于 Profibus。

设置 P1000 = 6，表示电动机的频率命令源来源于 Profibus，控制电动机的转速。

设置 P1080 = 0，表示电动机最小频率为 0。

设置 P1082 = 50，表示电动机的最大频率为 50Hz。

设置 P1120 = 10，表示电动机转速从 0 加速到额定转速的时间为 10s，即电动机的加速时间。

设置 P1121 = 10，表示电动机转速从额定转速下降到 0 的时间为 10s，即电动机的减速时间。

设置 P3900 = 1，变频器显示"Busy"进行基本计算；待"Busy"信息消失，参数设置结束。

（3）参数确认，上电重启变频器

设置 P0003 = 3，进入专家级别。

设置 P0918 = 3，表示电动机所在的轴地址为 3，需要与变频器硬件设置一致。

所有参数设置完毕后，需要断电重启。

2. 硬件组态与网络连接

（1）创建项目　打开博途软件的"创建新项目"对话框，输入项目名称，如图 3-73 所示。

基于 S7-1500/MM440 的 Profibus-DP 网络组态

图 3-73　创建新项目

（2）添加设备　单击"项目视图"，进入项目视图界面，打开"添加新设备"对话框，添加主站 S7-1500，选择订货号为"6ES7 516-3AN01-0AB0"的控制器，单击"确定"按钮。由于 S7-1500 本身没有电源、DI、DQ、AI、AQ 模块，需要根据实际硬件设备添加相应模块，添加的外围模块如图 3-74 所示。其中，DI 订货号为"6ES7 521-1BL00-0AB0"，DQ 订货号为"6ES7 522-1BL01-0AB0"，AI 订货号为"6ES7 531-7KF00-0AB0"，AQ 订货号为"6ES7 532-5HD00-0AB0"。

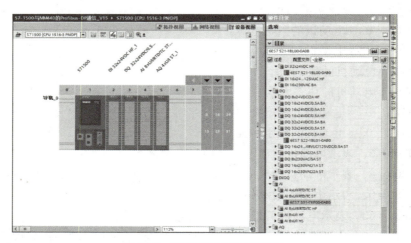

图 3-74　S7-1500 及其外围模块

接着，在"硬件目录"中找到订货号为"6SE640X-1PB00-0AA0"的 MM440 驱动器面板，双击添加 MM440 驱动器，如图 3-75 所示。

（3）连接网络　选择"网络视图"选项卡，拖动 PLC_1 的 Profibus-DP 接口，连接至 MM440 的 Profibus-DP 接口上，实现网络的连接，如图 3-76 所示。

3. 网络设置

1）在"网络视图"下，单击"显示地址"按钮，即可显示 S7-1500、MM440 驱动器的 IP 地址和 Profibus 地址，如图 3-77 所示。

基于 S7-1500/MM440 的 Profibus-DP 网络设置和编程

现场总线网络的构建与运维　项目3

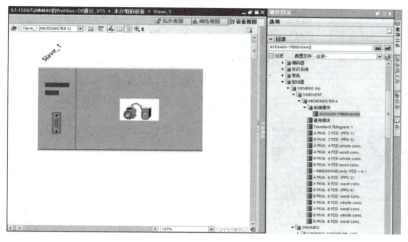

图 3-75　添加 MM440 驱动器

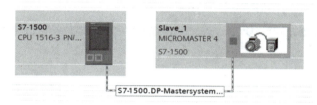

图 3-76　连接网络

图 3-77　显示地址

2）双击 IP 地址显示框，修改 S7-1500 的 IP 地址；双击 Profibus 地址显示框，修改 Profibus 地址，如图 3-78 所示。其中 S7-1500 有两个网口，X1 地址为 192.168.0.1，X2 地址为 192.168.1.1，若 PC 与 S7-1500 通过 X1 口连接，可以设置 PC 的 IP 地址为 192.168.0.3，保证 PC 与 S7-1500 在同一网段；变频器 MM440 驱动器的 Profibus 地址必须与变频器设置的轴地址保持一致。

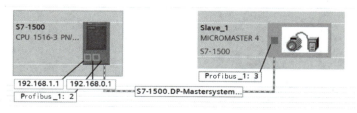

图 3-78　修改地址

— 115 —

3）添加 MM440 驱动器的报文。在"设备视图"模式下，选择 MM440 驱动器，添加"子模块"中的"OPKW，2PZD（PPO3）"到"设备概览"列表中，如图 3-79 所示。

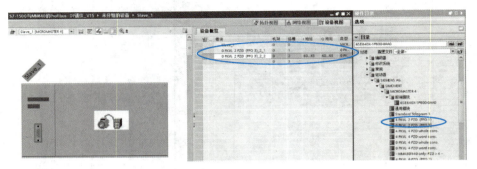

图 3-79　添加报文

在"设备概览"中选中标准报文后，单击右下角"属性"标签，如图 3-80 所示；进入属性窗口，修改 I/O 地址，如图 3-81 所示。

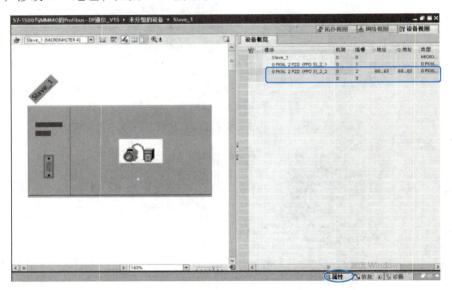

图 3-80　报文设置

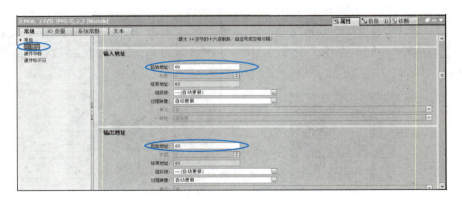

图 3-81　修改 I/O 地址

4. 编写程序

设计思路：S7-1500 通过 Profibus-DP 网络向变频器 MM440 发送报文，控制电动机的启动、停止、正转、反转及无级调速。其中，QW60 为电动机的控制字，16#047E 表示停止，16#047F 表示正转，16#0C7F 表示反转；QW62 为电动机的设定速度；IW62 为变频器的反馈速度。

1）添加变量。单击“项目树”下的“S7_1500”，双击“PLC 变量”下的“默认变量”，根据需求添加的部分相关变量，如图 3-82 所示。

名称	数据类型	地址	保持	可从 ...	从 H...	在 H...	监控
主电路上电	Bool	%M3.0	☐	☑	☑	☑	
主电路接触器	Bool	%Q0.0	☐	☑	☑	☑	
速度设定	Word	%MW200	☐	☑	☑	☑	
停止信号	Bool	%M3.1	☐	☑	☑	☑	
正转信号	Bool	%M3.2	☐	☑	☑	☑	
反转信号	Bool	%M3.3	☐	☑	☑	☑	
电动机控制字	Word	%QW60	☐	☑	☑	☑	
电动机速度	Word	%QW62	☐	☑	☑	☑	
变频器反馈速度	Word	%IW62	☐	☑	☑	☑	
Tag_1	Bool	%M80.0	☐	☑	☑	☑	
Tag_2	Bool	%M80.1	☐	☑	☑	☑	
Tag_3	Bool	%M80.2	☐	☑	☑	☑	

图 3-82 添加的部分相关变量

2）主电路上电和速度设置程序如图 3-83 所示。

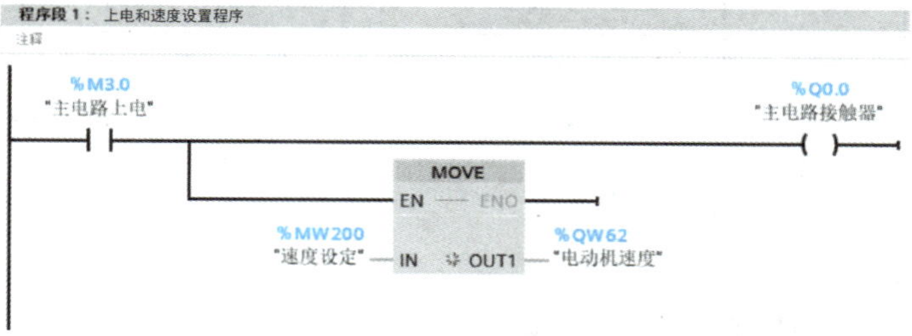

图 3-83 主电路上电和速度设置程序

3）电动机停止复位程序如图 3-84 所示。

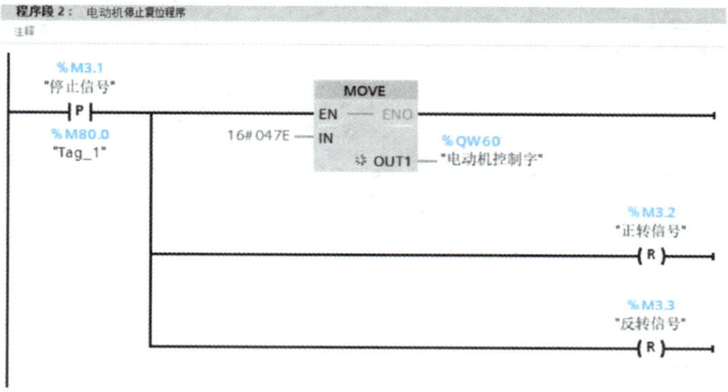

图 3-84 电动机停止复位程序

4）电动机正转程序如图 3-85 所示。

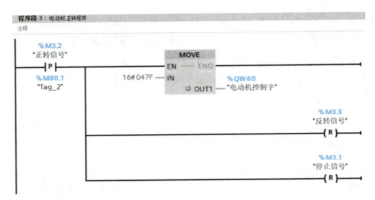

图 3-85 电动机正转程序

5）电动机反转程序如图 3-86 所示。

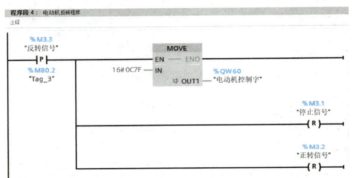

图 3-86 电动机反转程序

基于 S7-1500/MM440 的 Profibus-DP 网络调试

5. 网络调试与运行

1）新建监控表，添加监控变量，如图 3-87 所示。

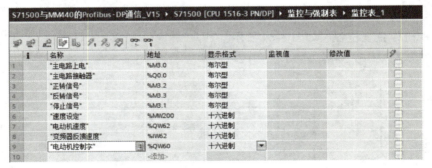

图 3-87 监控表

2）设置电动机速度为"16#3000"，修改 M3.0 为"1"，进行上电启动调试，如图 3-88 所示。可以发现，主电路接触器 Q0.0 得电，主电路闭合，速度设定成功发送到 QW62 单元。

3）设置电动机速度为"16#1000"，修改 M3.2 为"1"，进行正转调试，如图 3-89 所示。可以发现，正转命令"16#047F"成功发送到 QW60 单元，电动机速度成功发送到 QW62 单元，变频器反馈速度 IW62 单元为 16#0FFF，接近设定速度 16#1000。

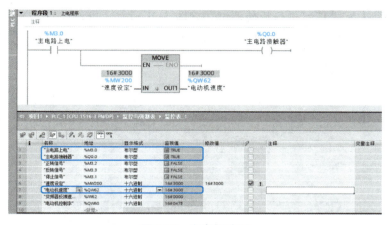

图 3-88　上电调试图

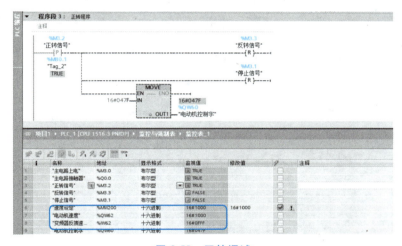

图 3-89　正转调试

4）增大速度设定为"16#3000"，进行加速调试，如图 3-90 所示。可以发现，变频器反馈速度 IW62 单元为"16#2FFF"，接近速度设定"16#3000"，电动机成功加速运行。

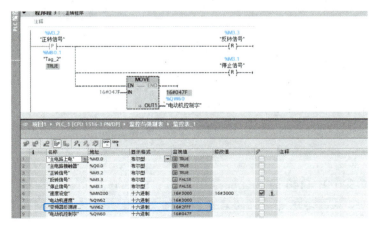

图 3-90　加速调试

5）修改 M3.3 为 "1"，进行反转调试，如图 3-91 所示。可以发现，反转命令 16#0C7F 成功发送到 QW60 单元，电动机速度成功发送到 QW62 单元，变频器反馈速度 IW62 单元为 16#D001。

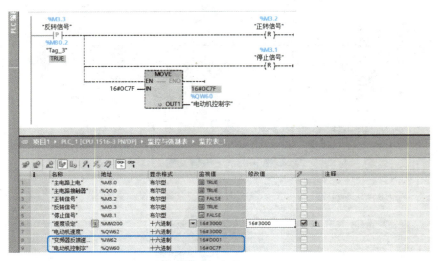

图 3-91　反转调试

6）修改 M3.1 为 "1"，进行停止调试，如图 3-92 所示。可以发现，停止命令 "16#047E" 成功发送到 QW60 单元，变频器反馈速度 IW62 单元为 "16#0000"，电动机成功停止。

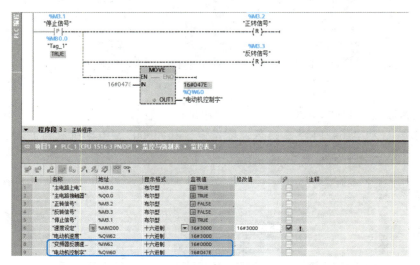

图 3-92　停止调试

拓展训练

构建基于 S7-300/MM440 的 Profibus-DP 网络，S7-300 为 Profibus-DP 的主站，MM440 为 Profibus-DP 的从站，实现电动机的启动、停机及变速，并读取电动机当前的电压、电流及频率值参数。

3.5　任务4　AS-I 网络构建与运维

任务描述：

构建基于 S7-1200/ET200SP 以及执行器传感器紧凑模块的 AS-I 网络，实现当插入紧凑模块的传感器有输入信号时，对应插入紧凑模块的直流 24V 灯有输出。

其中，硬件包括 1 台 S7-1200 PLC，1 个 ET200SP 模块，1 个 AS-I Power 模块，1 个 AS-I Master 模块，1 个型号为 IM155-6 的执行器模块，1 台编程计算机，1 台交换机，3 根网线，网络拓扑结构如图 3-93 所示。

AS-I 网络
任务描述

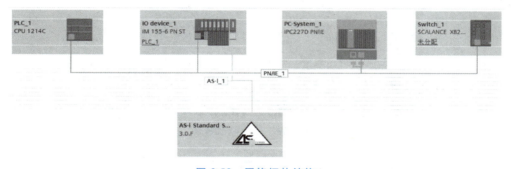

图 3-93　网络拓扑结构

任务实施：

首先按照网络拓扑图连接相关硬件，然后基于博途软件构建 AS-I 网络。具体操作步骤如下。

1. 硬件组态与网络连接

（1）创建项目　打开博途软件的"创建新项目"对话框，输入项目名称，如图 3-94 所示。

AS-I 网络
场景实施

AS-I 网络
软件实操

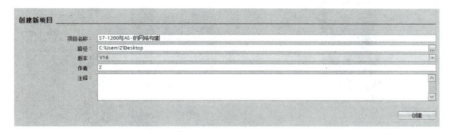

图 3-94　创建新项目

（2）添加设备　首先，单击"项目视图"，进入项目视图界面，打开"添加新设备"对话框，添加 S7-1200PLC，选择订货号为"6ES7 214-1AG40-0XB0"的控制器，单击"确定"按钮，如图 3-95 所示。

然后，添加 ET200SP 主模块，单击"分布式 I/O"，选择"接口模块"，再选择

"PROFNET"下的"IM155-6PN ST",拖入订货号为6ES7 155-6AU01-0BN0的模块到0号机架,如图3-96所示。

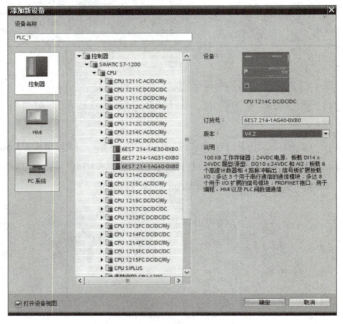

图 3-95 添加控制器

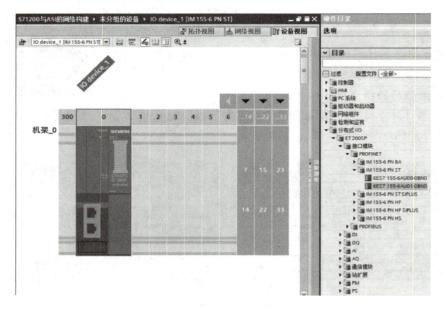

图 3-96 添加 ET200SP 模块

接着,在"硬件目录"下找到通信模块,选择"AS-I 接口",找到"CM AS-I Master ST",将订货号为"3RK7 137-6SA00-0BC1"的硬件模块拖入1号机架,如图3-97所示。

最后,添加执行器的紧凑模块,这个紧凑模块是用来插入传感器和24V 直流灯的。在

现场总线网络的构建与运维 项目3

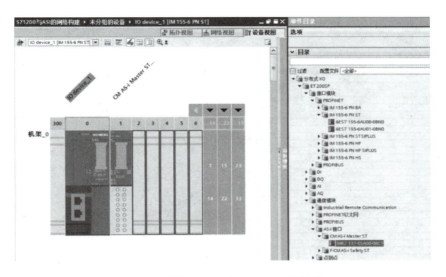

图 3-97 添加 CM AS-I Master ST 模块

"现场设备"中,找到"AS 接口",选择"1P6x 输入/输出模块,紧凑型模块",将订货号为"3RK1400-1BQ20-0AA3"的模块拖入到"网络视图"中,如图 3-98 所示。

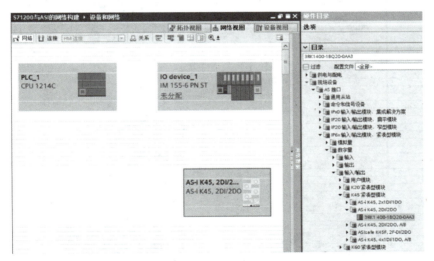

图 3-98 添加执行器紧凑型模块

(3)连接网络 选择"网络视图"选项卡,拖动 PLC_1 的 Profinet 接口,连接至 ET200SP 的 Profinet 接口上,将 CM AS-I Master ST 的 AS-I 接口连接至执行器的紧凑模块,实现网络的连接,如图 3-99 所示。

2. 网络设置

1)在"网络视图"下,单击"显示地址"按钮,即可显示 S7-1200、ET200SP 的 IP 地址,以及 AS-I 接口的地址,如图 3-100 所示。

2)双击 IP 地址显示框,修改 S7-1200、ET200SP 的 IP 地址;双击 AS-I 主从站地址,修改 AS-I 接口地址,如图 3-101 所示。为了确保组态成功,必须保证 PLC 与 ET200SP 的以太网地址在同一个网段；AS-I 接口的主站地址默认为 0，从站地址设置为 1，如图 3-102 所示。

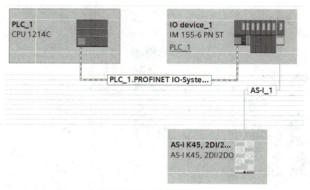

图 3-99　连接网络

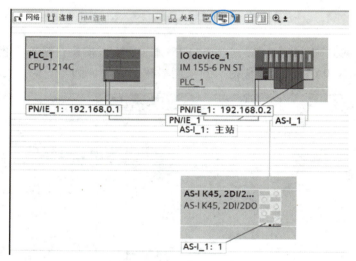

图 3-100　显示地址

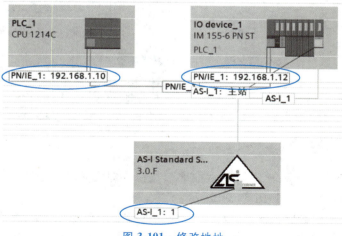

图 3-101　修改地址

图 3-102　设置 AS-I 地址

3）在线访问 ET200SP。由于在设备组态的时候，ET200SP 的名称为"IO device_1"，IP 地址为 192.168.1.12，需要通过在线访问配置实际硬件，确保实际硬件的配置与组态配置保持一致，分别如图 3-103、图 3-104 所示。

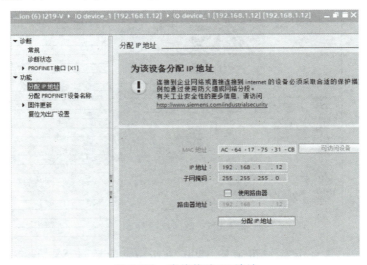

图 3-103　在线修改 IP 地址

4）在线激活从站。首先，选中 AS-I 从站，在"常规"选项卡中单击"选件处理"，勾选"激活选件处理"复选框，如图 3-105 所示。

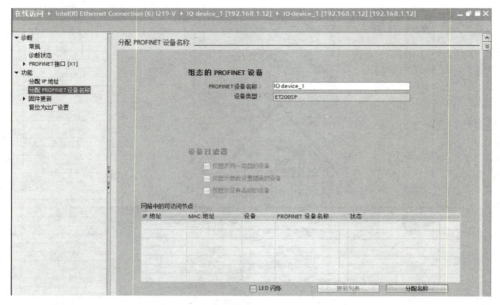

图 3-104 在线修改名称

图 3-105 激活选项处理

然后编译组态,并且下载到指定的 1200 PLC 中,而后进入"设备组态"中,找到"CM AS-I Master ST"模块,右击选择"在线和诊断",打开"功能"选项卡,选择"控制面板",在"设置 AS-interface 地址"中,单击"进行寻址"按钮,如图 3-106 所示。

最后,进入"选件处理"选项卡,对可选的从站进行激活操作,如图 3-107 所示。

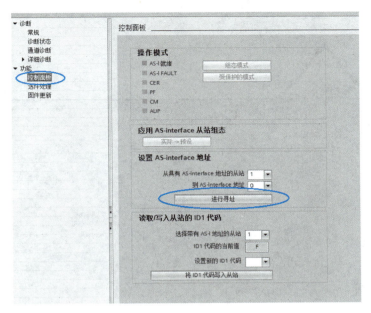

图 3-106 寻址操作

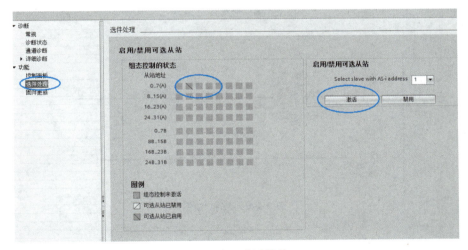

图 3-107 激活从站

3. 编写程序

控制要求：将 NPN 型接近开关传感器接入 AS-I 从站的 IN1 端口，将 24V 灯接入 AS-I 从站的 OUT3 口，每次 IN 端检测到 3 次输入信号，灯点亮 1 次。

1）查看 AS-I 从站的 I/O 地址，如图 3-108 所示，则 NPN 型传感器的输入信号对应地址为 I2.0，灯对应地址为 Q2.0。

2）编写控制程序，如图 3-109 所示。

4. 网络调试与运行

进入在线监控模式，用金属靠近 NPN 型接近开关，发现每靠近 3 次，灯点亮 1 次，实现了预期功能，如图 3-110 所示。

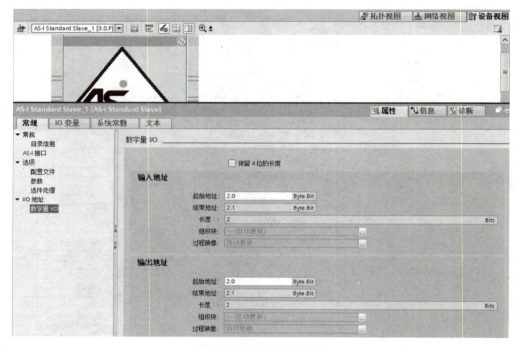

图 3-108　查看变量地址

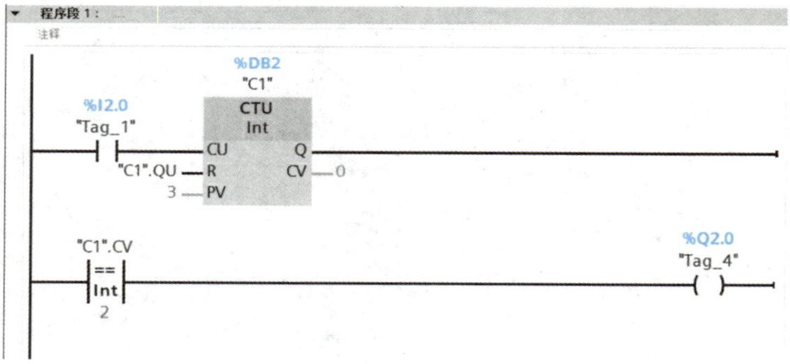

图 3-109　控制程序

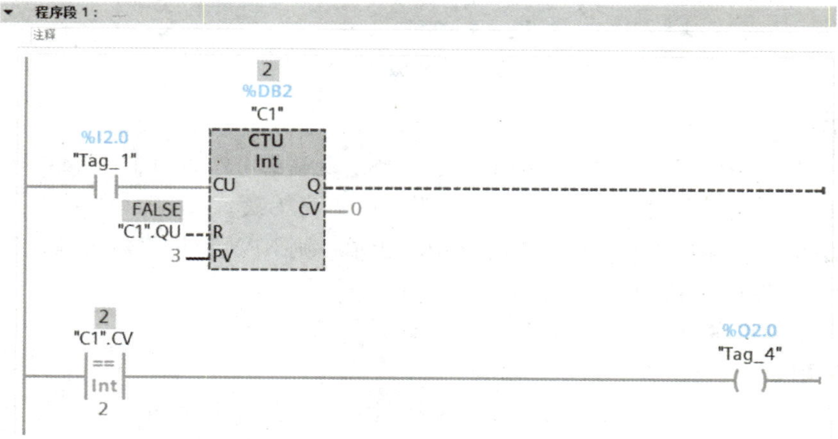

图 3-110　测试图

现场总线网络的构建与运维 项目3

3.6 任务5 基于 S7-1200 PLC 与射频读卡器的 Modbus RTU 总线构建与运维

任务描述：

构建基于 S7-1200 PLC 与射频读卡器的 Modbus RTU 网络，完成 S7-1200 PLC 与射频读卡器的数据读写；PLC 作为主站，采用西门子的 S7-1200 DC/DC/DC CUP 1215C 和 CM1241 RS422/485 通信模块；从站选用 YW-630 的 Modbus 读卡器。

Modbus 读卡器的型号为 YW-630，是采用 13.56M 非接触射频技术设计而成的通用型 IC 卡读卡器。该读卡器内嵌 Cortex M3 处理器和 NXP 系列原装芯片，确保读写性能稳定可靠。该读卡器采用 PLC 设备常用的 Modbus RTU 协议，方便与工业控制系统连接，且充分考虑了 PLC 设备接口操作的便利性和可二次开发的操作性；支持离线自动寻找指定类型的卡片，用户只需读取卡片序列号寄存器就可以轻松获取卡片卡号信息。

根据读卡器的型号，采用了 4 线接线方式，黄色、绿色线分别接在 CM1241 RS422/485 通信模块的 3、6 引脚，红色、黑色线为 24V 供电线，接线图如图 3-111 所示。读卡器 YW-630 作为 IC 卡识别装置，通过 Modbus 协议读取 IC 卡的卡片序列号到 PLC；PLC 与 RFID 读卡器通过 RS485 通信，遵循了 Modbus 通信协议。

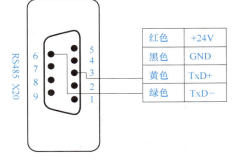

图 3-111 PLC 与读卡器接线图

任务实施：

首先，按照图 3-111 连接 CM1241 RS422/485 通信模块与读卡器 YW-630；然后基于博途软件构建 Modbus RTU 网络。具体操作步骤如下。

1. 添加设备及硬件组态

添加西门子 S7-1200 PLC，型号为 DC/DC/DC CUP 1215C；在"硬件目录"中依次单击"通信模块"→"点到点"→"CM1241（RS422/485）"，添加串行通信模块，如图 3-112 所示。

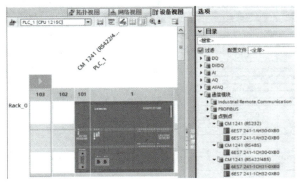

图 3-112 添加设备

129

2. 通信设置

（1）Modbus 主站设置　在"设备视图"中选择 CM1241 RS422/485 通信模块，右击"属性"，选择"IO-Link"，配置此模块硬件接口参数，如图 3-113 所示。因为要遵循 RTU 通信中的时间间隔管理，定时器将引起大量中断处理，在较高的通信比特率下，将导致 CPU 负担重，所以采用 19200bit/s 的比特率，保证读卡器比特率与此相对应，且设置成无校验模式；并在"系统常数"中查看名称及硬件标识，如图 3-114 所示。

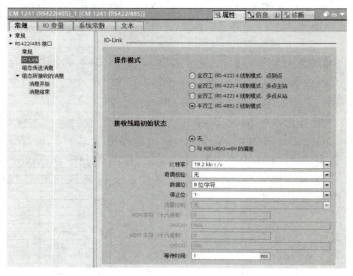

图 3-113　主站通信设置

图 3-114　硬件标识

（2）Modbus 从站设置　设置 YW-630 读卡器的通信属性，如图 3-115 所示。

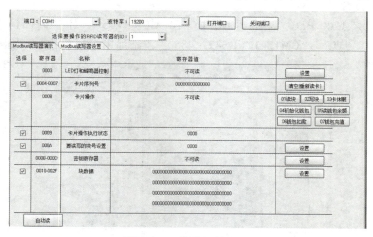

图 3-115　从站通信设置

3. 网络编程

1）添加 Startup 启动组织块 OB100，在 OB100 中调用 MB_COMM_LOAD 指令，使得端口一启动就被设置为 Modbus RTU 通信模式，如图 3-116 所示。

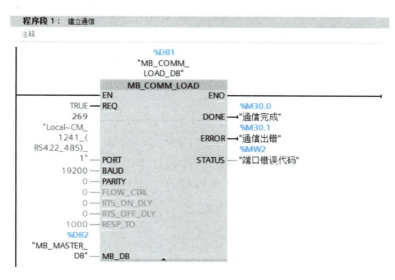

图 3-116 建立通信

MB_COMM_LOAD 指令中，EN 表示使能端；REQ 表示在上升沿执行该指令；PORT 表示通信端口的硬件标识符，必须与组态通信模块的名称及硬件标识保持一致；BAUD 表示比特率，设置为 19200bit/s；PARITY 表示奇偶校验选择，设置无校验；FLOW_CTRL 表示流控制选择；RTS_ON_DLY 表示 RTS 延时选择；RTS_OFF_DLY 表示 RTS 关断延时选择；RESP_TO 表示响应超时；MB_DB 表示对 MB_MASTER 或 MB_SLAVE 指令所使用的背景数据块；DONE 表示完成位；ERROR 表示错误位；STATUS 表示端口组态错误代码。

2）依次单击"程序块"→"添加新块"→"数据库（DB）"，创建 DB 块，在 PLC 内部添加"读卡器数据区域"，并取消勾选"优化的块访问"选项，如图 3-117 所示。

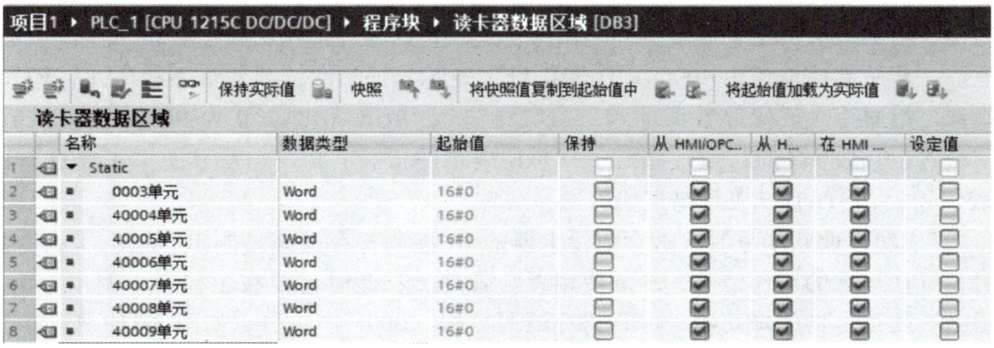

图 3-117 添加数据块

Modbus RTU 主站 CPU 1215 的数据缓冲区地址与从站 Modbus 地址的关系见表 3-17。

表 3-17 主从站地址关系

Modbus RTU 主站 CPU 1215 的数据缓冲区地址	Modbus RTU 从站 Modbus 地址
DB3.DBW0	0003（LED 灯和蜂鸣器控制）
DB3.DBW2	40004（卡片序列号）
DB3.DBW4	40005（卡片序列号）
DB3.DBW6	40006（卡片序列号）
DB3.DBW8	40007（卡片序列号）
DB3.DBW10	40008（卡片操作）
DB3.DBW12	40009（卡片操作执行状态）

3）当通信成功，读卡器寻到卡片后，卡片序列号会自动填入该寄存器，通过 0x03 指令读取卡片序号寄存器；PLC 在主程序 Main[OB1] 中通过 MB_MASTER 指令将读卡器卡片寄存器 40004~40007 地址中的卡片序列号读取到 PLC 的"读卡器数据区域"，如图 3-118 所示。

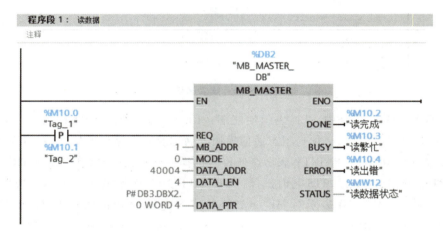

图 3-118 读数据

其中，EN 表示使能端；REQ 表示在上升沿执行指令；MB_ADDR 表示 Modbus RTU 从站地址，默认地址范围为 0~247，必须与从站的设置保持一致，这里设置为 1；MODE 表示模式选择，指定请求类型，读数据 MODE 模式为 0；DATA_ADDR 表示从站中需读取数据的起始地址，从站起始地址为 40004；DATA_LEN 表示数据长度，共 4 个字；DATA_PTR 表示数据指针，指向写入或读取数据的 M 或 DB 地址，P#DB3.DBX2.0 WORD 4 表示以数据块 DB3 区域 X2.0 位为首位的地址指针；DONE 表示完成位；BUSY 表示操作正在进行；ERROR 表示错误；STATUS 表示错误代码。

4）当成功读取到卡号时，就会由读卡器的 IO 控制寄存器来控制 IO 输出，从而控制蜂鸣器响、LED 灯亮的动作信号，提醒使用者与管理员；此时需要在主程序中调用 MB_MASTER 指令，往读卡器的蜂鸣器、LED 寄存器写数据（0003 16#03），如图 3-119 所示。其中，MODE 模式为 1，DATA_ADDR 从站起始地址为 0003，DATA_LEN 数据长度为 1，DATA_PTR 数据指针为 P#DB3.DBX0.0 WORD 1。

5）将读取到的卡号用比较指令比较 int 型数据（事先录制进去的卡号），比对成功则发

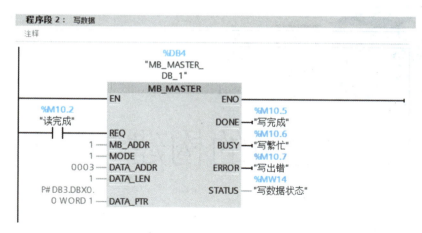

图 3-119 写数据

出动作指令，错误则发出报警动作信号。此时需要在主程序中调用 MB_MASTER 指令，往读卡器的蜂鸣器、LED 寄存器写数据（0003 16#0722），如图 3-120 所示。

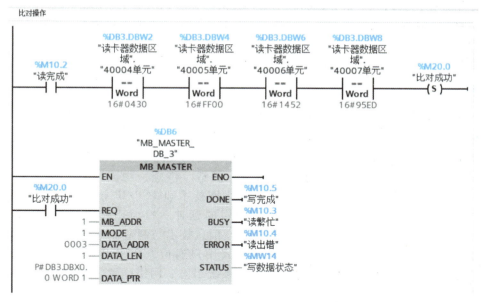

图 3-120 比对程序

4. 网络测试

PLC 与 YW-630 能够通过 Modbus RTU 网络进行数据读取，能够正常通信、读取卡号并进行卡号比对。

项目 4
MODULE 4
工业以太网的构建与运维

【学习目标】

素养目标：树立学生的团队合作意识，培养工程思维与开拓创新精神，训练认真严谨、规范操作、开拓创新的职业素养，训练网络构建的环保意识及安全意识。

知识目标：了解工业以太网的关键技术，理解工业以太网的通信标准，掌握工业以太网的常用通信指令。

能力目标：会进行 Profinet 工业以太网网络构建与运维。

【项目导入】

为实现"透明工厂"，需要将工厂的商务网络、车间的制造网络和现场级的仪表、设备网络构成畅通的透明网络，并与 Web 功能相结合，与工厂的电子商务、物资供应链和 ERP 等形成整体，这就要求工业控制网络与企业信息网络的无缝连接，形成企业级管控一体化的全开放网络。如今的智慧工厂更是集研发、制造、供应、物流、服务等功能于一体，这些都离不开以太网技术。工业以太网是在以太网技术和 TCP/IP 技术的基础上发展起来的一种工业控制网络，是以太网向工业现场层的延伸。目前比较流行的工业以太网有 Profinet、Modbus/TCP、Ethernet/IP 等。本项目在信息技术与制造业深度融合的背景下，依托典型工业以太网案例，解析 S7 通信与开放式用户通信，介绍 PUT、GET、TSEND_C、TRCV_C 等通信指令，重点讲解 Profinet 网络的系统组态、网络配置、通信编程、网络调试与运维方法。

【项目知识】

4.1 工业以太网的通信知识

4.1.1 工业以太网的通信标准

工业以太网的协议有多种，如基金会现场总线高速以太网（Foundation Fieldbus High-

Speed Ethernet、FFHSE)、Ethernet/IP、Profinet、Modbus/TCP、分布式自动化 Ethernet 等，它们在本质上都是基于以太网技术（即 IEEE802.3 标准）的。

工业以太网协议模型见表 4-1，对应于 ISO/OSI 参考模型，工业以太网协议在物理层和数据链路层均采用 Ethernet（IEEE802.3 标准），在网络层和传输层则采用标准的 TCP/IP 协议族，它们构成了工业以太网的低四层。在高层协议上，工业以太网协议省略了会话层、表示层，只定义了应用层。

表 4-1　工业以太网协议模型

模型	功能
应用层	应用协议
表示层	省略
会话层	
传输层	TCP、UDP
网络层	IP
数据链路层	以太网 MAC
物理层	以太网物理层

1. 以太网（Ethernet）技术

以太网技术是一种局域网技术规范，它定义了局域网（LAN）中采用的电缆类型和信号处理方法，主要对应于 OSI 参考模型的第一层和第二层，即物理层和数据链路层。这些协议通过硬件来实现，是当今局域网最通用的通信协议标准。

以太网采用 CSMA/CD（载波监听多路访问及冲突检测）技术，并以 10~100Mbit/s 的速率在多种类型的电缆上传送信息包。CSMA/CD 局域网上的工作站可以在任意时间访问网络，发送数据前，CSMA/CD 工作站先"侦听"网络通信状况，了解网络是否被占用，如果被占用，那么该工作站进入等待状态而不会立刻发送数据，否则工作站开始发送数据。当两台工作站分别侦听网络通信状况，双方都没有"侦听"到而出现同时发送数据的状况时，两台工作站的发送过程都会被损坏，必须在一段时间后重新发送。CSMA/CD 工作站能够检测到这种冲突，也知道该何时重新发送。

2. TCP/IP 族

互联网进行通信时，需要相应的网络协议，TCP/IP 原本就是为使用互联网而开发制定的协议族，因此，TCP/IP 是互联网通信协议方面事实上的标准。它有时指 TCP 和 IP 两种协议，但更多时候，它是利用 IP 进行通信时所必须用到的协议群的统称，也称为 TCP/IP 族。如 IP 或 ICMP、TCP 或 UDP、TELNET 或 FTP，以及 HTTP 等都属于 TCP/IP。TCP/IP 模型及功能见表 4-2。

表 4-2　TCP/IP 模型及功能

OSI 七层模型	TCP/IP 族分层模型	功能	TCP/IP 族
应用层	应用层	文件传输、电子邮件、文件服务	HTTP、TPTP、TPP 等
表示层			没有协议
会话层			没有协议

(续)

OSI 七层模型	TCP/IP 族分层模型	功能	TCP/IP 族
传输层	传输层	提供端对端接口	TCP、UDP
网络层	网络层	为数据包选择路由	IP 等
数据链路层	链路层 (网络接口层)	传输有地址的输入及错误检测	SLIP 等
物理层		以二进制数据的形式在物理媒体上传输数据	IEEE802、ISO2110 等

TCP/IP 族中有两个具有代表性的传输层协议 TCP 和 UDP。TCP 是面向连接的、可靠的数据流协议,用于在传输层有必要实现可靠传输的情况;UDP 是不具有可靠性的数据报协议,主要用于对高速传输和实时性有较高要求的通信或广播通信。

网络层协议 IP(IPv4、IPv6)主要作用是实现终端节点之间的通信,也称点对点通信。网络层的下一层,即数据链路层的主要作用是在互连同一种数据链路的节点之间进行包传递,而一旦跨越多种数据链路,就需要借助网络层。网络层可以跨越不同的数据链路,即使是在不同的数据链路上也能实现两端节点之间的数据包传输。IP 大致分为 3 大作用模块,分别是 IP 寻址、路由以及 IP 分包与组包。在计算机通信中,为了识别通信对端,必须要有一个类似于地址的识别码进行标识,在数据链路中的 MAC 地址正是用来标识同一个链路中不同计算机的一种识别码。作为网络层的 IP,也有这种地址信息,一般叫作 IP 地址。

4.1.2 工业以太网的网络拓扑结构

网络拓扑(NetWork Topology)即网络拓扑结构,就是将各种网络设备用不同的方式进行连接。网络拓扑结构有很多种,如星形结构、拓展星形结构、环形结构、总线型结构、混合拓扑结构、分布式结构、树形结构、网状拓扑结构、蜂窝拓扑结构等。其中在工业以太网中通常将控制区域分为若干个控制子域,根据不同系统的规模和具体情况,灵活地采用星形、环形、总线型、树形等拓扑结构。图 4-1 所示为几种常用的拓扑结构。

a) Profinet 总线型网络拓扑结构

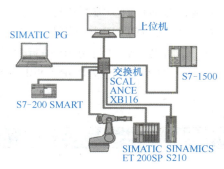

b) Profinet 星形网络拓扑结构

图 4-1 工业以太网常用的拓扑结构

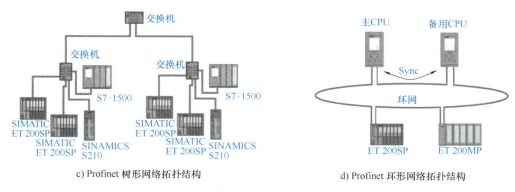

c) Profinet 树形网络拓扑结构　　　　d) Profinet 环形网络拓扑结构

图 4-1　工业以太网常用的拓扑结构（续）

4.1.3　Profinet 的介绍

Profinet 是由 Profibus 国际组织（Profibus International，PI）提出的基于实时以太网技术的自动化总线标准，将工厂自动化和企业信息管理层 IT 技术有机地融为一体，同时又完全保留了 Profibus 现有的开放性，Profinet 支持星形、总线型和环形等拓扑结构。

图 4-2 所示为 Profinet 网络的解决方案，为了减少布线费用，并保证高度的可用性和灵活性，Profinet 提供了大量的工具帮助用户方便地实现 Profinet 的安装。特别设计的工业电缆和耐用连接器可满足 EMC 和温度要求，并且在 Profinet 框架内形成标准化，保证了不同制造商设备之间的兼容性。

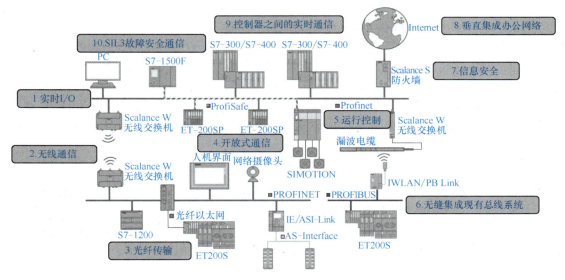

图 4-2　Profinet 网络的解决方案

根据响应时间的不同，Profinet 支持标准通信、实时通信、同步实时通信 3 种通信方式。Profinet 基于工业以太网技术，使用 TCP/IP 和 IT 标准，其响应时间大概在 100ms 的量级。对于工厂控制级的应用来说，这个响应时间就足够了。对于基于 TCP/IP 的工业以太网技术来说，使用标准通信栈来处理过程数据包，需要很可观的时间。因此，Profinet 提供了一个优化的基于以太网第二层（Layer 2）的实时通信通道，通过该实时通道，极大地减少了数据在通信栈中的处理时间。因此，Profinet 获得了等同，甚至超过传统现场总线系统的实时性能。在现场级通信中，对通信实时性要求最高的是运动控制（Motion Control），Profinet 的同步实时（Isochronous Real-Time，IRT）技术可以满足运动控制的高速通信需求，在 100 个节点下，其响应时间要小于 1ms，抖动误差要小于 1μs，以此来保证及时的、确定的响应。

　　Profinet 满足了实时通信的要求，可应用于运动控制。它具有 Profibus 和标准的开放透明通信，支持从现场级到工厂管理层通信的连续性，从而增加了生产过程的透明度，优化了公司的系统运作。作为开放和透明的概念，Profinet 也适用于 Ethernet 和任何其他现场总线系统之间的通信，可实现与其他现场总线的无缝集成。Profinet 同时实现了分布式自动化系统，提供了独立于制造商的通信、自动化和工程模型，将通信系统、以太网转换为适应于工业应用的系统。

　　Profinet 的一个重要特征就是可以同时传递实时数据和标准的 TCP/IP 数据。在其传递 TCP/IP 数据的公共通道中，各行业已验证的 IT 技术（如 HTTP、HTML、SNMP、DHCP 和 XML 等）都可以使用。在使用 Profinet 时，可以使用这些 IT 标准服务加强对整个网络的管理和维护，这意味着调试和维护中成本的节省。

　　Profinet 实现了从现场级到管理层的纵向通信集成，一方面，方便管理层获取现场级的数据；另一方面，原本在管理层存在的数据安全性问题也延伸到了现场级。为了保证现场级控制数据的安全，Profinet 提供了特有的安全机制，通过使用专用的安全模块，可以保护自动化控制系统，使自动化通信网络的安全风险最小化。

4.1.4　Profinet 通信及通信指令

　　西门子 S7-1200PLC 集成有 Profinet 以太网通信接口，支持以太网和基于 TCP/IP 的通信标准。使用该通信接口，分布式设备可以直接连接到 Profinet 上，实现 S7-1200PLC 与其他编程设备、HMI 触摸屏以及其他 CPU 之间的通信。CPU 1211C、CPU 1212C 和 CPU 1214C 拥有独立的以太网接口，但不包含集成的以太网交换机，所以使用 Profinet 通信时有直接连接和网络连接两种连接方法。直接连接不需要以太网交换机，适用于 S7-1200PLC 与单台 CPU 编程设备、HMI 触摸屏或另一台 PLC 之间的连接；当连接两台以上 CPU 或 HMI 设备时就要用以太网交换机进行网络连接通信。

　　S7-1200PLC 支持的应用协议有 3 种，分别是 S7 通信、TCP 和 ISO-on-TCP。

1. S7 通信及指令

　　S7 通信是 Siemens 设备之间的内部通信，不能用于与其他品牌设备之间的通信。博途软件中提供了两条相应的 S7 通信指令，分别是 PUT 和 GET 指令。PUT 指令用于写数据，GET 指令用于读数据，其指令符号如图 4-3 所示。S7-1200PLC 进行 S7 通信时，只要在客户端调用 PUT/GET 指令即可读写数据，服务器端不需调用任何指令。

S7 通信及指令

　　PUT/GET 指令需要分配背景数据块，指令符号中各引脚的功能与设置如下。

　　1）EN：指令使能端。

　　2）REQ：触发 PUT/GET 指令，上升沿时触发，可以是系统时钟上升沿，也可以是触发条件的上升沿。

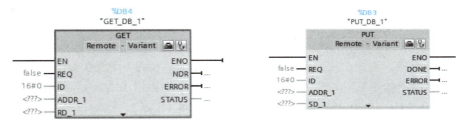

图 4-3 PUT/GET 指令符号

3）ID：S7 通信连接的 ID 号，需要与组态 S7 连接时产生的 ID 号一致，为创建连接时的本地连接号。

4）ADDR_1：指向伙伴 CPU（即服务端 CPU）上用于写入/读取数据的区域指针；对于 PUT 指令，是服务端待写入区域的指针；对于 GET 指令，是服务端待读取区域的指针。必须使用指针形式填写，如 P#DB1.DBX0.0 BYTE 8，此处的 DB 块必须是非优化的 DB 块。

5）SD_1：指向本地 CPU（即客户端 CPU）上包含要发送数据的区域指针，需要使用指针形式填写，如 P#DB2.DBX0.0 BYTE 8，此处的 DB 块必须是非优化的，且与 ADDR_1 的数据长度和数据类型保持一致。

6）RD_1：指向本地 CPU（即客户端 CPU）上用于输入已读数据的区域指针，需要使用指针形式填写，如 P#DB3.DBX0.0 BYTE 8，此处的 DB 块必须是非优化的，且与 ADDR_1 的数据长度和数据类型保持一致。

7）DONE：完成位，数据成功写入后置 1。

8）NDR：完成位，数据读取成功后置 1。

9）ERROR：错误位。"0"为无错误，"1"为有错误。

10）STATUS：状态字。

2. 开放式用户通信

开放式用户通信（Open User Communication，OUC）服务适用于 S7-1500/300/400 PLC 之间的通信、S7 PLC 与 S5 PLC 间的通信，以及 PLC 与 PC 或与第三方其他品牌设备之间的通信。OUC 通信又包含下列几种方式的通信连接。

（1）TCP/IP 通信连接　该通信连接支持 TCP/IP 开放的数据通信，用于连接 SIMATIC S7 和 PC 以及非西门子设备，与外部系统通信灵活，适用于大量数据的传输。

（2）ISO-on-TCP 通信连接　由于 ISO 不支持以太网路由，因而西门子公司将 ISO 映射到 TCP 上，实现网络路由，与 ISO 通信方式相同。该方式的可靠性高于 TCP/IP 连接，但适用于少量数据的传输，最大通信字节数为 64KB。

（3）UDP 连接　UDP（User Datagram Protocol）为用户数据报协议，属于一种无连接的协议。UDP 为应用程序提供了一种无须建立连接就可以发送封装的 IP 数据包的方法。该通信连接属于第四层协议，提供简单快速的数据传输，数据无须确认。与 TCP/IP 通信相比，UDP 没有连接。其最大传输报文长度为 1472B。

（4）ISO 通信连接　该通信连接支持第四层（ISO Transport）开放的数据通信，ISO 通信使用 MAC 地址，不支持网络路由，一些新的通信处理器不再支持该通信服务。

S7-1200 支持以上的 TCP 和 ISO-on-TCP 连接协议。

3. 开放式用户通信指令

OUC 通信是双边通信，即客户端与服务器端都需要写程序，比如，客户端调用发送指令和接收指令，服务器端就要调用对应的接收指令和发送指令，发送指令与接收指令总是成对出现的。开放式用户通信中常用的通信指令有 TSEND_C 和 TRCV_C（紧凑型指令），以及 TCON、TRCV、TSEND、TDISCON 等，这些指令均支持 TCP 和 ISO-on-TCP 以太网协议，指令符号如图 4-4 所示。

开放式用户通信及指令

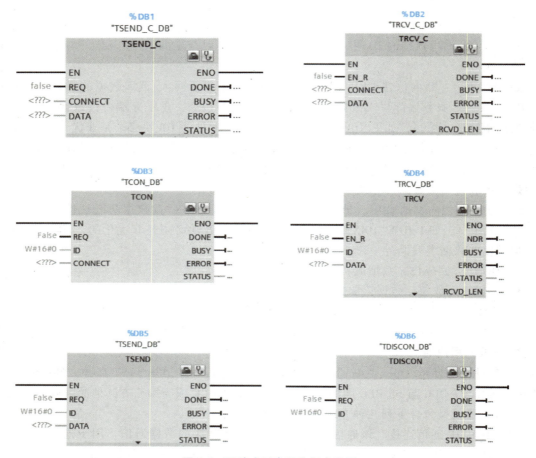

图 4-4 开放式用户通信指令符号

以上指令中，各引脚参数及设置如下，也可使用<F1>键查阅博途软件中的帮助文件。

（1）自带连接功能的指令 TSEND_C 和 TRCV_C

1）TSEND_C 指令用于发送数据，TRCV_C 指令用于接收数据，两者必须成对出现。调用指令后会自动生成背景数据块。

2）REQ：激活命令，使用时钟脉冲，上升沿触发。

3）EN_R：使能请求，设置为"1"表示启用接收数据。

4）CONNECT：连接通信的 PLC 的数据接收地址。

5）DATA：本地 PLC 要发送（TSEND_C）/接收（TRCV_C）数据的地址，使用指针寻址。

6）BUSY：状态参数。设置为"0"表示发送/接收尚未开始或已经完成；设置为"1"表示发送/接收尚未完成，无法启动新的发送作业。

7）DONE：完成位，发送/接收完成，保持为 TRUE，一个扫描周期的时间。

8）STATUS：字，状态。

9）ERROR：错误位，0 表示无错误；1 表示有错误。

（2）不自带连接功能的指令 TSEND 和 TRCV　当使用不带连接功能的指令 TSEND 和 TRCV 时，必须先调用 TCON 来建立连接。若要断开通信，需调用 TDISCON 指令。当使用自带连接功能的指令时，则不必调用此指令。TCON、TDISCON、TSEND、TRCV 指令都需要分配背景数据块，指令符号中各引脚参数的含义与 TSEND_C 和 TRCV_C 类同，此处不再赘述。

小试牛刀

（1）（　　）指令属于 S7 通信。

A．TSEND_C　　　B．TRCV_C　　　C．PUT　　　D．GET

（2）（　　）表示数据块 DB6 的第 5 字节的第 0 位。

A．DB5.DBB6.0　　B．DB6.DBB5.0　　C．DB6.DB5.0　　D．DB6.DBX5.0

（3）（　　）表示数据块 DB12 的第 6 字节。

A．DB12.DBB6　　B．DB12.DBW6　　C．DB2.DBD6　　D．DB12.DBX6

（4）在"TSEND_C"指令中，发送区域设置发送数据的起始地址为（　　）类型。

A．指针型　　　B．字节型　　　C．双字型　　　D．字符型

【项目实施】

4.2　任务 1　基于两台 S7-1200 PLC 的工业以太网构建与运维

任务描述：

两台 S7-1200 PLC 之间进行 TCP 开放式通信，需要实现的功能是：运用紧凑型通信指令 TSEND_C 和 TRCV_C 完成 PLC_1 发送 4 字节数据给 PLC_2，并且可以接收来自 PLC_2 的 4 字节数据的通信任务。

任务实施：

1. 硬件设备及网络拓扑结构

硬件设备为 2 台 S7-1200 PLC、1 台 PC、1 台交换机、3 根网线，按照图 4-5 所示的网络拓扑结构搭建网络。

硬件连接及逻辑组态

2. 逻辑连接组态

两台 S7-1200 PLC 之间通信，网络设备不仅要有物理连接，还要在博途软件中进行逻辑连接组态，具体过程如下。

（1）创建项目　打开博途软件，单击"创建新项目"按钮，进入"创建新项目"窗

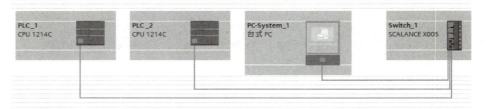

图 4-5 网络拓扑结构

口,如图 4-6 所示,输入项目名称并指定保存路径后,单击"创建"按钮。

图 4-6 创建项目

(2)添加第一台 PLC 并修改其属性

1)进入"项目视图"界面,在"项目树"中选择"设备和网络"并双击;在"设备和网络"界面中,打开"网络视图"选项卡,在界面右侧的"硬件目录"中选择控制器的 CPU 型号和订货号并双击,添加 PLC_1,如图 4-7 所示。

图 4-7 添加 PLC_1

2)选中添加的 PLC_1,打开"设备视图"选项卡,在设备视图中选中 PLC_1,然后单击下方"属性"选项卡,进入属性设置界面,在"属性"选项卡下修改名称,如图 4-8 所示。

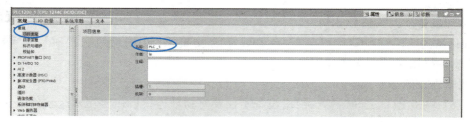

图 4-8 设置 PLC_1 名称

3）修改 PLC_1 以太网地址为"192.168.1.18",如图 4-9 所示。

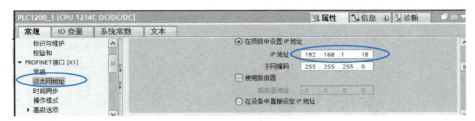

图 4-9　修改以太网地址

4）勾选"启用系统存储器字节"和"启用时钟存储器字节"复选框,如图 4-10 所示。

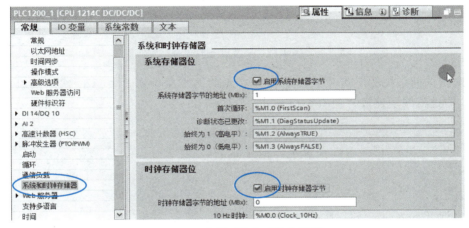

图 4-10　设置系统和时钟存储器

(3) 添加 PLC_2 并设置其属性

1）单击"网络视图"选项卡,选择已添加的 PLC_1,用鼠标右键单击,在弹出的快捷菜单中选择"复制"命令,在空白处单击鼠标右键,单击快捷菜单中的"粘贴"命令,复制添加了 PLC_2,如图 4-11 所示。

图 4-11　添加 PLC_2

2）选中 PLC_2,单击"设备视图"选项卡,进入设备视图后,选中 PLC_2,单击下部的"属性"选项卡,在"属性"选项卡中,修改以太网地址为"192.168.1.28",如图 4-12 所示。

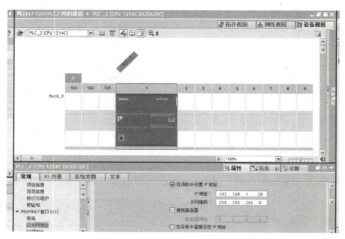

图 4-12　修改以太网地址

3）选择"网络视图"选项卡，拖动 PLC_1 的网络接口到 PLC_2 的网络接口上，完成两台 PLC 的逻辑网络连接，如图 4-13 所示。

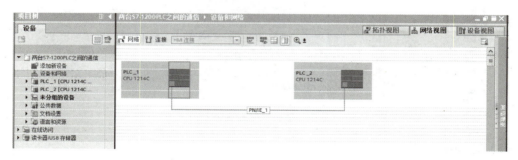

图 4-13　网络连接

3. 通信程序的编写

完成网络设备物理连接和逻辑连接后，在博途软件中编写通信程序，具体过程如下。

（1）新建数据块及变量　主要完成 4 个数据块及其变量的定义，即 PLC_1 的发送数据块和对应的 PLC_2 的接收数据块，以及 PLC_2 的发送数据块和对应的 PLC_1 的接收数据块。

通信程序　　新建数据
的编写　　　块及变量

1）新建 PLC_1 发送数据块及变量。

①在左侧"项目树"的"PLC_1"下，选择"程序块"下的"添加新块"并双击，在弹出的"添加新块"对话框中单击"DB 数据块"，然后在"名称"文本框中修改数据块的名称为"PLC_1 发送"，如图 4-14 所示，单击"确定"按钮，出现如图 4-15 所示的"PLC_1 发送"数据块界面。

②在图 4-15 中，在"项目树"下选择添加的新块"PLC_1 发送［DB1］"并右击，在快捷菜单中选择"属性"命令，在弹出的对话框中打开"属性"选项卡，取消勾选"优化的块访问"复选框，如图 4-16 所示，然后两次单击"确定"按钮。

工业以太网的构建与运维 项目4

图 4-14 添加新块

图 4-15 数据块界面

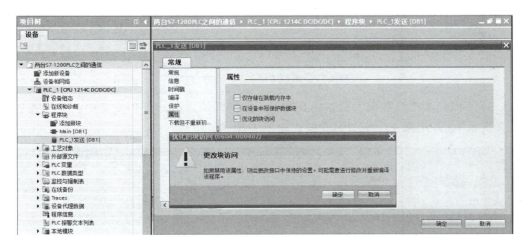

图 4-16 取消勾选"优化的块访问"

③ 在数据块"PLC_1 发送"中新建 4 个字节型变量，如图 4-17 所示。

图 4-17　新建 PLC_1 发送数据变量

2）新建 PLC_1 接收数据的数据块及变量。按以上方法，在"PLC_1"下，再新建一个数据块"PLC_1 接收"，并在其中新建 4 个字节型变量，如图 4-18 所示。

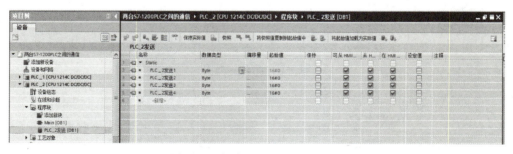

图 4-18　新建 PLC_1 接收数据块

3）新建 PLC_2 发送数据的数据块及变量。按同样的方法，在 PLC_2 中新建发送数据块"PLC_2 发送"，并定义 4 个字节型变量，如图 4-19 所示。

图 4-19　新建 PLC_2 发送数据块

4）新建 PLC_2 接收数据的数据块及变量。按同样的方法，在 PLC_2 中新建接收数据块"PLC_2 接收"，并定义 4 个字节型变量，如图 4-20 所示。

(2) 编写 PLC_1 作为发送数据端、PLC_2 作为接收数据端的通信程序

1) 在 PLC_1 中调用 "TSEND_C" 指令并设置引脚参数。

① 返回到 PLC_1 的主程序，依次选择 "指令树"→"通信"→"开放式用户通信"→"TSEND_C" 指令，拖动 "TSEND_C" 指令到主程序 Main 中，出现如图 4-21 所示的对话框，单击 "确定" 按钮后，完成该指令调用，生成的指令功能块如图 4-22 所示。

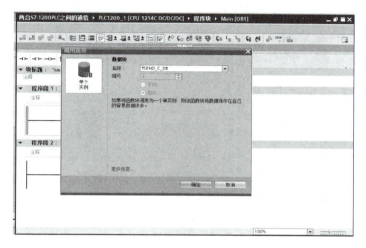

图 4-21　指令数据块对话框

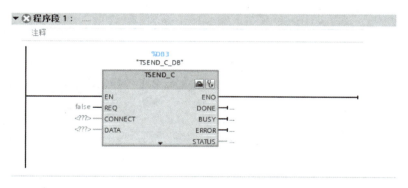

图 4-22　TSEND_C 指令功能块

② 在程序中选择生成的 "TSEND_C" 功能块，依次单击 "属性"→"组态"→"连接参数" 选项，在 "属性" 选项卡中，选择通信伙伴为 "PLC_2"；在 "本地" 的"连接数据"中，选择 "PLC_1_Send_DB" 选项，在 "伙伴" 的 "连接数据" 中，选择 "PLC_2_Receive_DB" 选项；设置本地 PLC_1 为 "主动建立连接"，如图 4-23 所示。

③ 选择 "组态" 中的 "块参数" 选项，设置块参数。在块参数设置对话框中，设置 "启动请求（REQ）" 为时钟脉冲，即选择 "Clock_2.5Hz"；"发送区域" 设置发送数据的起始地址、数据长度和数据类型，其中起始地址定义为指针型 "P#DB1.DBX0.0"，该地址中的 DB1 必须与 PLC_1 发送数据块 DB1 保持一致，长度为 4B，如图 4-24 所示。

④ 以上参数设置完成后，主程序中 TSEND_C 指令各引脚参数如图 4-25 所示。

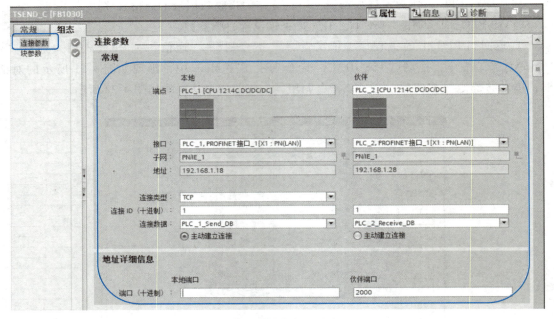

图 4-23 连接参数设置结果

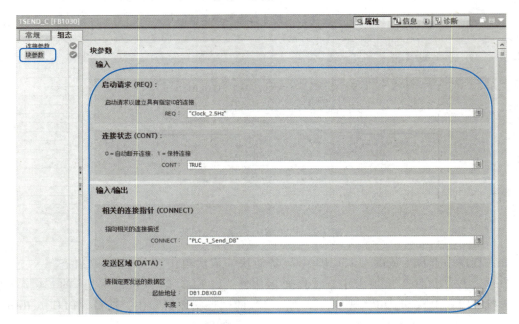

图 4-24 块参数设置结果

2）在 PLC_2 中调用 "TRCV_C" 指令并设置引脚参数。

① 返回到 PLC_2 的主程序，依次选择 "指令树"→"通信"→"开放式用户通信"→"TRCV_C" 指令，并将其拖入到主程序中，生成 TRCV_C 功能块，如图 4-26 所示。

② 在程序中选择生成的 "TRCV_C" 功能块，然后依次单击 "属性"→"组态"→"连接参数" 选项，此时仍然选择 PLC_1 为 "主动建立连接"，如图 4-27 所示。

工业以太网的构建与运维 项目4

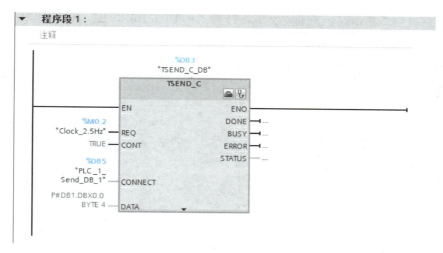

图 4-25 TSEND_C 指令引脚参数

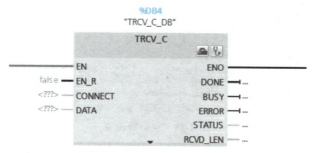

图 4-26 "TRCV_C" 功能块

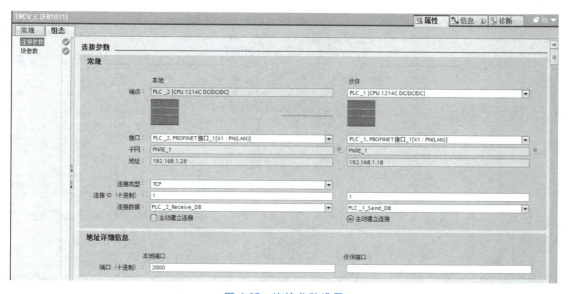

图 4-27 连接参数设置

③ 选择"组态"中的"块参数"选项，设置块参数。在"块参数"设置对话框中，设置"启用请求（EN_R）"为 1；"接收区域"设置接收 PLC_1 发送来的数据的起始地址、数

据长度和数据类型，其中起始地址定义为指针型"P#DB2.DBX0.0"，该地址中的 DB2 必须与 PLC_2 接收数据块 DB2 保持一致，数据长度为 4B，如图 4-28 所示。

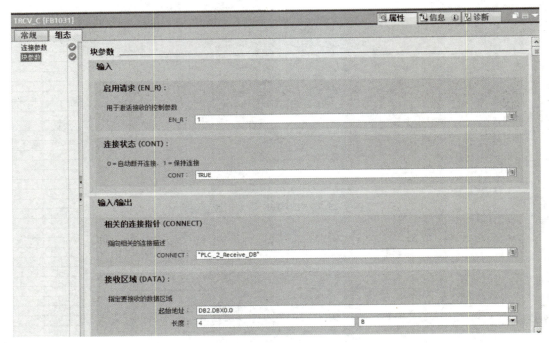

图 4-28　块参数设置

④ 以上参数设置完成后，主程序中 TRCV_C 指令各引脚参数如图 4-29 所示。

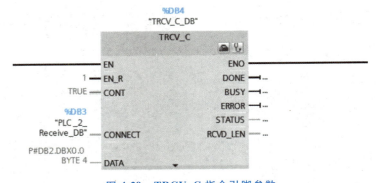

图 4-29　TRCV_C 指令引脚参数

至此，PLC_1 发送 4 字节数据给 PLC_2，同时 PLC_2 接收这 4 字节数据的通信程序编写完成。

(3) 编写 PLC_2 作为发送数据端，PLC_1 作为接收数据端的通信程序

1) 在 PLC_2 的主程序中调用 TSEND_C 指令，设置其连接参数，如图 4-30 所示；设置其块参数，如图 4-31 所示；设置完参数后的 TSEND_C 指令功能块如图 4-32 所示。

2) 在 PLC_1 的主程序中调用 TRCV_C 指令，设置其连接参数，如图 4-33 所示；设置其块参数，如图 4-34 所示；设置完参数后的 TRCV_C 指令功能块如图 4-35 所示。

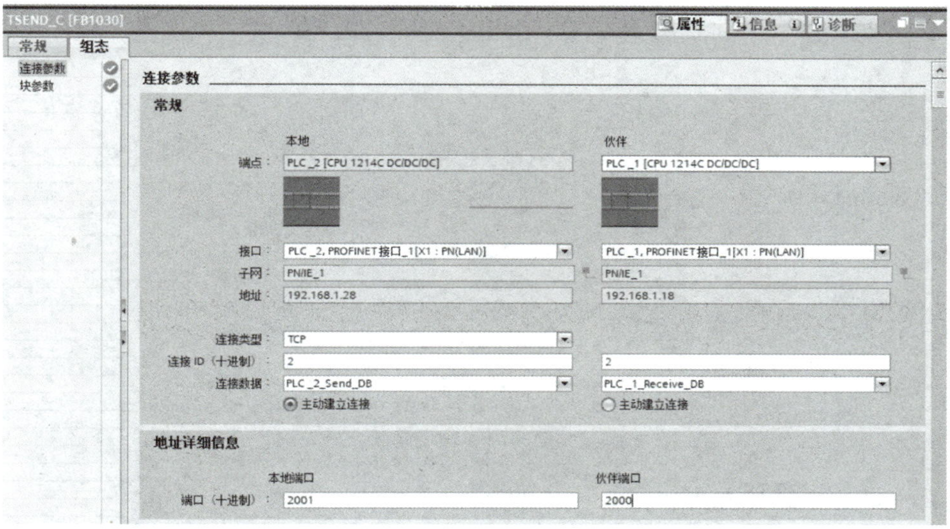

工业以太网的构建与运维 项目4

图 4-30 连接参数设置

图 4-31 块参数设置

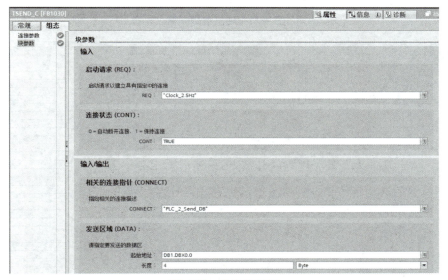

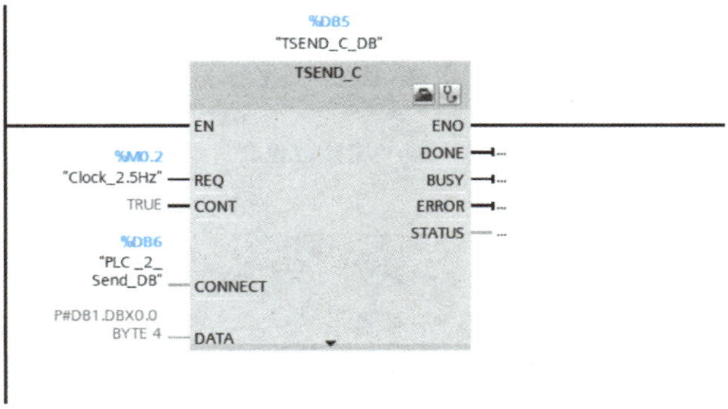

图 4-32 TSEND_C 指令功能块引脚参数

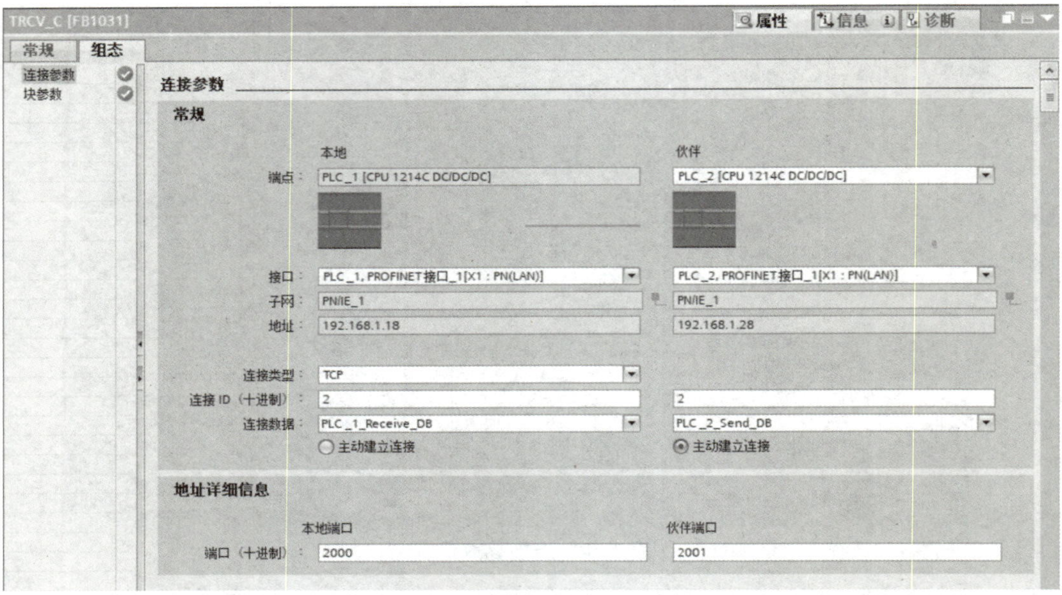

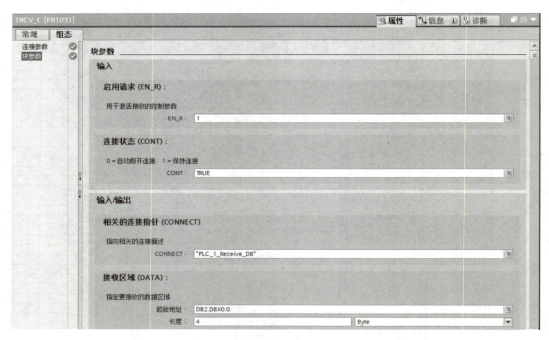

图 4-33 连接参数设置

图 4-34 块参数设置

至此，通信程序编写完毕。

4. 网络调试

通信程序编写完成后，单击"编译"工具，分别对 PLC_1 和 PLC_2 的主程序进行编译。若编译无误，即可进行后续的进程；若提示编译有错误，则按照提示返回主程序进行修改，直到编译无误为止。

网络调试

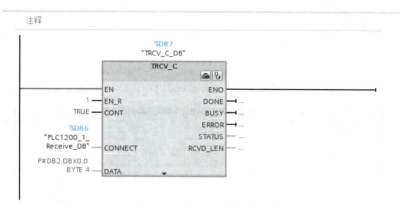

图 4-35 TRCV_C 指令功能块引脚参数

（1）建立监控表　在项目树下分别建立 PLC_1 和 PLC_2 的监控表。首先，在 PLC_1 的"监控与强制表"中双击"添加新监控表"，添加"监控表_1"并打开"监控表_1"窗口，建立 PLC_1 发送的 4 个数据和接收的 4 个数据变量，变量的名称与"PLC_1 发送"和"PLC_1 接收"数据块中的变量名称一致，如图 4-36 所示。

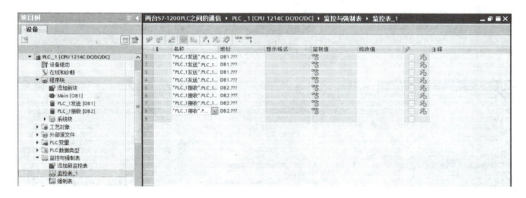

图 4-36　PLC_1 监控表

按同样的方法，建立 PLC_2 的监控表，监控表中的变量名称与"PLC_2 发送"和"PLC_2 接收"数据块中的变量名称一致，如图 4-37 所示。

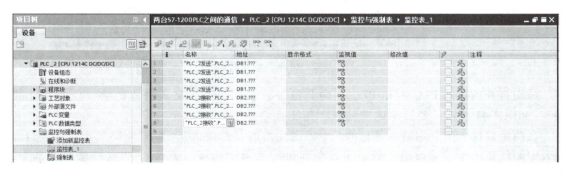

图 4-37　PLC_2 监控表

（2）进入仿真环境调试　在"项目树"中右击"PLC_1"，在展开的菜单中选择"开始仿真"命令，如图 4-38 所示。单击"开始仿真"命令，出现如图 4-39 所示的"下载预览"对话框，再单击"装载"按钮，装载完成后出现如图 4-40 所示的对话框，单击"完成"按钮即可。

用同样的方法，进入 PLC_2 的仿真环境并完成其程序装载。

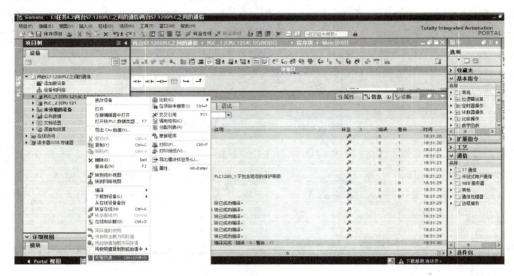

图 4-38　仿真命令

图 4-39　仿真下载界面

分别打开创建的 PLC_1 和 PLC_2 的监控表，修改变量"显示格式"为"无符号十进制"，如图 4-41 所示，然后单击"监视"按钮。

在两个监控表中分别输入各自的 4 个发送变量的"修改值"，如图 4-42 所示，在各自监控表中的任意一个"修改值"处右击，在弹出的菜单中选择"修改"→"立即修改"命令，出现如图 4-43 所示的通信测试结果。

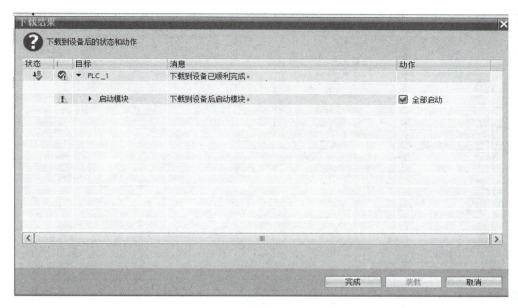

图 4-40 装载完成界面

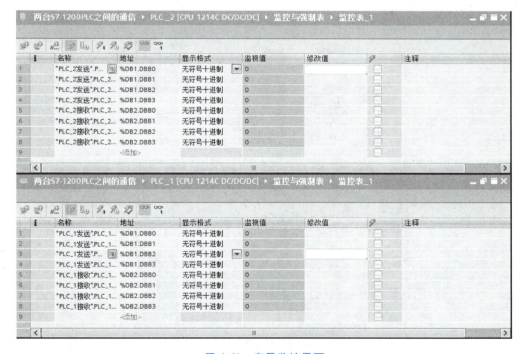

图 4-41 变量监控界面

以上通信测试结果说明，PLC_1 发送的 4 个数据可以被 PLC_2 接收到；同样，PLC_2 发送的 4 个数据也可以被 PLC_1 接收到，通信正确。

（3）下载程序到实际设备　退出仿真环境，将 PLC_1 和 PLC_1 的硬件和软件分别下载到对应的实际 PLC 设备中，下载完成后即可进行两台实际设备之间的通信。

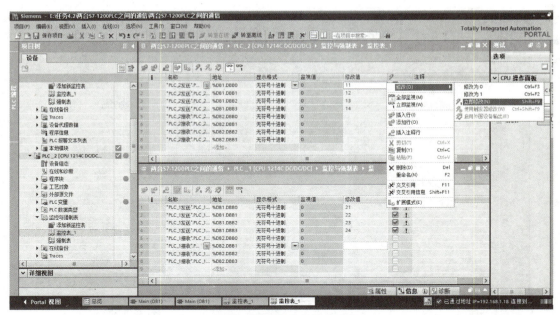

图 4-42　修改发送数据变量值

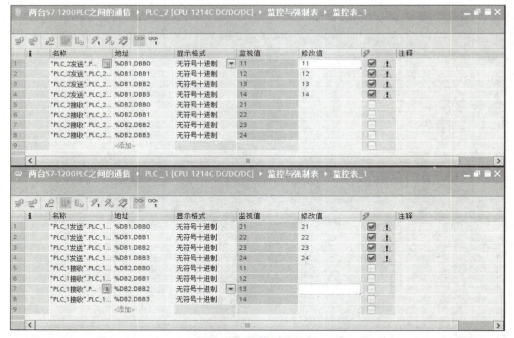

图 4-43　通信测试结果

拓展训练：

将两台 S7-1200 PLC 连接至交换机，构成 Profinet 星形网络，采用开放式用户通信，要求实现两台 PLC 的双向数据交换。PLC 的外部接线如图 4-44 所示，PLC_1 的 I0.4、I0.5、I0.6 分别连接正转启动按钮 SB1、反转启动按钮 SB2、停止按钮 SB3；PLC_2 的 Q0.2、Q0.3 分别连接正转指示灯 HL1、反转指示灯 HL2；PLC_1 的 Q0.4、Q0.5 分别连接正转反馈灯

HL3、反转反馈灯 HL4。要求 PLC_1 将正转启动、反转启动、停止命令发送给 PLC_2，PLC_2 接收命令后控制正转、反转指示灯的亮灭；然后 PLC_2 将控制结果反馈给 PLC_1，PLC_1 根据接收到的数据控制正转、反转反馈灯的亮灭。

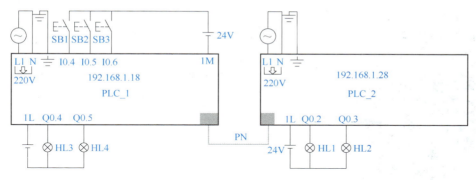

图 4-44　PLC 外部接线图

要求实现以下功能：

1）PLC_1 按下正转启动按钮，PLC_2 的正转指示灯亮，并将结果反馈给 PLC_1，PLC_1 的正转反馈灯亮。

2）PLC_1 按下反转启动按钮，PLC_2 的反转指示灯亮，并将结果反馈给 PLC_1，PLC_1 的反转反馈灯亮。

3）PLC_1 按下停止按钮，PLC_2 的指示灯均灭，并将结果反馈给 PLC_1，PLC_1 的反馈灯均灭。

4.3　任务 2　基于 S7-1200/S7-300 PLC 的工业以太网构建与运维

任务描述：

运用 S7 通信的 PUT/GET 指令，实现一台 S7-1200 PLC 与一台 S7-300 PLC 之间的通信。具体通信任务为：S7-1200 PLC 将 4 字节的数据发送给 S7-300 PLC，同时 S7-300 将 4 字节的数据发送给 S7-1200 PLC。

任务实施：

1. 硬件设备及网络拓扑结构

硬件设备为 1 台 S7-1200 PLC、1 台 S7-300 PLC、1 台装有博途软件的编程计算机、1 台交换机、3 根网线。按照图 4-45 所示的网络拓扑结构搭建网络。

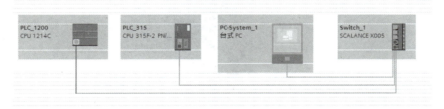

图 4-45　网络拓扑结构

2. 逻辑连接组态

两台 PLC 之间通信，网络设备不仅要有物理连接，还要在博途软件中进行逻辑连接组态，具体过程如下。

S7-1200/S7-300PLC 的工业以太网硬件组态

（1）新建项目　打开博途软件，单击"创建新项目"按钮，进入"创建新项目"窗口，输入项目名称并指定保存路径后，单击"创建"按钮，如图 4-46 所示。

图 4-46　创建新项目

（2）添加 S7-1200 PLC

1）如图 4-47 所示，单击"添加新设备"按钮，选择"控制器"，选择并添加一台 S7-1200 PLC。

图 4-47　添加 S7-1200 PLC

2）进入"设备视图"，选中 PLC，单击打开"属性"选项卡，修改 PLC 的名称，如图 4-48 所示。

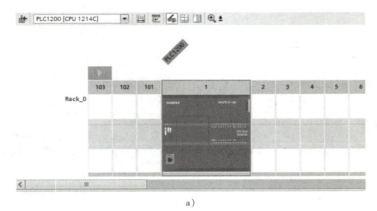

a）

图 4-48　修改 PLC 名称

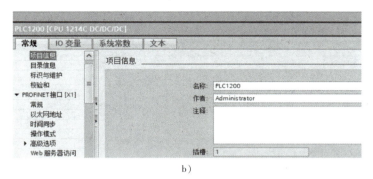

图 4-48 修改 PLC 名称（续）

3）在"属性"选项卡中，修改以太网地址，如图 4-49 所示。

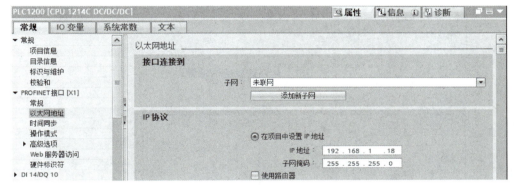

图 4-49 修改 IP 地址

4）在"属性"选项卡中，勾选"启用系统存储器字节"和"启用时钟存储器字节"复选框，如图 4-50 所示。

图 4-50 系统和时钟存储位设置

5）在"属性"选项卡的连接机制下勾选"允许来自远程对象 PUT/GET 通信访问"复选框，如图 4-51 所示。

（3）添加 S7-300 PLC

1）进入"网络视图"，在右侧的"硬件目录"中选择 S7-300 PLC，然后双击选定的

CPU 订货号，即可添加相应的 S7-300 PLC，如图 4-52 所示。

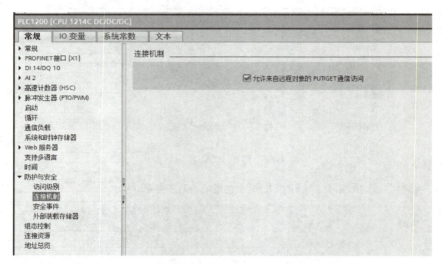

图 4-51　允许远程通信设置

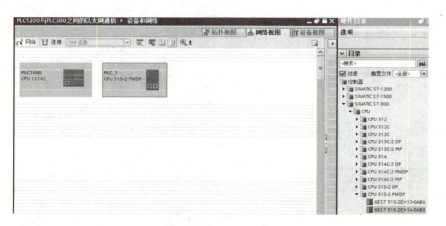

图 4-52　添加 S7-300 PLC

2）选中 S7-300 PLC，进入"设备视图"，在"属性"选项卡中修改 PLC 名称为 PLC300，如图 4-53 所示。

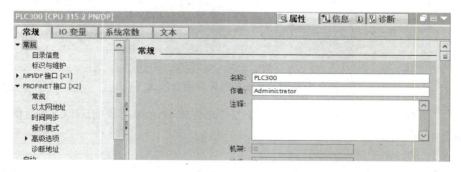

图 4-53　修改名称

3)修改 Profinet 接口的 IP 地址,如图 4-54 所示。

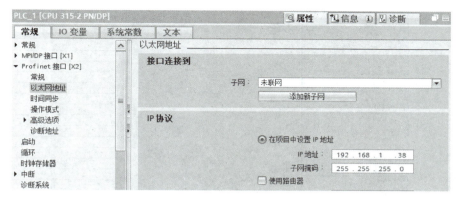

图 4-54 修改 IP 地址

4)返回"网络视图",拖动 PLC1200 的网口到 PLC300 的以太网网口上,连接两台 PLC,如图 4-55 所示。

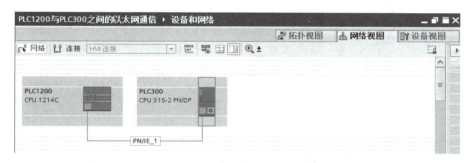

图 4-55 网络组态连接

3. 通信程序的编写

完成网络设备的物理连接和逻辑连接后,接着在博途软件中编写通信程序,具体过程如下。

(1)新建数据块及变量 主要完成 4 个数据块及其变量的定义,即 PLC1200 的发送数据块和对应的 PLC300 的接收数据块,以及 PLC300 的发送数据块和对应的 PLC1200 的接收数据块。

1)新建 PLC1200 发送数据块及变量。

①在左侧"项目树"的"PLC1200"下选择"程序块"下的"添加新块"并双击,在弹出的"添加新块"对话框中选择"DB 数据块"图标,然后在"名称"文本框中修改数据块的名称为"PLC1200 发送",如图 4-56 所示,单击"确定"按钮,出现如图 4-57 所示的"PLC1200 发送"数据块界面。

S7-1200/S7-300PLC 的工业以太网创建数据块

② 在图 4-57 中,在"项目树"下选择添加的新块"PLC1200 发送[DB1]"并右击,在弹出的快捷菜单中选择"属性"命令,然后在弹出的对话框中选择"属性"并取消勾选"优化的块访问"复选框,如图 4-58 所示,最后单击"确定"按钮。

③ 在数据块"PLC1200 发送"中新建 4 个字节型变量,如图 4-59 所示。

图 4-56　添加新块

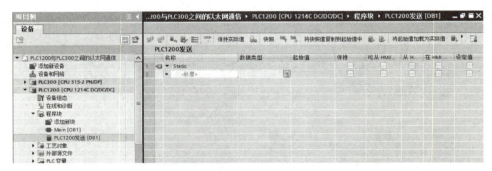

图 4-57　数据块界面

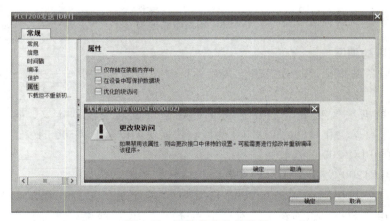

图 4-58　取消优化的块访问

图 4-59　PLC1200 发送数据变量

2）新建 PLC1200 接收数据块及变量。

① 按以上方法，在 PLC1200 下再新建一个数据块"PLC1200 接收"，并在其中新建 4 个字节型变量，如图 4-60 所示。

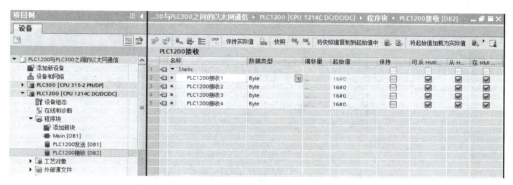

图 4-60　PLC1200 接收数据块与接收数据变量

② 在新建的数据块上右击弹出菜单，再单击"属性"命令，弹出如图 4-61 所示的窗口。在该窗口中，取消勾选"优化的块访问"，然后出现如图 4-62 所示的对话框，连续两次单击"确定"按钮。

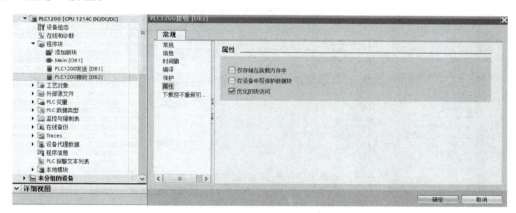

图 4-61　块属性设置

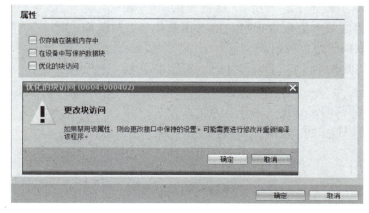

图 4-62　取消优化块访问对话框

3)新建 PLC300 发送数据的数据块及变量。与 PLC1200 发送数据块及变量的创建方法相同,在 PLC300 下新建发送数据块"PLC300 发送",并定义 4 个字节型变量,如图 4-63 所示。

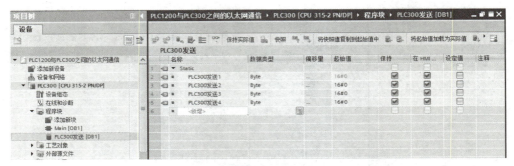

图 4-63　新建 PLC300 发送数据块与发送数据变量

4)新建 PLC300 接收数据的数据块及变量。与 PLC1200 接收数据块及变量的创建方法相同,在 PLC300 下新建接收数据块"PLC300 接收",并定义 4 个字节型变量,如图 4-64 所示。

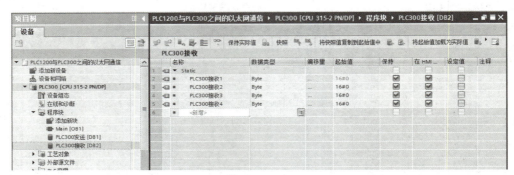

图 4-64　新建 PLC300 接收数据块与接收数据变量

(2)编写通信程序　S7 通信中,PLC1200 作为客户端,PLC 300 作为服务器,只需要对 PLC1200 进行编程设置。在 PLC1200 主程序中,调用 S7 通信下的 PUT 和 GET 函数,并做相应的参数配置即可。PUT 函数用于发送数据,GET 函数用于接收数据。

1)在 PLC1200 中调用"PUT"指令并设置引脚参数

①返回 PLC1200 的主程序,选择右侧"指令"下的"通信"项目,选择"S7 通信"并展开,如图 4-65 所示。

②拖动"PUT"指令到主程序 Main 中,出现如图 4-66 所示的对话框,单击"确定"按钮,完成该指令的调用,生成的指令功能块如图 4-67 所示。

S7-1200/S7-300PLC 的工业以太网编写程序

图 4-65　指令选取

工业以太网的构建与运维 项目4

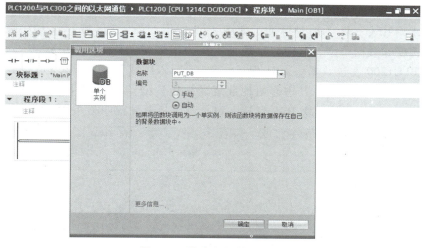

图 4-66 指令数据块对话框

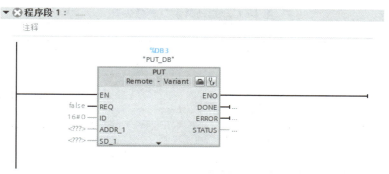

图 4-67 PUT 指令功能块

③ 在程序中选择生成的 PUT 功能块，依次单击"属性"→"组态"→"连接参数"选项，在"属性"选项卡中，选择通信伙伴为"PLC300"，同时"连接名称"处自动变更为"S7_连接_1"，并自动勾选"主动建立连接"复选框，如图 4-68 所示。

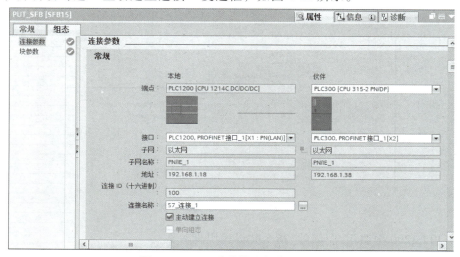

图 4-68 PUT 功能块连接参数设置

— 165 —

④ 选择"组态"中的"块参数"选项，设置块参数。在"块参数"设置对话框中，设置"启动请求（REQ）"为时钟脉冲，如图 4-69 所示。"发送区域"设置发送数据的起始地址、数据长度和数据类型，其中起始地址定义为指针型"P#DB1.DBX0.0"，该地址中的 DB1 必须与 PLC1200 发送数据块 DB1 保持一致；"写入区域"设置 PLC300 接收数据的起始地址、数据长度和数据类型，其中起始地址定义为指针型"P#DB2.DBX0.0"，该地址中的 DB2 必须与 PLC300 接收数据块 DB2 保持一致，具体参数设置如图 4-70 所示。

图 4-69 "启动请求"参数设置

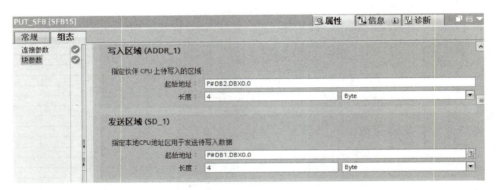

图 4-70 区域参数设置

⑤ 以上参数设置完成后，主程序中 PUT 指令各引脚参数如图 4-71 所示。

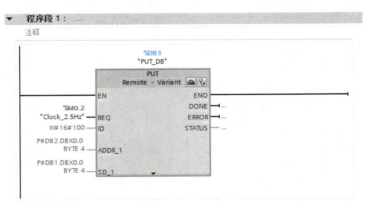

图 4-71 PUT 指令引脚参数

2）在 PLC1200 中调用"GET"指令并设置引脚参数。

① 在 PLC1200 主程序的右侧选择"指令"下的"通信"项目，选择"S7 通信"并展

开，拖动"GET"指令到主程序 Main 中，出现如图 4-72 所示的对话框，单击"确定"按钮，完成该指令的调用，生成的指令功能块如图 4-73 所示。

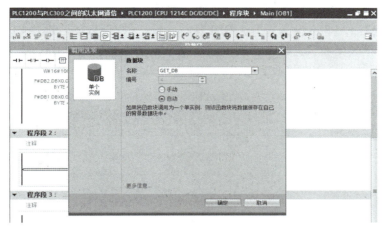

图 4-72 指令数据块对话框

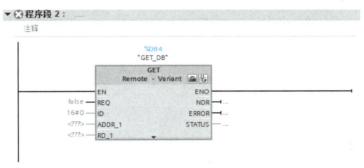

图 4-73 GET 指令功能块

② 在程序中选择生成的 GET 功能块，依次单击"属性"→"组态"→"连接参数"选项，选择通信伙伴为"PLC300"，同时"连接名称"处自动变更为"S7_连接_1"，并自动勾选"主动建立连接"复选框，如图 4-74 所示。

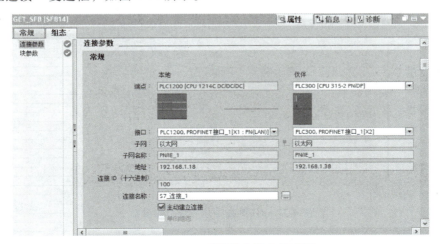

图 4-74 GET 功能块连接参数设置

③ 选择"组态"中的"块参数"选项，设置块参数。在"块参数"设置对话框中，设置"启动请求（REQ）"为时钟脉冲，如图 4-75 所示。"读取区域"设置 PLC300 发送数据的起始地址、数据长度和数据类型，其中起始地址定义为指针型"P#DB1.DBX0.0"，该地址中的 DB1 必须与 PLC300 发送数据块 DB1 保持一致；"存储区域"设置 PLC1200 接收数据的起始地址、数据长度和数据类型，其中起始地址定义为指针型"P#DB2.DBX0.0"，该地址中的 DB2 必须与 PLC1200 接收数据块 DB2 保持一致，如图 4-76 所示。

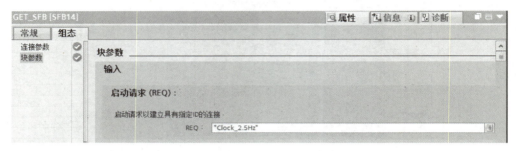

图 4-75 "启动请求"参数设置

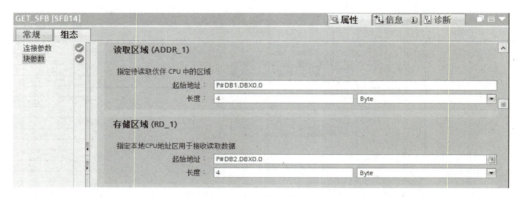

图 4-76 区域参数设置

④ 以上参数设置完成后，主程序中 GET 指令各引脚参数如图 4-77 所示。

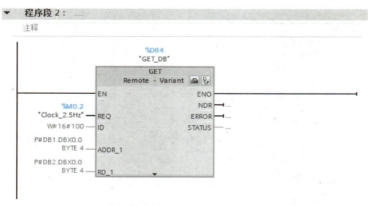

图 4-77 GET 指令功能块引脚参数

至此，通信程序编写完毕。

4. 通信程序的编译、调试与下载

通信程序编写完成后，按以下步骤对编写的程序进行编译、调试与下载。

（1）编译　单击"编译"工具，对 PLC1200 的主程序进行编译。若编译无误，即可进行后续的进程；若提示编译有错误，则按照提示返回主程序进行修改，直到编译无误为止。

（2）建立监控表　在"项目树"下分别建立 PLC1200 和 PLC300 的监控表。首先在"项目树"下的 PLC1200 中展开"监控与强制表"，双击"添加新监控表"，添加"监控表_1"，打开"监控表_1"窗口，建立 PLC1200 发送的 4 个数据和接收的 4 个数据变量，变量的名称与"PLC1200 发送"和"PLC1200 接收"数据块中变量的名称一致，如图 4-78 所示。按同样的方法，建立 PLC300 的监控表，监控表中变量的名称与"PLC300 发送"和"PLC300 接收"数据块中变量的名称一致，如图 4-79 所示。

S7-1200/S7-300PLC 的工业以太网网络调试

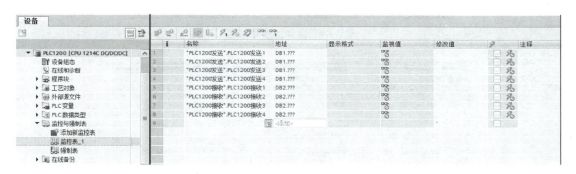

图 4-78　PLC1200 监控表

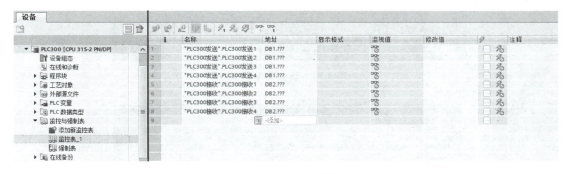

图 4-79　PLC300 监控表

（3）进入仿真环境

1）PLC1200 的仿真。在"项目树"中，首先右击 PLC1200，在展开的菜单中选择"开始仿真"命令，出现仿真界面；然后单击"开始搜索"按钮，如图 4-80 所示，找到虚拟设备后选中并单击"下载"按钮；在出现的对话框中单击"是"按钮，再在出现的"下载预览"对话框中单击"装载"按钮，如图 4-81 所示；最后在图 4-82 所示的"下载结果"对话框中勾选"全部启动"复选框，单击"完成"按钮。

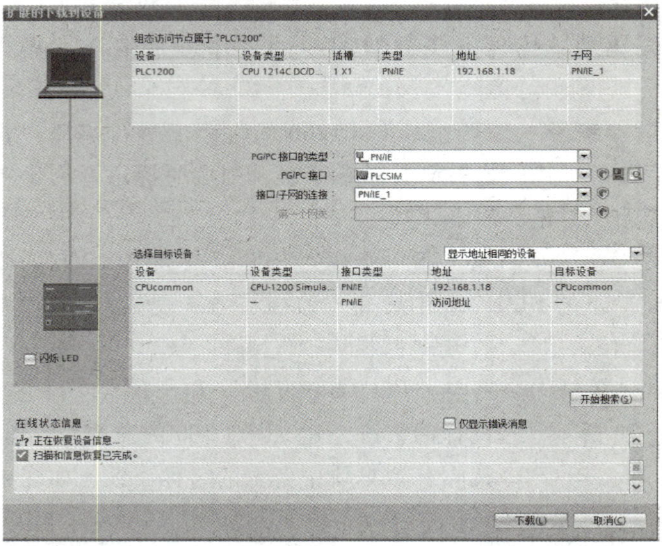

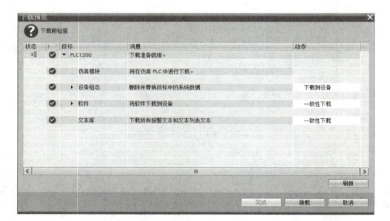

图 4-80　搜索的虚拟设备

图 4-81　仿真下载预览

图 4-82　仿真下载结果

2）PLC300 的仿真。按同样的方法，在"项目树"中右击 PLC300，在展开的菜单中选择"开始仿真"命令，出现如图 4-83 所示的仿真界面；然后单击"开始搜索"按钮，找到虚拟设备后单击"下载"按钮，如图 4-84 所示；在弹出的"下载预览"对话框中单击"装载"按钮即可，如图 4-85 所示。

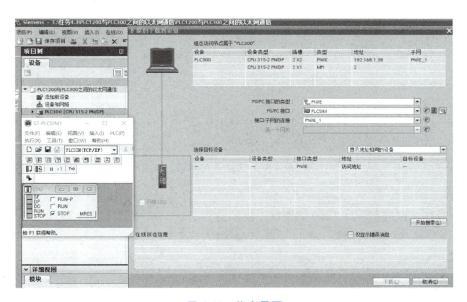

图 4-83 仿真界面

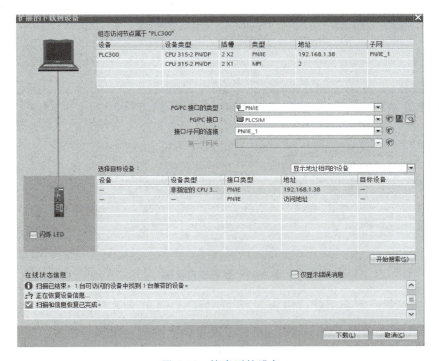

图 4-84 搜索到的设备

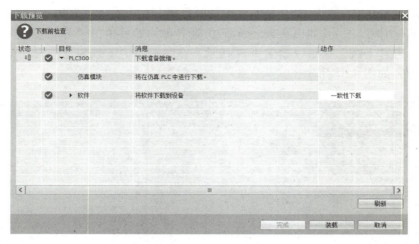

图 4-85 仿真下载预览

（4）变量的监控

1）分别打开创建的 PLC1200 和 PLC300 的监控表，修改变量"显示格式"为"无符号十进制"，如图 4-86 所示，然后单击"全部监视"按钮。

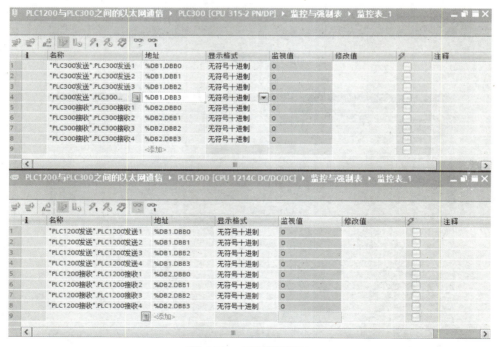

图 4-86 变量监控界面

2）在两个监控表中的"修改值"列，分别输入各自的 4 个发送变量的"修改值"，然后在各自的监控表中分别单击"立即一次性修改所有选定值"按钮，得到的通信测试结果如图 4-87 所示。

以上通信测试结果说明，PLC1200 发送的 4 个数据可以被 PLC300 接收到；同样，

工业以太网的构建与运维 项目4

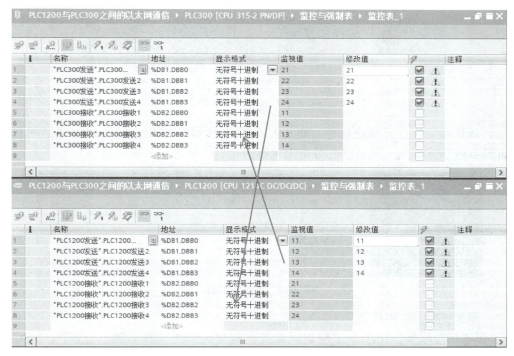

图 4-87　通信测试结果

PLC300 发送的 4 个数据也可以被 PLC1200 接收到，通信正确。

（5）下载到实际设备　退出仿真环境，在"项目树"中将 PLC1200 的硬件和软件下载到实际 PLC1200 设备中。按同样的方法，将 PLC300 的软硬件下载到实际的 PLC300 设备中。下载完成后即可进行两台设备之间的实际通信。

4.4　任务 3　基于 S7-1200/S7-1500 PLC 的工业以太网构建与运维

任务描述：

运用 S7 通信的 PUT/GET 指令，实现一台 S7-1200 PLC 与一台 S7-1500 PLC 之间的通信。具体通信任务为：S7-1200 PLC 将 4 字节的数据发送给 S7-1500 PLC，同时 S7-1500 PLC 将 4 字节的数据发送给 S7-1200 PLC。

任务实施：

1. 硬件设备及网络拓扑结构

硬件设备为 1 台 S7-1200 PLC、1 台 S7-1500 PLC、1 台装有博途软件的编程计算机、1 台交换机、3 根网线。按照图 4-88 所示的网络拓扑结构搭建网络。

2. 逻辑连接组态

两台 PLC 之间通信，网络设备不仅要有物理连接，还要在博途软件中进行逻辑连接组态，具体过程如下。

S7-1200/S7-1500 PLC 工业以太网硬件组态

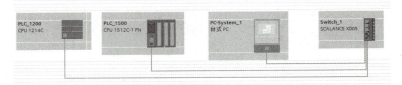

图 4-88　网络拓扑结构

（1）新建项目　打开博途软件，单击"创建新项目"按钮，进入"创建新项目"窗口，如图 4-89 所示。输入项目名称并指定保存路径后，单击"创建"按钮。

图 4-89　创建新项目

（2）添加 S7-1200 PLC

1）在"组态设备"中单击"添加新设备"按钮，选择"控制器"，选择一台 S7-1200 PLC，然后单击"添加"按钮，如图 4-90 所示。

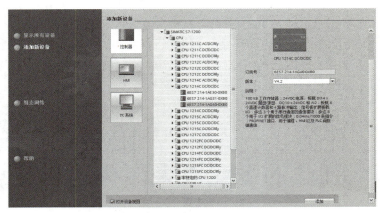

图 4-90　添加 S7-1200 PLC

2）进入"设备视图"，选中"PLC"，打开"属性"选项卡，修改 PLC 的名称，如图 4-91 所示。

图 4-91　修改 PLC 名称

3）在"属性"选项卡中，修改 IP 地址，如图 4-92 所示。

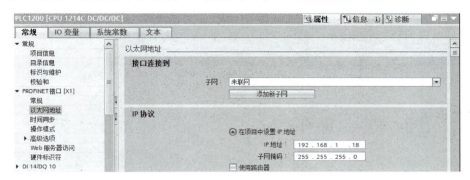

图 4-92 修改 IP 地址

4）在"属性"选项卡中，勾选"启用系统存储器字节"和"启用时钟存储器字节"复选框，如图 4-93 所示。

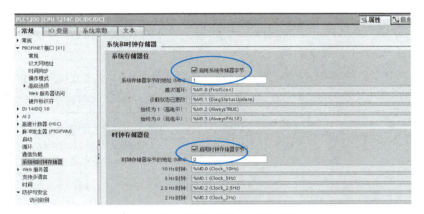

图 4-93 系统和时钟存储位设置

5）在"属性"选项卡中的"连接机制"下，勾选"允许来自远程对象的 PUT/GET 通信访问"复选框，如图 4-94 所示。

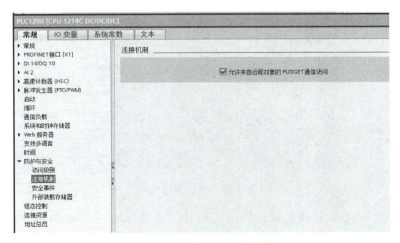

图 4-94 允许远程通信设置

(3) 添加 S7-1500 PLC

1) 进入"网络视图",在右侧的"硬件目录"中选择 S7-1500 PLC,然后双击选定的 CPU 订货号,即可添加相应的 S7-1500 PLC,如图 4-95 所示。

图 4-95　添加 S7-1500 PLC

2) 选中"PLC",选择"设备视图"→"属性"选项卡,修改 PLC 名称为 PLC1500,如图 4-96 所示。

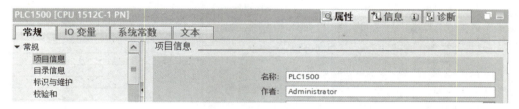

图 4-96　修改名称

3) 修改 Profinet 接口的 IP 地址,如图 4-97 所示。

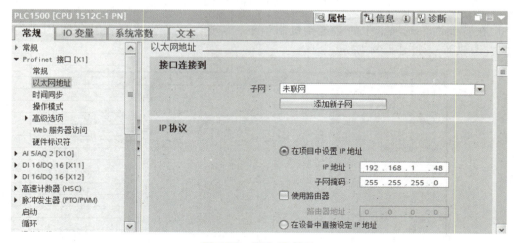

图 4-97　修改 IP 地址

4) 在"属性"选项卡的连接机制下,勾选"允许来自远程对象的 PUT/GET 通信访问"复选框,如图 4-98 所示。

工业以太网的构建与运维 项目4

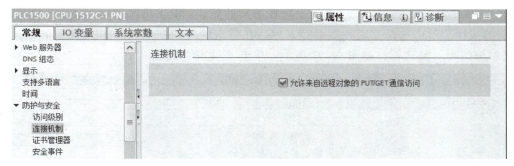

图 4-98　允许远程通信设置

5）返回"网络视图",拖动 PLC1200 的网口到 PLC1500 的以太网网口上,连接两台 PLC,如图 4-99 所示。

图 4-99　网络组态连接

3. 通信程序的编写

完成网络设备的物理连接和逻辑连接后,接着在博途软件中编写通信程序,具体过程如下。

（1）新建数据块及变量　主要完成 4 个数据块及其变量的定义,即 PLC1200 的发送数据块和对应的 PLC1500 的接收数据块,以及 PLC1500 的发送数据块和对应的 PLC1200 的接收数据块。

S7-1200/S7-1500 PLC 工业以太网网络编程

1）新建 PLC1200 发送数据块及变量。

① 在左侧"项目树"的"PLC1200"下,选择"程序块"下的"添加新块"并双击,在弹出的"添加新块"窗口中选择"DB 数据块"图标,然后在"名称"文本框中修改数据块的名称为"PLC1200 发送",单击"确定"按钮,出现如图 4-100 所示的"PLC1200 发送"数据块界面。

图 4-100　"PLC1200 发送"数据块界面

— 177 —

② 在图 4-100 中，在"项目树"下选择添加的新块"PLC1200 发送［DB1］"并右击，在弹出的快捷菜单中选择"属性"命令，然后在弹出的对话框中选择"属性"并取消勾选"优化的块访问"复选框，如图 4-101 所示，单击"确定"按钮。

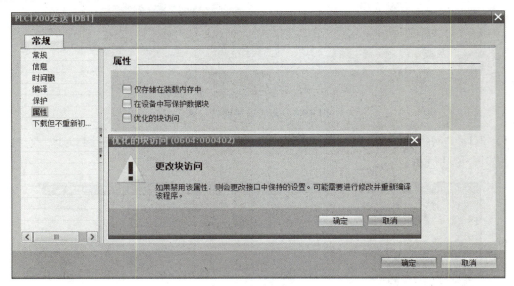

图 4-101　取消优化的块访问

③ 在数据块"PLC1200 发送"中新建 4 个字节型变量，如图 4-102 所示。

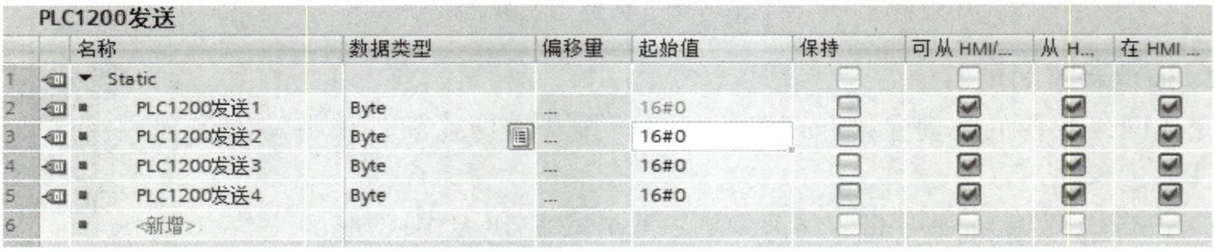

图 4-102　PLC1200 发送数据变量

2）新建 PLC1200 接收数据块及变量。

① 在 PLC1200 下，再新建一个数据块"PLC1200 接收"，并在其中新建 4 个字节型变量，如图 4-103 所示。

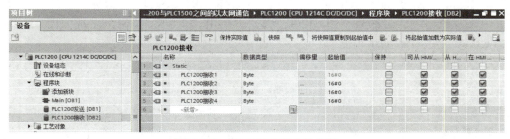

图 4-103　PLC1200 接收数据块

② 在新建的数据块上右击，在弹出的快捷菜单中单击"属性"命令，取消勾选"优化的块访问"复选框，出现如图 4-104 所示的对话框，连续两次单击"确定"按钮。

工业以太网的构建与运维 项目4

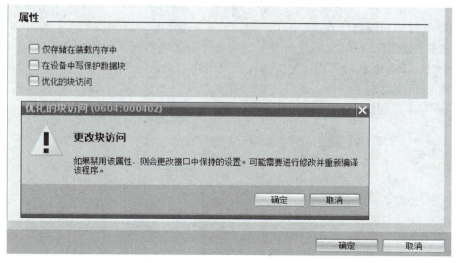

图 4-104　块属性设置

3）新建 PLC1500 发送数据的数据块及变量。与 PLC1200 发送数据块及变量的创建方法相同，在 PLC1500 下新建发送数据块"PLC1500 发送"，在块的"属性"中取消勾选"优化的块访问"复选框，并定义 4 个字节型变量，如图 4-105 所示。

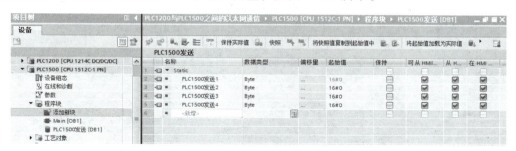

图 4-105　新建 PLC1500 发送数据块

4）新建 PLC1500 接收数据的数据块及变量。与 PLC1200 接收数据块及变量的创建方法相同，在 PLC1500 下新建接收数据块"PLC1500 接收"，取消勾选"优化的块访问"复选框，并定义 4 个字节型变量，如图 4-106 所示。

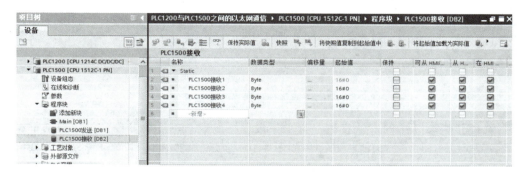

图 4-106　新建 PLC1500 接收数据块

（2）编写通信程序 S7 通信中，PLC1200 作为客户端，PLC1500 作为服务器，只需要对 PLC1200 进行编程设置。在 PLC1200 主程序中，调用 S7 通信下的 PUT 和 GET 函数，并做相应的参数配置即可。PUT 函数用于发送数据，GET 函数用于接收数据。

1）在 PLC1200 中调用"PUT"指令并设置引脚参数。

①返回 PLC1200 的主程序，选择右侧"指令"下的"通信"项目，选择"S7 通信"并展开，拖动"PUT"指令到主程序 Main 中，生成的指令功能块如图 4-107 所示。

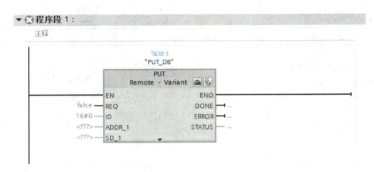

图 4-107 PUT 指令功能块

② 在程序中选择生成的 PUT 功能块，依次单击"属性"→"组态"→"连接参数"选项，在"属性"选项卡中，选择通信伙伴为"PLC1500"，同时"连接名称"处自动变更为"S7_连接_1"复选框，并自动勾选"主动建立连接"复选框，如图 4-108 所示。

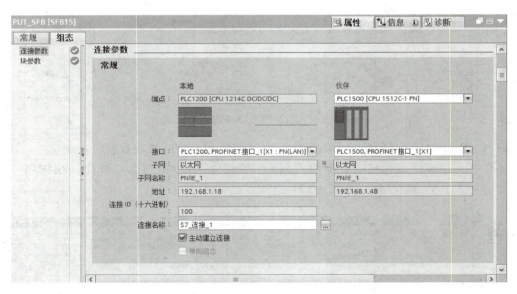

图 4-108 通信伙伴选择及参数设置

③ 选择"组态"中的"块参数"选项，设置块参数。在"块参数"设置对话框中，设置"启动请求（REQ）"为时钟脉冲，如图 4-109 所示。"发送区域"设置发送数据的起始地址、数据长度和数据类型，其中起始地址定义为指针型"P#DB1.DBX0.0"，该地址中的 DB1 必须与 PLC1200 发送数据块 DB1 保持一致；"写入区域"设置 PLC1500 接收数据的起

始地址、数据长度和数据类型,其中起始地址定义为指针型"P#DB2.DBX0.0",该地址中的 DB2 必须与 PLC1500 接收数据块 DB2 保持一致,具体参数设置如图 4-110 所示。

图 4-109 "启动请求"参数设置

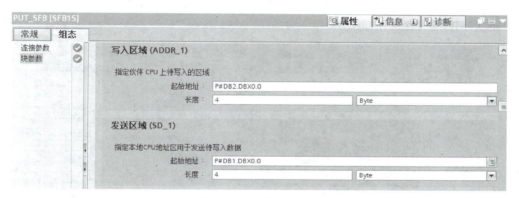

图 4-110 区域参数设置

④ 以上参数设置完成后,主程序中 PUT 指令各引脚参数如图 4-111 所示。

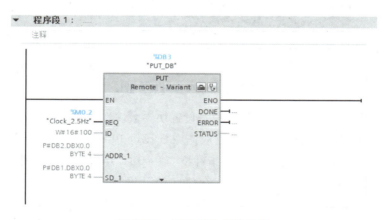

图 4-111 PUT 指令引脚参数

2)在 PLC1200 中调用"GET"指令并设置引脚参数。

① 选择 PLC1200 主程序右侧"指令"下的"通信"项目,选择"S7 通信"并展开,拖动"GET"指令到主程序 Main 中,单击"确定"按钮,完成该指令的调用,生成的指令功能块如图 4-112 所示。

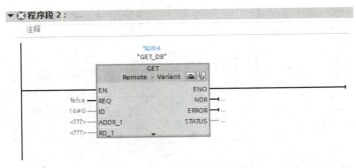

图 4-112　GET 指令功能块

② 在程序中选择生成的 GET 功能块，依次单击"属性"→"组态"→"连接参数"选项，选择通信伙伴为"PLC1500"，同时"连接名称"处自动变更为"S7_连接_1"，并自动勾选"主动建立连接"复选框，如图 4-113 所示。

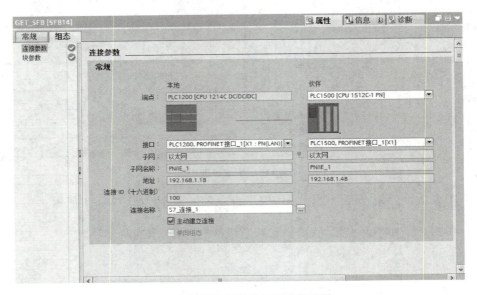

图 4-113　通信伙伴选择及参数设置

③ 选择"组态"中的"块参数"选项，设置块参数。在"块参数"设置对话框中，设置"启动请求（REQ）"为时钟脉冲；"读取区域"设置 PLC1500 发送数据的起始地址、数据长度和数据类型，其中起始地址定义为指针型"P#DB1.DBX0.0"，该地址中的 DB1 必须与 PLC1500 发送数据块 DB1 保持一致；"存储区域"设置 PLC1200 接收数据的起始地址、数据长度和数据类型，其中起始地址定义为指针型"P#DB2.DBX0.0"，该地址中的 DB2 必须与 PLC1200 接收数据块 DB2 保持一致，如图 4-114 所示。

④ 以上参数设置完成后，主程序中 GET 指令的各引脚参数如图 4-115 所示。

至此，通信程序编写完毕。

S7-1200/S7-1500
PLC 工业以太
网网络调试

工业以太网的构建与运维 项目4

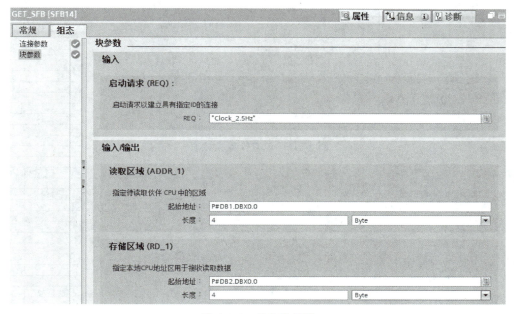

图 4-114 块参数设置

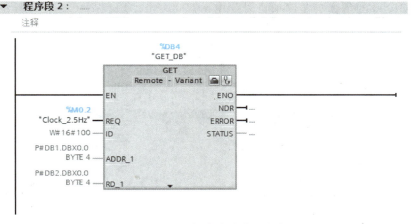

图 4-115 GET 指令功能块引脚参数

4. 通信程序的编译、调试与下载

通信程序编写完成后，按以下步骤对编写的程序进行编译、调试与下载。

(1) 编译　单击"编译"工具，对 PLC1200 的主程序进行编译。若编译无误，即可进行后续的进程；若提示编译有错误，则按照提示返回主程序进行修改，直到编译无误为止。

(2) 建立监控表　在"项目树"下，分别建立 PLC1200 和 PLC1500 的监控表。首先在"项目树"下的"PLC1200"中展开"监控与强制表"，双击"添加新监控表"，添加"监控表1"，打开"监控表1"窗口，建立 PLC1200 的 4 个发送和 4 个接收数据变量，变量的名称与"PLC1200 发送"和"PLC1200 接收"数据块中的变量名称一致，如图 4-116 所示。按同样的方法，建立 PLC1500 的监控表，监控表中变量的名称与"PLC1500 发送"和"PLC1500 接收"数据块中的变量名称一致，如图 4-117 所示。

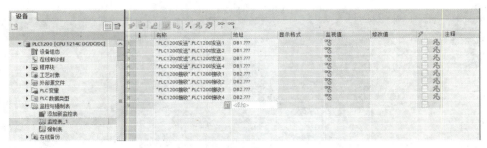

图 4-116 PLC1200 监控表

图 4-117 PLC1500 监控表

（3）PLC1200 的仿真 在"项目树"中，首先右击"PLC1200"，在展开的菜单中选择"开始仿真"命令，弹出"扩展的下载到设备"对话框，在"接口/子网的连接"下拉列表框中选择"PN/IE_1"，然后单击"开始搜索"按钮，找到虚拟设备后选中并单击"下载"按钮，如图 4-118 所示，再在弹出的"下载预览"对话框中单击"装载"按钮，最后在图 4-119 所示的"下载结果"对话框中勾选"全部启动"复选框，单击"完成"按钮。

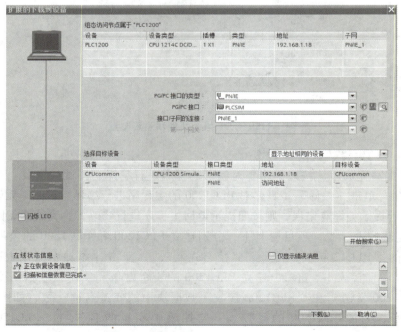

图 4-118 PLC1200 仿真环境界面

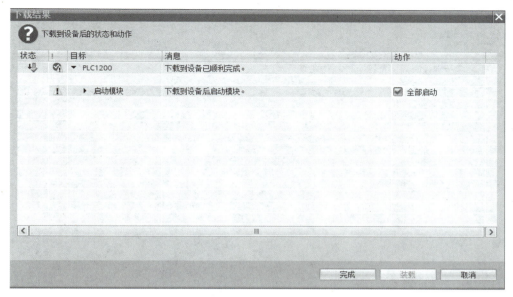

图 4-119　PLC1200 仿真下载结果

（4）PLC1500 的仿真　按同样的方法，在"项目树"中右击"PLC1500"，在展开的菜单中选择"开始仿真"命令，弹出"扩展的下载到设备"对话框，单击"开始搜索"按钮，选中找到的虚拟设备并单击"下载"按钮，如图 4-120 所示，然后在弹出的"下载预览"对话框中单击"装载"按钮，最后在如图 4-121 所示的"下载结果"对话框中勾选"全部启动"复选框，单击"完成"按钮。

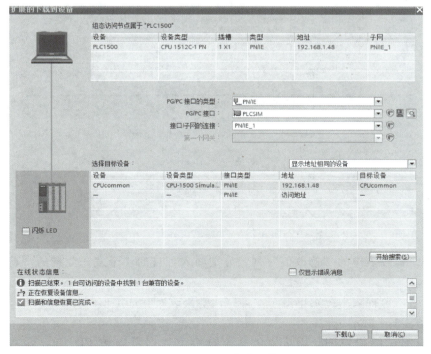

图 4-120　PLC1500 仿真环境界面

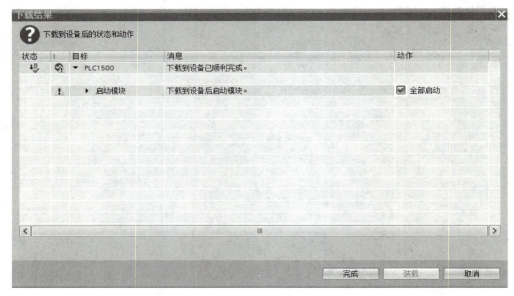

图 4-121 PLC1500 仿真下载结果

(5) 变量的监控

1) 分别打开创建的 PLC1200 和 PLC1500 的监控表,修改变量"显示格式"为"无符号十进制",然后单击"全部监视"图标按钮,如图 4-122 所示。

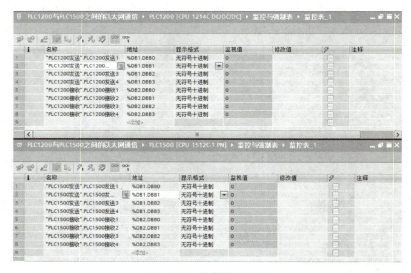

图 4-122 变量监控界面

2) 在两个监控表中的"修改值"列,分别输入各自的 4 个发送变量的"修改值",如图 4-123 所示。

3) 在各自的监控表中分别单击"立即一次性修改所有选定值"图标按钮,得到的通信测试结果如图 4-124 所示。

以上通信测试结果说明,PLC1200 发送的 4 个数据可以被 PLC1500 接收到;同样,PLC1500 发送的 4 个数据也可以被 PLC1200 接收到,通信正确。

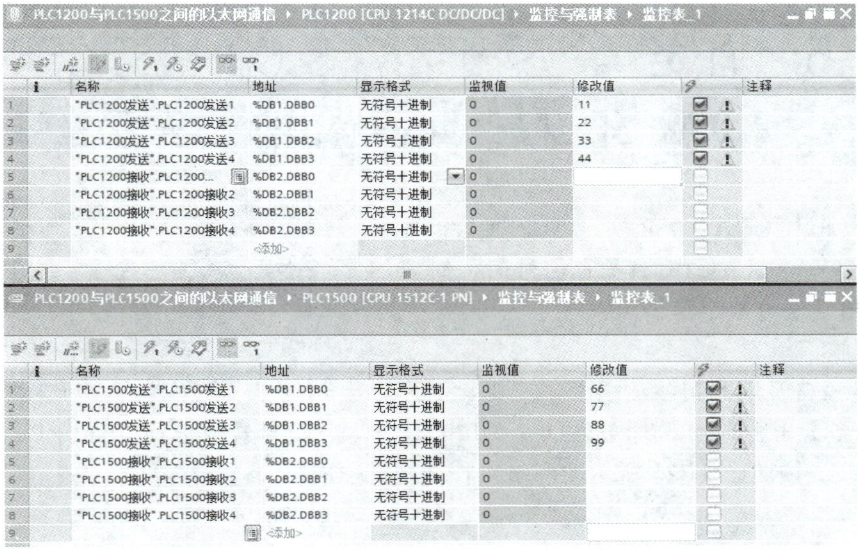

图 4-123 修改发送的数据

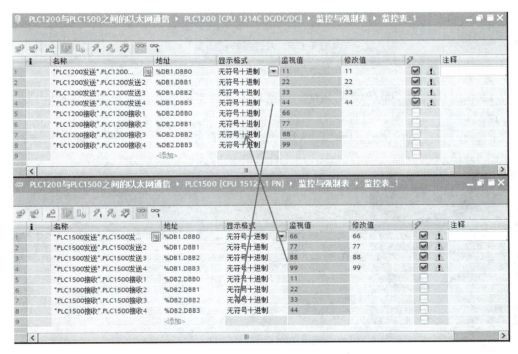

图 4-124 通信测试结果

（6）下载到实际设备　退出仿真环境，在"项目树"中选择"PLC1200"并右击，在弹出的快捷菜单中选择"下载到设备"→"硬件和软件"命令，将PLC1200的硬件和软件下载到实际PLC1200设备中。按同样的方法，将PLC1500的软硬件下载到实际的PLC1500设备中。下载完成后即可进行两台设备之间的实际通信。

4.5 任务4 基于 S7-1200 PLC/ET 200 SP 的工业以太网构建与运维

任务描述：

S7-1200 PLC 与 ET200SP 实现 TCP 通信，要实现的功能是 ET200SP 的 DI 端子有信号时，对应的 DQ 模块输出端子有数字量输出。

任务实施：

ST-1200PLC/ET200SP　　ST-1200PLC/ET200SP
工业以太网硬件组态　　工业以太网网络调试

1. 硬件设备及网络拓扑结构

硬件设备为 1 台 S7-1200 PLC、1 个 ET200SP 模块、1 台装有博途软件的 PC、1 台交换机、3 根网线。按照图 4-125 所示的网络拓扑结构搭建网络。

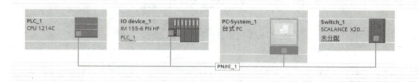

图 4-125　网络拓扑结构图

2. 逻辑连接组态

S7-1200 PLC 与 ET200SP 之间通信，网络设备之间不仅要有物理连接，还要在博途软件中进行逻辑连接组态，具体过程如下。

（1）新建项目　打开博途软件，单击"创建新项目"按钮，进入"创建新项目"窗口，如图 4-126 所示。输入项目名称并指定保存路径后，单击"创建"按钮。

图 4-126　创建新项目

（2）添加 PLC 并修改属性

1）根据实际设备的型号，选择相应的控制器，包括 CPU 型号和订货号，然后单击"添加"按钮，如图 4-127 所示。

2）自动进入"设备视图"，选中添加的 PLC，再单击其下方的"属性"标签，进入"属性"选项卡，修改 IP 地址，如图 4-128 所示。

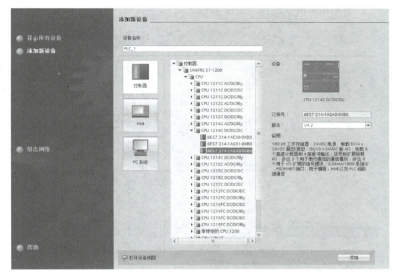

图 4-127　添加控制器 S7-1200PLC

图 4-128　修改 IP 地址

（3）添加 ET200SP 主模块并修改属性　ET200SP 是西门子推出的新一代分布式 I/O 系统，一般由接口模块、基座、I/O 模块、服务器模块组成。

各模块功能如下：

接口模块：用于连接分布式 ET200SP 与控制器，通过背板总线实现与 I/O 模块的数据交换。接口模块包括 Profinet IO、Profibus DP 两种。

基座模块：为 ET200SP 模块提供电气和机械连接，基座可分为浅色基座和深色基座。带有电源分组能力的为浅色基座，需要连接电源电压或启用新的电位组，ET200SP 接口模块后的首个基座必须是带电源分组能力的浅色基座。深色基座的电压来自于前面的浅色基座，通常使用左侧模块的电位组。

I/O 模块：安装在基座上，用于 I/O 信号的处理。

服务模块：负责完成 ET200SP 的组态，该模块通常包含在 ET200SP 接口模块的订货号中，与接口模块一同供货。

ET200SP 模块的添加及设置步骤如下：

1）进入"网络视图"，在右侧的"硬件目录"中，根据实际设备选择相应的型号和版本号。本任务中依次选择"分布式 I/O"→"ET200SP"→"接口模块"→"Profinet"→"IM155-6

PN HF"→"6ES7 155-6AU00-0CN0",如图 4-129 所示。

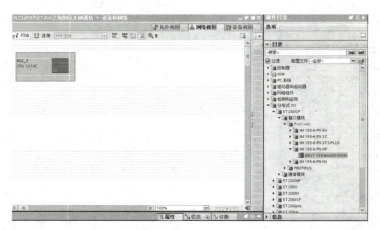

图 4-129　添加分布式 I/O

2）双击选中的分布式 I/O 订货号后,网络视图中添加了对应的分布式设备"IO device_1",如图 4-130 所示。

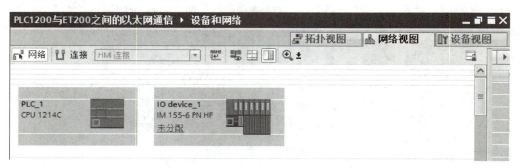

图 4-130　添加 IO device 模块

3）选中添加的"IO device_1",并切换到"设备视图",可以看到添加的分布式 I/O 模块位于 0 号机架,如图 4-131 所示。

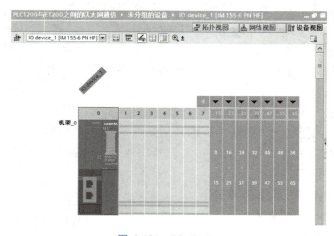

图 4-131　IO device

4）选中"IO device_1",进入"属性"窗口,修改 IP 地址,如图 4-132 所示。

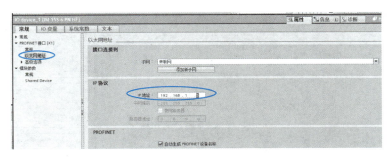

图 4-132　修改 IP 地址

(4) 网络连接　单击"网络视图",拖动 PLC1200 的网络接口到 IO device_1 上,如图 4-133 所示。

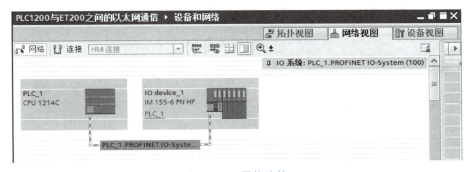

图 4-133　网络连接

(5) 添加数字量输入/输出模块

1) 返回 IO device_1 的"设备视图"中,在"硬件目录"下找到"DI",选择与实际硬件相符合的模块,本任务选择的 DI 模块名为"DI 8×24V DC HF";双击选择的 DI 模块,添加的这个 DI 模块位于 1 号槽位。按同样的方法,添加同样的 DI 模块到 2 号槽位,如图 4-134 所示。

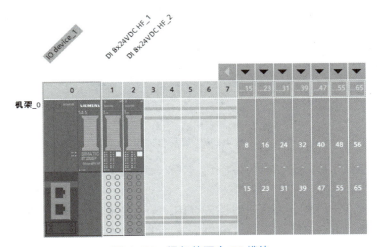

图 4-134　添加的两个 DI 模块

2)按以上方法，在右侧的"硬件目录"中找到"DQ"，添加两个 8×24VDC/0.5A HF 的 DQ 模块，如图 4-135 所示。

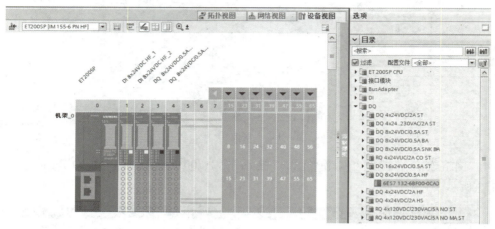

图 4-135　添加的两个 DQ 模块

3)为确保组态成功，两个 DI 和两个 DQ 模块必须启用新的电位组，如图 4-136 所示。

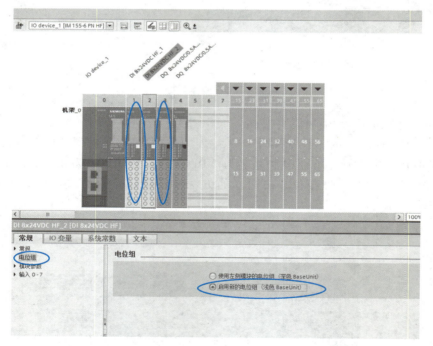

图 4-136　启用电位组

(6)配置分布式 I/O 模块 IP 地址和设备名称

1)在"项目树"下，选择"在线访问"→"Realtek Pcie GBE Family Controller""更新可访问的设备"并双击，找到可访问的设备"IO device_1"并双击其下方的"在线和诊断"选项，在右侧打开的窗口中依次选择"功能"→"分配 IP 地址"选项，将 IP 地址改成设备组态时设定的地址，如图 4-137 所示。

工业以太网的构建与运维 项目4

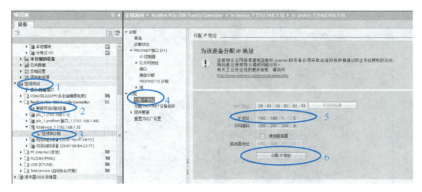

图 4-137　分配 IP 地址

2）继续单击"分配 PROFINET 设备名称",为该设备分配名称"IO device_1"并单击"分配名称"按钮,如图 4-138 所示。

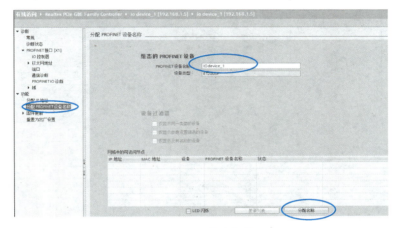

图 4-138　分配名称

至此,网络设备组态完成。

3. 编程调试

（1）查看 DI、DQ 模块的实际 I/O 地址

1）返回"设备视图",双击 ET200SP 的第一个 DI 模块,单击"输入",查看模块实际的"I/O 地址",如图 4-139 所示,该模块地址为 I2.0~I2.7。图中 5 号槽位的服务器模块不需要额外添加,该模块包含在 ET200SP 接口模块的订货号中,编译后自动生成。

2）按同样的方法,可以查看第二个 DI 模块的实际地址,如图 4-140 所示,地址为 I3.0~I3.7。

3）按以上的方法,查看第一个和第二个数字量输出模块 DQ 的实际地址,如图 4-141 所示,地址为 Q2.0~Q2.7。

（2）编写程序并调试　按实际接线情况,触点地址为 I2.2,位于分布式 I/O 的 DI 模块上；线圈地址为 Q2.0,位于分布式 I/O 的 DQ 模块上。如图 4-142 所示,编写程序并下载,结果显示当 I2.2 有信号时,Q2.0 有输出。

由以上可知,网络通信正常。

— 193 —

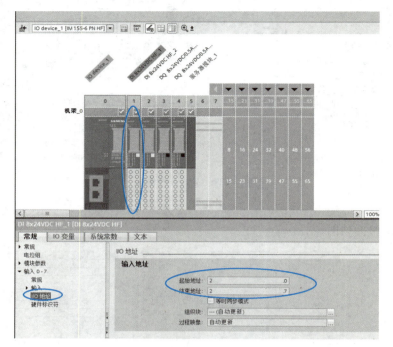

图 4-139 实际地址一

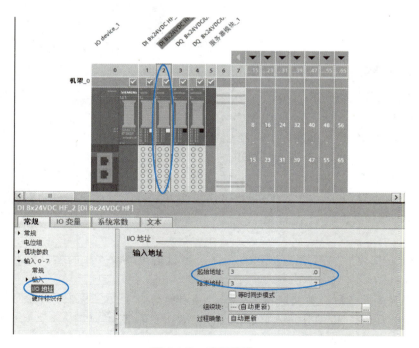

图 4-140 实际地址二

工业以太网的构建与运维 项目4

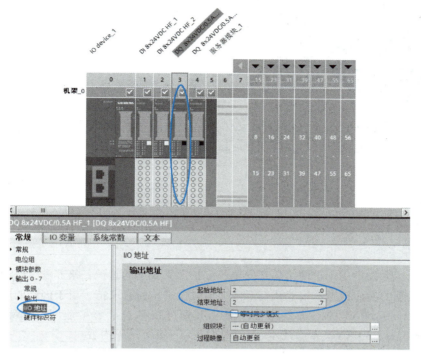

图 4-141 实际输出地址

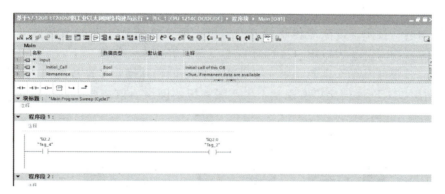

图 4-142 调试成功

项目 5 MODULE 5

工业控制网络的综合应用

【学习目标】

素养目标：激发学生维护网络信息安全、守护国家安全的意识；培养学生信息强国、科技报国、技术贡献的使命担当；培养认真严谨、与时俱进、精益求精、勇于创新的职业素养。

知识目标：了解 VLAN、无线通信、组态等先进技术；了解工业网络信息安全防护措施；掌握 Profinet、VLAN、无线技术、三层网络、三层交换等内容。

能力目标：会进行综合性工业网络的构建、运行维护和故障诊断。

【项目导入】

工业控制网络技术深度赋能传统行业，积极拓展"智能+"，推动实体产业全链条转型升级；全面融合物联网、大数据、云计算、人工智能等技术，打造云上数字工厂，实现云制造、云供应、云服务及私人定制。基于工业控制网络的钢珠罐装生产线的网络拓扑结构如图5-1 所示，利用以太网通信接口实现整个生产线系统的网络通信；该生产线融合了智能传感

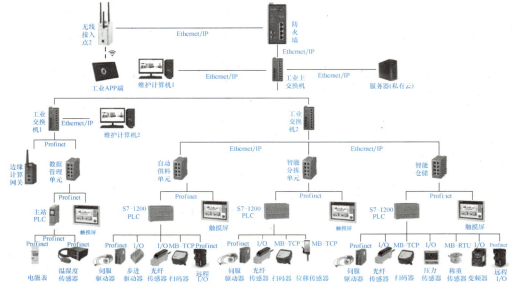

图 5-1　钢珠罐装智能生产线网络拓扑结构图

技术、智能仓储技术、自动识别技术、数字孪生技术、网络安全技术、远程运维技术等智能制造关键技术，实现了设备自动化、生产精益化、管理信息化的高度统一。

我国工业网络不断蓬勃发展，建设了多个有地方特色的区域性工业网络生态，让中国企业成为"一带一路"上的真正风景。本项目主要介绍工业网络控制领域比较先进的无线通信技术、VLAN 技术，介绍无线网络、三层网络、变频控制网络、机器人网络的构建与运维技巧，旨在培养具有科技报国信念的工业网络运维工程师。

【项目知识】

5.1 触摸屏组态技术概述

5.1.1 触摸屏技术概述

触摸屏（Touch Panel）又称"触控屏""触控面板"，是一种感应式液晶显示装置是一种人机交互设备。

触摸屏的本质是传感器，由触摸检测部件和触摸屏控制器组成。触摸检测部件安装在显示器屏幕前端，用于检测用户触摸的位置，并将信号传送给触摸屏控制器；触摸屏控制器的主要作用是从触摸检测装置接收触摸信息，将其转换成触点坐标传送给 CPU，同时能接收 CPU 发来的命令并加以执行。

根据传感器的类型，触摸屏主要分为红外线式、电容式、电阻式和表面声波式 4 种。红外线式触摸屏价格低廉，但其外框易碎，容易产生光干扰，曲面情况下易失真；电容式触摸屏设计构思合理，但其图像失真问题很难得到根本解决；电阻式触摸屏的定位准确，但价格颇高，且怕刮易损；表面声波式触摸屏解决了其他触摸屏的各种缺陷，画面清晰且不容易被损坏，适于各种场合，缺点是屏幕表面如果有水滴和尘土，会使触摸屏变得迟钝，甚至不工作。

市场上常见的工业控制触摸屏品牌主要有西门子、欧姆龙、施耐德、普洛菲斯、三菱、松下、威伦、东洋、昆仑通态、信捷等。

5.1.2 HMI 概述

人机接口（Human Machine Interface，HMI）也称人机界面，又称用户界面或使用者界面，是系统和用户之间进行交互和信息交换的媒介，实现信息的内部形式与人可以接收形式之间的转换。HMI 由硬件和软件两部分组成，连接可编程控制器、变频器、直流调速器、仪表等工业控制设备，通过输入单元（如触摸屏、键盘、鼠标等）写入工作参数或输入操作命令，利用显示屏显示控制结果。

HMI 的硬件部分包括处理器、显示单元、输入单元、通信接口、数据存储单元等，其中处理器的性能决定了 HMI 产品的性能好坏，是 HMI 的核心单元。根据 HMI 的产品等级不同，可分别选用 8 位、16 位、32 位处理器。HMI 的软件一般分为两部分，即运行于 HMI 硬件中的系统软件和运行于 Windows 操作系统下的画面组态软件。使用者必须先使用 HMI 的画面组态软件制作"工程文件",再通过 PC 和 HMI 产品通信,把编制好的"工程文件"下载到 HMI 的处理器中运行。HMI 的接口种类很多,有 RS232、RS485、CAN、RJ45 网线接口。

触摸屏仅是 HMI 产品中可能用到的硬件部分,是一种替代鼠标及键盘部分功能,安装在显示屏前端的输入设备,而 HMI 产品是一种包含硬件和软件的人机交互设备。

5.1.3 MCGS 组态环境概述

MCGS 软件是安装于 Windows 操作系统下的画面组态软件,适用于 MCGS 触摸屏产品的组态设计。MCGS 软件系统包括组态环境和运行环境两部分。组态环境相当于一套完整的工具软件,用来帮助用户设计和构造自己的应用系统。运行环境则按照组态环境中构造的组态工程,以用户的制定方式运行,并进行各种处理,完成用户组态时的设计目标和功能。组态环境和运行环境的关系如图 5-2 所示。

图 5-2 组态运行关系

由 MCGS 生成的用户应用系统,其结构由主控窗口、设备窗口、用户窗口、实时数据库和运行策略五部分组成,如图 5-3 所示。

图 5-3 MCGS 的组成

MCGS 组态软件每一部分分别进行组态操作,可以完成不同的工作,且具有不同的特性。

1. 主控窗口

主控窗口确定了工业控制中工程作业的总体轮廓、运行流程、菜单命令、特性参数和启动特性等内容,是应用系统的主框架。在主控窗口中可以放置一个设备窗口和多个用户窗口,主控窗口负责调度和管理这些窗口的打开或关闭,主要的组态操作包括定义工程名称、编制工程菜单、设计封面图形、确定启动的窗口、设定动画刷新周期、指定数据库存盘文件名称及存盘时间等。

2. 设备窗口

设备窗口是连接和驱动外部设备的工作环境。设备窗口专门用来放置不同类型和功能的设备构件,实现对外部设备的操作和控制。设备窗口通过设备构件将外部设备的数据采集进来送入实时数据库中,并将实时数据库中的数据输出到外部设备。一个应用系统只有一个设备窗口,运行时,系统自动打开设备窗口来管理和调度所有设备和构件,使其正常工作,并在后台独立运行。

3. 用户窗口

用户窗口主要用于设置工程中的人机交互界面。其中可以放置 3 种不同类型的图形对象：图元、图符和动画构件。图元和图符对象为用户提供了一套完善的设计制作图形画面和定义动画显示与操作的模块，用户可以直接使用。通过在用户窗口内放置不同的图形对象来搭建多个窗口，用户可以构建各种复杂的图形界面，以便用不同的方式实现数据和流程的可视化。

组态工程中，最多可以定义 512 个用户窗口。所有的用户窗口均位于窗口内，其打开时窗口可见，关闭时窗口不可见。允许多个用户窗口同时处于打开状态，其位置、大小和边界等属性可以随意改变或设置。

4. 实时数据库

实时数据库是工程各个部分的数据交换与处理中心，是 MCGS 系统的核心。它将 MCGS 工程各个部分连接成有机的整体。本窗口内定义的不同类型和名称的变量将作为数据采集、处理、输出控制、动画连接及设备驱动的对象。

实时数据库所存储的单元不仅包括变量的数值，还包括变量的特征参数（属性）以及对该变量的操作方法（设置报警器、报警处理、存盘处理等）。这种将数值、属性和方法封装在一起的数据称为数据对象。实时数据库采用面向对象的技术，不仅为其他部分提供服务，还为系统各个功能部件提供数据共享。

5. 运行策略

运行策略是对系统运行的流程实现有效控制的手段，主要完成对工程运行流程的控制，包括编制控制程序（if…then 脚本程序）和选用各种功能构件。

运行策略本身是系统提供的一个框架，里面放置有策略条件构件和由策略构件组成的策略的定义，使系统能够按照设定的顺序和条件操作实时数据库，控制用户窗口的打开、关闭并确定设备构件的工作状态等，从而实现对外部设备工作过程的精确控制。

一个应用系统有 3 个固定的运行策略：启动策略、循环策略和退出策略，用户也可以根据具体需要创建新的用户策略、循环策略、报警策略、事件策略、热键策略，最多可创建 521 个用户策略。启动策略在应用系统开始运行时调用；退出策略在应用系统退出运行时调用；循环策略由系统在运行过程中定时循环调用；用户策略供系统中的其他部件调用。

5.1.4 C/S 架构

触摸屏与 PLC 通信一般采用 TCP/IP，使用 TCP 通信建立连接时采用客户端/服务器模式，这种模式又被称为主从式架构，简称 C/S 架构，属于一种网络通信架构，将通信的双方以客户端（Client）与服务器（Server）的身份区分开来。服务器是被动角色，等待来自客户端的连接请求，处理请求并回传结果。客户端是主动角色，发送连接请求，等待服务器的响应。

客户端与服务器之间的通信模式如图 5-4 所示，具体过程如下。

1）启动服务器端，监听指定端口，等待客户端的连接请求。
2）启动客户端，发起请求连接服务器的指定端口。
3）服务器端收到连接请求，建立与客户端通信的 socket 连接。
4）两端都打开输入流、输出流，建立流连接后可以双向通信。
5）通信完毕后各自断开连接。

其中，端口是指用于区分不同服务的逻辑编号，端口号的范围为 0~65535，西门子设备的开放式以太网通信通常使用编号为 2000～5000 的端口。客户端在配置 TCP 连接时，必须设置服务器 IP 地址及端口号，自身使用的端口号如果没有明确指定，则由设备自动分配。服务器在配置 TCP 连接时，必须设置服务器使用的端口号，客户端 IP 地址及端口号为可选项。

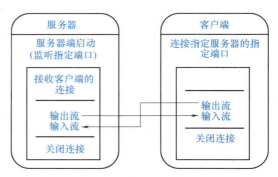

图 5-4　C/S 通信模式

使用 C/S 架构的通信有 S7 通信、ISO-on-TCP 通信等。触摸屏与 PLC 通信时，PLC 是服务端，触摸屏是客户端，一般使用 S7 通信方式，采用 TCP/IP，触摸屏通过 PUT 指令将控制命令发送给 PLC，通过 GET 指令读取 PLC 的控制结果。触摸屏是主动角色，发送连接请求，PLC 是被动角色，允许远程对象的访问，从而建立两者的通信。

> **头脑风暴**
> （1）HMI 与触摸屏有什么区别？
> （2）HMI 和组态软件有什么区别？
> （3）HMI 产品中是否有操作系统？
> （4）HMI 只能连接 PLC 吗？

5.2　无线通信技术概述

5.2.1　无线通信的原理

无线通信原理

工业无线通信（Wireless communication）技术是数字化转型的关键要素。工业无线通信是指多台工业设备节点间不经由导体或线缆，而利用电磁波无线信道远距离传输工业数据。无线通信是利用电磁波信号可以在自由空间中传播的特性进行信息交换的一种通信方式。

无线通信原理如图 5-5 所示，利用调制技术将要传输的信息转换成无线电波的特定特征，然后通过空中传播将无线电波发送到目标接收设备，接收设备再通过解调技术将接收到的无线电波转换回原始的信息。

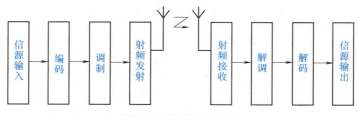

图 5-5　无线通信原理

（1）电磁波传播　无线通信利用电磁波进行信号传输，电磁波由电场和磁场相互交织形成，通过空气、水和其他介质传播。根据频率的不同，电磁波可以被分为无线电波、微波、红外线、可见光等。

（2）调制和解调　在无线通信中，信息被转换成与载波频率相结合的信号，以便在传输过程中进行传送，这个过程被称为调制。接收端根据约定好的协议和算法，将接收到的调制信号转换回原始信息，这个过程被称为解调。

（3）多路复用技术　在无线通信中，多个信号可以同时通过同一信道进行传输。多路复用技术将不同的信号按照时间、频率或编码进行划分，使它们能够在同一个信道上传输而不相互干扰。

（4）接收和发送设备　无线通信需要发送和接收设备进行信息的传输。发送设备会将原始信息转换为调制信号，并通过天线将信号发送出去；接收设备则接收来自其他设备的信号，并将其解调还原为原始信息。

5.2.2　无线通信的通信方式

（1）无线电通信　无线电通信是指利用无线电波进行通信的方式，包括广播、无线电对讲机、卫星通信和无线电网络等。无线电通信广泛应用于广播电视、无线电话、对讲机和卫星通信等领域。

（2）红外线通信　红外线通信是指利用红外线进行数据传输的方式。红外线通信通常用于近距离的无线设备之间的通信，如遥控器、红外线传输设备等。

（3）蓝牙通信　蓝牙通信是指利用蓝牙技术进行短距离数据传输和通信的方式。蓝牙通信在个人设备之间提供了便捷的无线连接，如手机与耳机、键盘与计算机等。

（4）Wi-Fi 通信　Wi-Fi 通信是指利用无线局域网技术进行数据传输和通信的方式。Wi-Fi 通信广泛应用于家庭、办公室、公共场所等的无线网络连接，使用户能够随时随地访问互联网。

（5）移动通信　移动通信是指通过无线网络进行移动设备之间的通信。它包括蜂窝网络（如 2G、3G、4G 和 5G）和卫星通信等，使人们能够在全球范围内进行移动通信。

无线通信可以采用多种通信方式，常见的如下：

（1）广播　广播通信通过广播电台发送信息，无须特定接收设备，通信范围内的所有接收设备都可以接收到相同的信息。

（2）单播　单播通信是一对一的通信方式，发送方通过特定的信道将信息发送给目标接收设备。

（3）多播　多播通信是一对多的通信方式，发送方通过特定的信道将信息发送给一组目标接收设备。

（4）组播　组播通信是一种基于 IP 网络的通信方式，发送方通过特定的组播地址将信息发送给加入了该组的一组目标接收设备。

（5）蜂窝通信　蜂窝通信是指利用基站和移动设备之间的无线连接进行通信的方式，常见的有 2G、3G、4G 和 5G 等移动通信网络。

（6）卫星通信　卫星通信是利用人造卫星作为中继站，将发射地和接收地之间的信号进行转发和传输的通信方式。这些通信方式在不同场景和需求下具有不同的适用性和优势，被广泛应用于无线通信领域。

5.2.3 常用的无线通信技术

工业无线通信技术没有通信线缆的限制,可以轻松部署工业设备,组网快速灵活,覆盖面广,适用于分散区域、移动、旋转设备或接线困难的场所。常用的无线通信技术包括蓝牙、ZigBee、GSM（Global System for Mobile Communication,全球移动通信系统）、GPRS（General Packet Radio Service,通用分组无线服务）、IWLAN（Industrial Wireless LAN,工业无线局域网）等。不同的无线通信技术有不同的应用场合。

IWLAN

其中,蓝牙技术是一种无线数据和语音通信开放的全球规范,它是基于低成本的近距离无线连接,是为固定和移动设备建立通信环境的一种特殊的近距离无线技术连接。蓝牙工作在全球通用的 2.4GHz ISM（即工业、科学、医学）频段,使用 IEEE 802.15 协议,一般用于仪表、传感器,传输距离为 10m 以内,传输速率为 10~720kbit/s。一个蓝牙网络的最大节点数为 8。

ZigBee 也称紫蜂,是一种低速短距离传输的无线网上协议,底层是采用 IEEE 802.15.4 标准规范的媒体访问层与物理层。ZigBee 无线通信技术可于数以千计的微小传感器间,依托专门的无线电标准达成相互协调通信。它使用 2.4GHz 频段,传输距离一般为 10~100m,传输速率为 20~250kbit/s。一个 ZigBee 网络的最大节点数可高达 65536。ZigBee 的特征是低功耗、近距离、短时延、高容量、高安全、多路径路由。

GPRS 是在现有 GSM 网络上开通的一种新型的分组数据传输技术。相对于 GSM 以拨号接入的电路交换数据传送方式,GPRS 是分组交换技术,具有"永远在线""自如切换""高速传输"等优点,全面提升了移动数据通信服务质量。GPRS 特别适用于间断的、突发性的或频繁的、少量的数据传输,也适用于偶尔的大数据量传输,适用于工业自动化控制领域的远程监控及诊断,传输距离达几十千米,传输速率为 10~100kbit/s。

5.2.4 工业无线局域网

工业无线局域网技术是基于 IEEE 802.11 国际标准,拥有高达 54Mbit/s 的数据传输速率的无线通信技术,具有传输稳定可靠、访问安全性高、维护工作量少等优点。

如图 5-6 所示,工业无线局域网主要由无线接入点（Access Point,AP）设备和客户端设备 Client 组成。无线接入点设备发射一个无线信号区域用于移动的无线客户端接入,与基站的作用类似,采用 IEEE 802.11 协议,使用 2.4GHz 和 5GHz 的射频频段,局域网覆盖范围可达 300m,点对点最远通信距离可达 3km,对有些障碍物具有一定的穿透性,在一个规则的物理空间内具有很好的反射效果,有很好的可靠性。无线客户端安装在移动的设备上,将设备上的控制器接入到无线接入点覆盖的无线网络中,达到使移动设备通信联网的目的。

图 5-7 是一个典型的工业无线局域网的拓扑结构图,包括工艺单元和控制中心。工艺单元由 S7-1200PLC、交换机和无线客户端 Client W734 组成;控制中心由无线接入点 AP W774、交换机和工程师站组成。工艺单元经过工业无线网将生产数据传输到控制中心,控制中心能够看到工艺单元的变量值的动态变化。W774 是 IWLAN 的无线接入点 AP,通过天线发射信号,以广播形式开放无线访问的接口,便于 Client 端口连接 AP 端;同一无线局域网的 Client 端 W734 通过 SSID（Service Set Identifier,服务集标识符）及密码认证后,可以

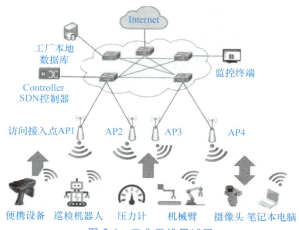

图 5-6　工业无线局域网

连接 AP 端，并通过无线方式读取 AP 端所连工业设备数据，或给 AP 端所连工业设备写数据。通常，一个无线接入点可以接收多个无线客户端的访问，这样控制中心就可以同时监控多个工艺单元的生产数据。

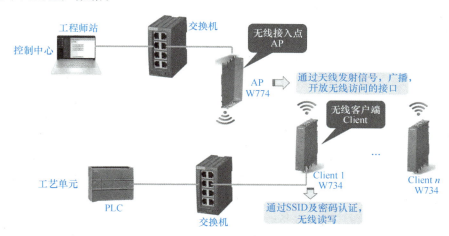

图 5-7　工业无线局域网拓扑结构图

其中，SSID 用来区分不同的网络，最多可以有 32 个字符，无线网卡设置不同的 SSID 就可以进入不同网络，SSID 通常由 AP 或无线路由器广播出来。出于安全考虑，可以不广播 SSID，此时用户就要手工设置 SSID 才能进入相应的网络。

5.2.5　工业无线网络的安全防护

由于工业无线网络的无线信号是广播的状态，即在特定范围内的用户都可以发现无线信号的存在，任何恶意的入侵者都可以通过无线设备和破解工具对侦测 AP 发起攻击，从而窃取或篡改工业无线网络中的重要信息。

工业无线网络存在安全隐患，需要加强安全防护体系的建设。如图 5-8 所示，可以使用无线空口加密技术，确保企业无线数据传输安全；针对不同业务场景提供不同安全便捷认证接入方式，并且对于接入的员工、用户和设备提供不同层级的安全防护。为了保证用户上网的安全性，对非法上网行为进行监控并智能管控；同时，对非法钓鱼 WI-FI 进行检测和防御，防御分布式拒绝服务（Distributed Denial of Service，DDOS）攻击、Ping 攻击、ARP 欺骗、报文泛洪等。

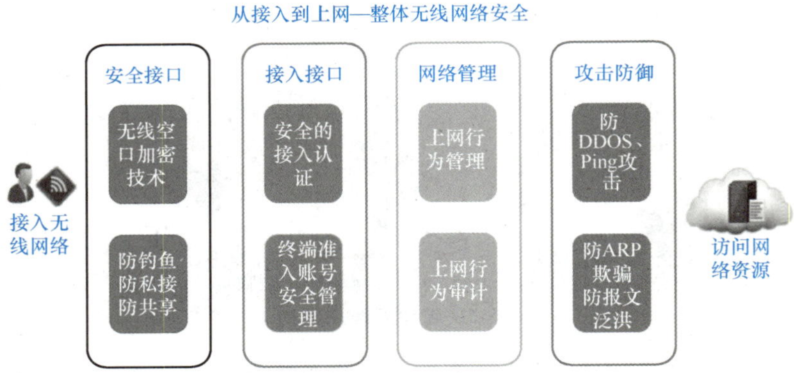

图 5-8 无线网络的安全防护

5.3 三层网络的介绍

5.3.1 三层网络概述

二层网络的组网能力非常有限，一般只是用来搭建小局域网。二层网络结构模式运行简单，交换机根据 MAC 地址表进行数据包的转发，有则转发，无则泛洪，即将数据包广播发送到所有端口，如果目的终端收到给出回应，交换机就可以将该 MAC 地址添加到地址列表中，这是交换机对 MAC 地址进行建立的过程。但是，在大规模的网络架构中，频繁地对未知 MAC 目标的数据包进行广播，容易形成网络风暴，限制了二层网络规模的扩大。

三层网络架构采用层次化模型设计，即将复杂的网络设计分成几个层次，每个层次着重于某些特定的功能。如图 5-9 所示，三层网络架构分为 3 个层次：核心层（网络的高速交换主干）、汇聚层（提供基于策略的连接）、接入层（将工作站接入网络）。

核心层是网络的高速交换主干，对整个网络的连通起至关重要的作用。核心层应该具有如下几个特性：可靠性、高效性、冗余性、容错性、可管理性、适应性、低延时性等。在核心层中，应该采用高带宽的千兆以上交换机。因为核心层是网络的枢纽，重要性突出。核心层设备采用双机冗余热备份是非常必要的，也可以使用负载均衡功能来改善网络性能。

汇聚层是网络接入层和核心层的"中介"，就是在工作站接入核心层前先做汇聚，以减轻核心层设备的负荷。汇聚层具有实施策略、安全、工作组接入、虚拟局域网（VLAN）之间的路由、源地址或目的地址过滤等多种功能。在汇聚层中，应该选用支持三层交换技术和 VLAN 的交换机，以达到网

VLAN 的概念及划分

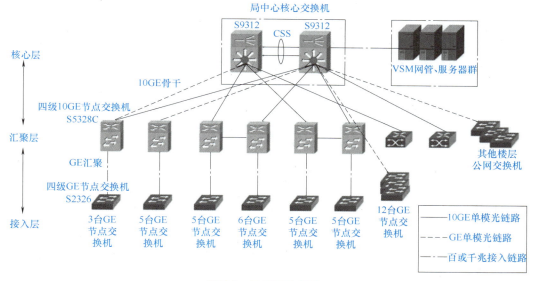

图 5-9 三层网络架构

络隔离和分段的目的。

接入层的面向对象主要是终端用户,为终端用户提供接入功能,向本地网段提供工作站接入。在接入层中,减少同一网段的工作站数量,能够向工作组提供高速带宽。接入层可以选择不支持 VLAN 和三层交换技术的普通交换机。

三层网络与二层网络的区别如下:

1)二层网络结构模型包括核心层和接入层(没有汇聚层);三层网络结构模型包括核心层、汇聚层和接入层。

2)二层网络仅通过 MAC 寻址即可实现通信,但局限于同一个冲突域内;三层网络则需要通过 IP 路由实现跨网段的通信,可以跨多个冲突域。

3)二层网络的组网能力非常有限,一般是小局域网;三层网络可以组建大型网络。

4)二层网络基本上是一个安全域,在同一个二层网络内,终端的安全性从网络上来讲基本上是一样的,除非有其他特殊的安全措施;三层网络则可以划分出相对独立的多个安全域。

5)很多技术在二层局域网中用得相对较多,比如 DHCP、Windows 提供的共享连接等,如需在三层网络上使用,需要考虑其他设备的支持(比如通过 DHCP 中继代理)或通过其他的方式来实现。

5.3.2 三层交换技术概述

普通的交换机是二层交换机,二层交换机只识别 MAC 地址,不识别 IP 地址,不能路由。三层交换机不但能识别 MAC 地址,还能把 MAC 地址中的 IP 地址识别出来,进行路由。二层交换机工作在数据链路层,三层交换机工作在网络层,三层交换机使用了三层交换技术。

三层交换技术就是二层交换技术+三层转发技术。三层交换技术(也称多层交换技术,或 IP 交换技术)是相对于传统交换技术的概念而提出的。传统的交换技术是在 OSI 网络标准模型中的第二层（数据链路层）进行工作的，而三层交换技术是在网络模型中的第三层实现数据包的高速转发。三层交换技术的出现，解决了局域网中网段划分之后，网段中子网必须依赖路由器进行管理的局面，解决了传统路由器低速、复杂所造成的网络瓶颈问题。

三层交换技术的工作原理是：假设两个使用 IP 的站点 A、B 通过第三层交换机进行通信，发送站点 A 在开始发送时，把自己的 IP 地址与站点 B 的 IP 地址比较，判断站点 B 是否与自己在同一子网内。若目的站点 B 与发送站点 A 在同一子网内，则进行二层的转发。若两个站点不在同一子网内，如发送站点 A 要与目的站点 B 通信，发送站点 A 要向"默认网关"发出 ARP（地址解析）封包，而"默认网关"的 IP 地址其实是三层交换机的三层交换模块。当发送站点 A 对"默认网关"的 IP 地址广播出一个 ARP 请求时，如果三层交换模块在以前的通信过程中已经知道站点 B 的 MAC 地址，则向发送站点 A 回复站点 B 的 MAC 地址。否则，三层交换模块根据路由信息向站点 B 广播一个 ARP 请求，站点 B 得到此 ARP 请求后向三层交换模块回复其 MAC 地址，三层交换模块保存此地址并回复给发送站点 A，同时将站点 B 的 MAC 地址发送到二层交换引擎的 MAC 地址表中。从这以后，站点 A 向站点 B 发送的数据包便全部交给二层进行交换处理，信息得以高速交换。由于仅仅在路由过程中才需要三层处理，绝大部分数据都通过二层交换转发，因此三层交换机的速度很快，接近二层交换机的速度，且比相同路由器的价格便宜很多。

三层交换机具备路由功能，加快了大型局域网内部的数据交换，在一定程度上可以替代路由器。但是，它的路由功能没有同一档次的专业路由器强，在安全、协议支持等方面还有许多欠缺，并不能完全取代路由器。

在实际应用中，处于同一个局域网中的各个子网的互联以及局域网中 VLAN 间的路由，用三层交换机来代替路由器；而局域网与公网之间互联要实现跨地域的网络访问时，使用专业路由器。

> **头脑风暴**
>
> （1）三层交换机与二层交换机有什么区别？
> （2）三层交换机和路由器能相互交换使用吗？

5.4 透析 VLAN 技术

5.4.1 VLAN 技术概述

智慧工厂网络一般由机房、办公网络、监控网络、生产网络、仓储网络以及各种子网组成，通过核心交换机划分 VLAN，可以将工厂网络按照功能分区隔离，可以将每条生产线数据严格锁定在一个 VLAN 内，改善网络负荷大、数据包丢失等现象。VLAN 技术可以实现分区管理，还有效限制了广播报文的传输范围，在一定程度上抑制了广播风暴，提高了工厂网络的安全性。

VLAN 是一组逻辑上的设备和用户，这些设备和用户并不受物理位置的限制，而是根据功能、部门及应用等因素将它们组织起来，相互之间的通信就好像它们在同一个网段中一样，由此得名虚拟局域网。VLAN 是对连接到第二层交换机端口的网络用户的逻辑分段，不受网络用户的物理位置限制，而根据用户需求进行网络分段。

如图 5-10 所示，使用 VLAN 的目标就是建立虚拟工作组模型，根据特定的策略，把物理上形成的局域网划分成不同的逻辑子网，把数据链路层广播报文隔离在逻辑子网之内，形成各自的广播域，每个逻辑子网就是一个 VLAN。一个 VLAN 可以在一台交换机上或者跨交换机实现，每台接至支持 VLAN 技术的交换机的终端设备，都属于一个特定的 VLAN。

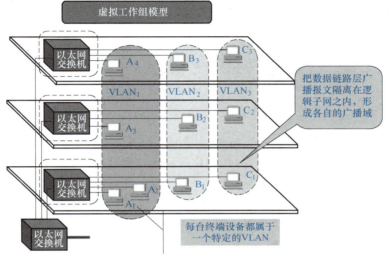

图 5-10　VLAN 工作组模型

VLAN 是一种比较新的技术，工作在 OSI 参考模型的第二层和第三层，一个 VLAN 就是一个广播域，广播帧工作在第二层，VLAN 之间的通信是通过第三层的路由器来完成的。在同一个 VLAN 中的工作站，不论它们实际与哪台交换机连接，它们之间的通信就好像在独立的交换机上一样；同一个 VLAN 中的广播只有 VLAN 中的成员才能听到，而不会传输到其他的 VLAN，可以很好地控制不必要的广播风暴的产生。

与传统的局域网技术相比较，VLAN 技术更加灵活，具有以下优点：

1）广播域被限制在一个 VLAN 内，节省了带宽，提高了网络处理能力。

2）不同 VLAN 内的报文在传输时是相互隔离的，即一个 VLAN 内的用户不能和其他 VLAN 内的用户直接通信，增强了局域网的安全性。

3）故障被限制在一个 VLAN 内，一个 VLAN 内的故障不会影响其他 VLAN 的正常工作，提高了网络的健壮性。

4）用 VLAN 可以划分不同的用户到不同的工作组，同一工作组的用户也不必局限于某一固定的物理范围，网络构建和维护更加方便、灵活。

5.4.2　VLAN 的数据帧

VLAN 数据帧与标准以太网数据帧相比，多了 Tag 字段，VLAN Tag 长 4 字节，直接添加在以太网帧头中，包含 2 字节的标签协议标识（TPID）和 2 字节的标签控制信息（TCI），如图 5-11 所示。

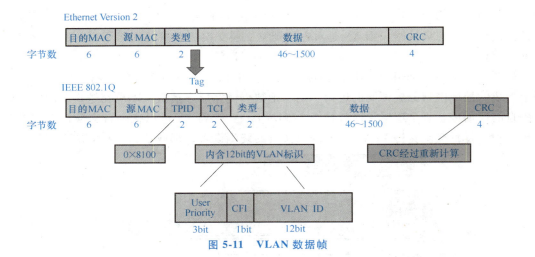

图 5-11　VLAN 数据帧

1. TPID

Tag Protocol Identifier，2 字节，固定取值，0X8100，是 IEEE 定义的新类型，表明这是一个携带 802.1Q 标签的帧。如果不支持 802.1Q 的设备收到这样的帧，会将其丢弃。

2. TCI

Tag Control Information，2 字节，帧的控制信息，具体如下：

（1）Priority　3bit，表示帧的优先级，取值范围为 0~7，值越大优先级越高；当交换机阻塞时，优先发送优先级高的数据帧。

（2）CFI　Canonical Format Indicator，1bit，表示 MAC 地址是否是经典格式，值为 0 说明为经典格式，值为 1 表示为非经典格式；用于区分以太网帧、FDDI（Fiber Distributed Digital Interface，光纤分布式数字接口）帧和令牌环网帧。在以太网中，CFI 的值为 0。

（3）VLAN ID　VLAN Identifier，12bit，可配置的 VLAN ID 取值范围为 0~4095，但是 0 和 4095 在协议中规定为保留的 VLAN ID，不能给用户使用。

在 Tag 字段中，最重要的是 VLAN ID，表示的是该数据帧带的 VLAN ID。

5.4.3　VLAN 的链路及端口

VLAN 的链路及端口如图 5-12 所示。

图 5-12　VLAN 的链路及端口

VLAN 链路有接入链路（Access Link）和干道链路（Trunk Link）两种类型。Access Link 是连接用户终端设备（包括主机、PLC 等）和交换机的链路；Trunk Link 是连接交换机和交换机的链路，其上通过的帧一般为带 Tag 的 VLAN 帧。

PVID（Port VLAN ID）代表端口的默认 VLAN；交换机从对端设备接收到的帧有可能是 Untagged 的数据帧，但所有以太网帧在交换机中都是以 Tagged 的形式来被处理和转发的，因此交换机必须给端口接收到的 Untagged 数据帧添加上 Tag。为了实现此目的，必须为交换机配置端口的默认 VLAN；默认情况下，交换机每个端口的 PVID 是 1。划分 VLAN 比较常用的方法为基于端口的 VLAN 划分，通过为交换机的每个端口配置不同的 PVID，将不同端口划分到不同 VLAN 中，此方法配置简单，但是当主机移动位置时，需要重新配置 VLAN。

Access 端口是交换机连接用户终端设备的端口，只能连接接入链路，并且只能允许唯一的 VLAN ID 通过本端口。Access 端口收发数据帧的规则如下：如果该端口接收到对端设备发送的帧是 Untagged（不带 VLAN 标签）的，交换机将强制加上该端口的 PVID；如果该端口接收到对端设备发送的帧是 Tagged（带 VLAN 标签）的，交换机会检查该标签内的 VLAN ID，当 VLAN ID 与该端口的 PVID 相同时，接收该报文，当 VLAN ID 与该端口的 PVID 不同时，丢弃该报文；Access 端口发送数据帧时，总是先剥离帧的 Tag，然后再发送。Access 端口发往对端设备的以太网帧永远是不带 VLAN 标签的帧，Access 端口的出口格式一般设置为 U，表示发送数据帧时剥离 Tag。

Trunk 端口是交换机上用来和其他交换机连接的端口，只能连接干道链路，Trunk 端口允许多个 VLAN 的帧（带 Tag 标记）通过。Trunk 端口收发数据帧的规则如下：当接收到对端设备发送的 Untagged 的数据帧时，会添加该端口的 PVID，如果 PVID 在允许通过的 VLAN ID 列表中，则接收该报文，否则丢弃该报文。接收到对端设备发送的带 Tag 的数据帧时，检查 VLAN ID 是否在允许通过的 VLAN ID 列表中，如果 VLAN ID 在接口允许通过的 VLAN ID 列表中，则接收该报文，否则丢弃该报文。端口发送数据帧时，当 VLAN ID 与端口的 PVID 相同，且是该端口允许通过的 VLAN ID 时，去掉 Tag，发送该报文；当 VLAN ID 与端口的 PVID 不同，且是该端口允许通过的 VLAN ID 时，保持原有 Tag，发送该报文。Trunk 端口的出口格式一般设置为 M，表示发送数据帧时保留 Tag。

5.4.4 VLAN 的划分方式

VLAN 主要有以下几种划分方式：

（1）基于端口的划分，把交换机的每个端口静态指派给 VLAN　VLAN 可以理解为交换机端口的集合，这些被划分到同一个 VLAN 中的端口可以是一台交换机中的，也可以来自不同的交换机。如图 5-13 所示，可以把某一交换机的 1、2 端口划分到 VLAN1 中，把 3、4 端口划分到 VLAN2 中。按端口进行 VLAN 划分，在配置交换机时较为简单，也容易理解。因此，基于端口划分方式是最常用的方式。但是它不允许在一个端口上设置多个 VLAN。

（2）基于 MAC 的划分　如图 5-14 所示，这种方式是根据网络设备的 MAC 地址来划分 VLAN 的。由于网络设备的 MAC 地址是唯一的，所以基于 MAC 地址划分 VLAN 时，当网络设备从一个物理位置移到另一物理位置时不会改变其 VLAN，这就可以避免对 VLAN 进行重新配置。在这种方式下，每一个 VLAN 就是一组 MAC 地址集合。当网络规模较大、设备较

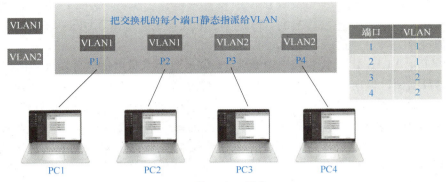

图 5-13 基于端口划分 VLAN

多时，要对每个网络设备进行 VLAN 设置，需要维护 MAC 清单，所以基于 MAC 地址的划分不适合大型网络。

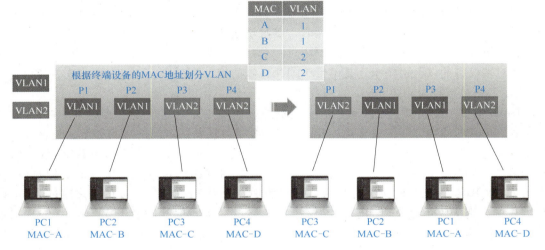

图 5-14 基于 MAC 地址划分 VLAN

（3）基于网络地址的划分 如图 5-15 所示，在基于网络地址的 VLAN 中，新的站点在

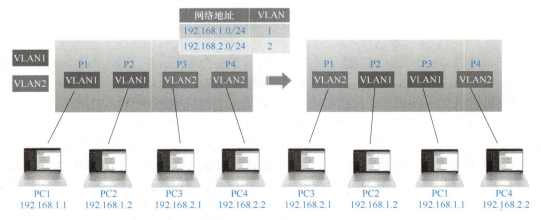

图 5-15 基于网络地址划分 VLAN

入网时无须进行太多配置，交换机可根据站点的网络地址自动将其划分成不同的 VLAN。即使主机改变所连端口，交换机仍可通过网络地址正确指定端口所属 VLAN。

5.4.5 VLAN 间路由

VLAN 间路由

同一 VLAN 内的终端设备可以通过数据链路层直接通信，即属于同一 VLAN 内的设备进行数据转发时，只需要在数据链路层通过各自 VLAN 的 MAC 地址列表就可以找到目标设备所在的端口。此时，不同 VLAN 中的终端设备无法直接通过数据链路层通信，但不代表不能通信，处于不同 VLAN 间的终端设备想要通信，必须由路由器或三层交换机设备提供中继服务，这被称为 VLAN 间路由。

VLAN 间路由可以使用普通的路由器，也可以使用三层交换机。

1. 使用路由器进行 VLAN 间路由

图 5-16 所示为使用路由器实现了 VLAN 间的通信，通信双方都连接在同一台交换机上，必须经过"发送方—交换机—路由器—交换机—接收方"这样一个流程。

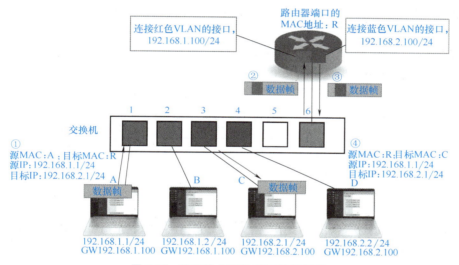

图 5-16 使用路由器的 VLAN 间通信

图 5-16 中，计算机 A 从通信目标的 IP 地址（192.168.2.1）得出 C 与本机不属于同一个网段，因此会向设定的默认网关（Default Gateway, GW）转发数据帧。在发送数据帧之前，需要先用 ARP 获取路由器的 MAC 地址，得到路由器的 MAC 地址 R 后，按图中所示的步骤发送往 C 的数据帧。①的数据帧中，目标 MAC 地址是路由器的地址 R，但内含的目标 IP 地址仍是最终要通信的对象 C 的地址；交换机在端口 1 上收到①的数据帧后，检索 MAC 地址列表中与端口 1 同属一个 VLAN 的表项；由于汇聚链路会被看作属于所有的 VLAN，因此这时交换机的端口 6 也属于被参照对象；这样交换机就知道往 MAC 地址 R 发送数据帧，需要经过端口 6 转发。从端口 6 发送数据帧时，由于它是汇聚链接，因此会被附加上 VLAN 识别信息；由于原先是来自红色 VLAN 的数据帧，因此如图中②所示，会被加上红色 VLAN 的识别信息后进入汇聚链路；路由器收到②的数据帧后，确认其 VLAN 识别信息，由于它是属于红色 VLAN 的数据帧，因此交由负责红色 VLAN 的子接口接收。接着，根据路由器内部的路由表，判断该向哪里中继；由于目标网络 192.168.2.1/24 是蓝色 VLAN，且该网络通

过子接口与路由器直连,因此只要从负责蓝色 VLAN 的子接口转发就可以了。这时,数据帧的目标 MAC 地址被改写成计算机 C 的目标地址;并且由于需要经过汇聚链路转发,因此被附加了属于蓝色 VLAN 的识别信息;这就是图中③的数据帧。交换机收到③的数据帧后,根据 VLAN 标识信息从 MAC 地址列表中检索属于蓝色 VLAN 的表项;由于通信目标计算机 C 连接在端口 3 上,且端口 3 为普通的访问链接,因此交换机会将数据帧去除 VLAN 识别信息后(数据帧④)转发给端口 3,最终计算机 C 才能成功地接收到这个数据帧。

使用路由器进行 VLAN 间路由,随着 VLAN 之间流量的不断增加,很可能导致路由器成为整个网络的瓶颈。交换机使用被称为 ASIC(Application Specified Integrated Circuit)的专用硬件芯片处理数据帧的交换操作,在很多机型上都能实现以缆线速度(Wired Speed)交换。而路由器,则基本上是基于软件处理的,即使以缆线速度接收到数据包,也无法在不限速的条件下转发出去,因此会成为速度瓶颈。就 VLAN 间路由而言,流量会集中到路由器和交换机互联的汇聚链路部分,这一部分尤其容易成为速度瓶颈。为了解决上述问题,三层交换机应运而生。三层交换机本质上就是"带有路由功能的(二层)交换机",路由属于 OSI 参照模型中第三层网络层的功能,因此带有第三层路由功能的交换机才被称为"三层交换机"。

2. 使用三层交换机进行 VLAN 间路由

图 5-17 所示为使用三层交换机进行 VLAN 间通信。

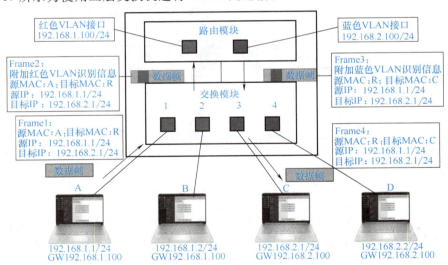

图 5-17 使用三层交换机进行 VLAN 间通信

图 5-17 中,计算机 A 可以判断出通信对象不属于同一个网络,因此向默认网关发送数据(Frame 1)。交换机通过检索 MAC 地址列表后,经由内部汇聚链接,将数据帧转发给路由模块。在通过内部汇聚链路时,数据帧被附加了属于红色 VLAN 的 VLAN 识别信息(Frame 2)。路由模块在接收到数据帧时,先由数据帧附加的 VLAN 识别信息分辨出它属于红色 VLAN,据此判断由红色 VLAN 接口负责接收并进行路由处理。因为目标网络 192.168.2.1/24 是直连路由器的网络且对应蓝色 VLAN,因此接下来就会从蓝色 VLAN 接口经由内部汇聚链路转发回交换模块。在通过汇聚链路时,这次数据帧被附加上属于蓝色 VLAN 的识别信息(Frame 3)。交换机接收到这个数据帧后,检索蓝色 VLAN 的 MAC

地址列表，确认需要将它转发给端口 3。由于端口 3 是通常的访问链接，因此转发前会先将 VLAN 识别信息去除（Frame 4）。最终，计算机 C 成功地接收到交换机转发来的数据帧。

使用 FTP（File Transfer Protocol）传输容量较大的文件时，由于 MTU 的限制，IP 会将数据分割成小块后传输，并在接收方重新组合。这些被分割的数据，发送的目标是完全相同的，即源 IP 地址、源端口号也应该相同，这样一连串的数据流被称为流（Flow）。当整个流的第一块数据由交换机转发→路由器路由→再次由交换机转发到目标所连端口时，第一块数据路由的结果被保存到缓存中；同一个流的第二块以后的数据到达交换机后，直接通过查询先前保存在缓存中的信息，查出"转发端口号"后就可以转发给目标所连端口了，不需要再一次次经由内部路由模块中继，而仅凭交换机内部的缓存信息就足以判断应该转发的端口，而且交换机会对数据帧进行由路由器中继时相似的处理，例如改写 MAC 地址、IP 包头中的 TTL 和 Check Sum（校验码）信息等，如图 5-18 所示。通过在交换机上缓存路由结果，实现了以缆线速度接收发送方传输来的数据，并且能够全速路由、转发给接收方，可以进一步提高 VLAN 间路由的速度。

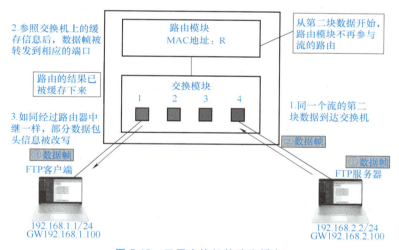

图 5-18　三层交换机的路由缓存

5.4.6　VLAN 的案例分析

基于工业网络控制的钢珠罐装生产线网络拓扑结构如图 5-19 所示，该生产线采用了环网冗余组网结构，思考一下，如何通过三层交换机（SW1、SW2、SW3）和防火墙（FW）进行子网划分与隔离，将云服务器、计算机#1（PC1）、计算机#2（PC2）、主站 S7-1500 PLC、生产线从站 S7-1200 PLC、无线 AP、边缘网关分别配置在不同网段。

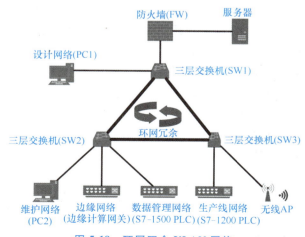

图 5-19　环网冗余 VLAN 网络

小试牛刀

（1）VLAN 的划分方式有（　　）。
  A. 基于端口的划分　　　　　　　　B. 基于 MAC 的划分
  C. 基于 IP 地址的划分　　　　　　D. 基于用户地理位置的划分
（2）可以通过（　　）提供中继服务，从而实现处于不同 VLAN 间的终端设备的通信。
  A. 路由器　　　B. 二层交换机　　　C. 三层交换机　　　D. 集线器
（3）三层交换机主要工作在 OSI 网络标准模型的第（　　）层。
  A. 一　　　　　B. 二　　　　　　　C. 三　　　　　　　D. 四

5.5　工业机器人与 PLC 的通信

工业机器人常应用在各种生产线、装配线（如汽车组装生产线、工业电气产品生产线、食品生产线、半导体硅片搬运等）及复合型设备等上，机器人单机的各种搬运、码垛、焊接、喷涂等动作轨迹都编程调试好后，还需要与 PLC 交互通信，双方交换信号（PLC 什么时候让机器人去动作，当前动作到了什么位置点及机器人将运动结果反馈给 PLC 等）。通过这样的交互通信，机器人即可作为整条生产线上的"一员"，与生产线上的其他机构完成整个生产任务。工业机器人与 PLC 之间通信的传输信号方式有 I/O 连接和通信线连接两种。机器人与 PLC 之间的通信方式有 Profinet 通信、Profibus-DP 通信、CC-Link 通信、Ethernet/IP 通信、DeviceNET 通信等。

以西门子 S7-1500 与发那科（FANUC）机器人之间的 Profinet 通信为例：硬件环境要求 S7-1500 CPU 集成有 Profinet 通信口，支持 Profinet 通信，机器人端扩展一块 Profinet 通信板，支持 Profinet 通信；使用网线直连，普通网线的一头插 S7-1500 Profinet 通信口，另一头插机器人 Profinet 通信板的通信口。PLC 端：首先，在 S7-1500 硬件组态中，安装发那科机器人 Profinet GSD 文件，该文件是用来描述某一具体型号设备的各种性能参数的文本文件，是不同生产商之间为了互相集成使用所建立的标准通信接口；接着，由于发那科机器人属于 Profinet IO 设备（分散式现场设备），在 GSD 文件加载完成后，即可在网络视图下右侧的"硬件目录"→"其他现场设备"→"Profinet IO"→"IO"→"FANUC"中找到机器人前端模块；然后，在组态窗口把机器人连接至 Profinet 网络上，并分别设置好双方的 IP 地址，如 PLC 的地址为 192.168.0.1，机器人的地址为 192.168.0.2；组态完成后，PLC 端获取到了通信的 I/O 地址，如 IB256 为输入，QB256 为输出。机器人端：通过"菜单"→"I/O"→"Profinet（M）"进入 Profinet 配置窗口，设置好机器人端的 IP 地址，即 192.168.0.2，并添加 I/O 信号；通过"菜单"→"设置"→"IO"→"数字"进入"数字量信号分配窗口"，分配好 Profi-net 通信的 DI [1-8]、DO [1-8] 信号。这样，当 PLC 需要给机器人信号时，通过 QB256 发送给机器人 DI [1-8]，而机器人需要反馈信号给 PLC 时，通过 DO [1-8] 发送给 PLC 的 IB256，即实现了机器人与 PLC 的信号双向传输。

【项目实施】

5.6 任务1 S7-1200 PLC 与 HMI 的网络构建与运维

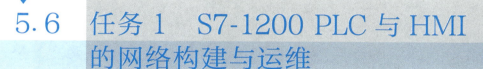

任务描述：

构建基于 S7-1200/HMI 的 Profinet 网络，HMI 作为客户端，将控制命令发送给服务端 PLC，服务端 PLC 接收控制命令后进行处理，将控制结果反馈给客户端 HMI。为实现电动机的正反转控制，在 HMI 上分别添加"左行启动""右行启动""停止按钮"三个按钮，以及"左行指示灯""右行指示灯"两个指示灯；按下"左行启动"按钮，"左行指示灯"亮，按下"右行启动"按钮，"右行指示灯"亮，按下"停止按钮"，两个指示灯灭。

其中，硬件包括 1 台 S7-1200 PLC、1 台西门子 HMI、1 台交换机、1 台 PC、3 根网线，网络拓扑结构如图 5-20 所示。

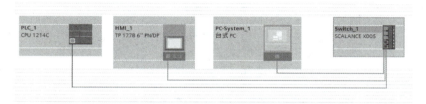

图 5-20 网络拓扑结构

任务实施：
首先按照网络拓扑图连接相关硬件，然后基于博途软件构建 Profinet 网络。
具体操作步骤如下：

1. 硬件组态与网络连接

（1）创建项目　打开博途软件的"创建新项目"窗口，输入项目名称，如图 5-21 所示。

图 5-21 创建新项目

（2）添加设备　单击"项目视图"，进入"项目视图"界面，单击"添加新设备"，首先添加服务端 S7-1200 PLC，选择任务卡中订货号为"6ES7 214-1AG40-0XB0"的控制器，单击"添加"按钮，如图 5-22 所示。

然后,添加客户端 HMI,HMI 型号为"TP 177B 6″PN/DP",订货号为"6AV6 642-0BA01-1AX1",如图 5-23 所示。

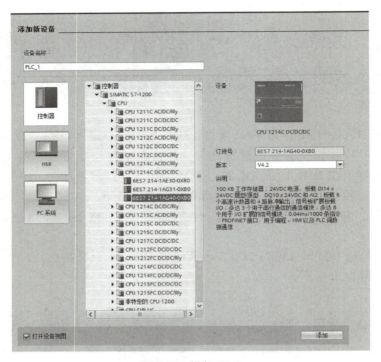

图 5-22 添加 PLC

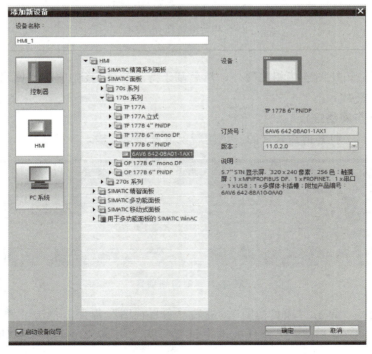

图 5-23 添加 HMI

（3）连接网络　选择"网络视图"选项卡，拖动 PLC_1 的 Profinet X1 接口，连接至 HMI 的 Profinet 接口上，实现网络的连接，如图 5-24 所示。

2. 网络设置

分别修改 S7-1200、HMI 的 IP 地址为 192.168.0.6、192.168.0.1，确保两者在同一网段，分别如图 5-25、图 5-26 所示。

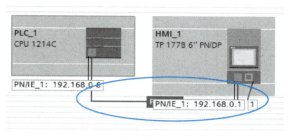

图 5-24　连接网络

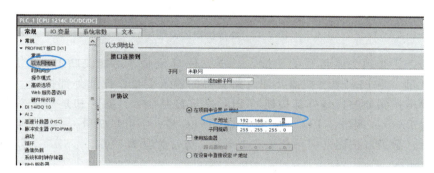

图 5-25　修改 PLC 的 IP 地址

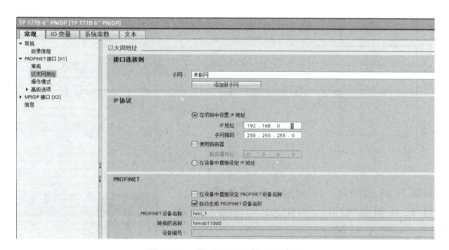

图 5-26　修改 HMI 的 IP 地址

3. 服务端连接机制的设置

选中 PLC，右击"属性"，选择"防护与安全"下的"连接机制"选项，勾选"允许来自远程对象的 PUT/GET 通信访问"复选框，如图 5-27 所示。只有服务端允许客户端访问，才能保证服务端/客户端正常通信。

4. 网络编程

首先，编写 S7-1200 PLC 的控制程序，如图 5-28 所示。程序中用到的"小车左行按钮""小车右行按钮""停止按钮"是客户端 HMI 通过 PUT 指令发送的控制命令，是 HMI 往

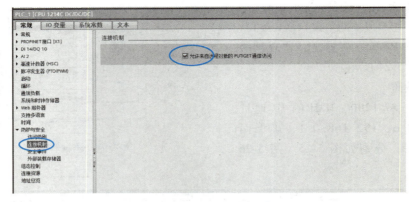

图 5-27 连接机制的设置

PLC 写控制命令，必须关联可写的变量，一般关联 M 变量，不能关联 I 变量。I 变量对于 PLC 是只读变量，是 PLC 通过扫描外部电路获得的输入变量，比如外部按钮一般关联 I 变量；虽然触摸屏按钮能够代替外部按钮给 PLC 发送控制命令，原理却是完全不同的，触摸屏按钮是通过 Profinet 网络往 PLC 写数据，对于 PLC 是一个可写变量，一般关联 M 变量。

特别提醒：触摸屏按钮一定不能关联 I 变量，通常关联 M 变量。

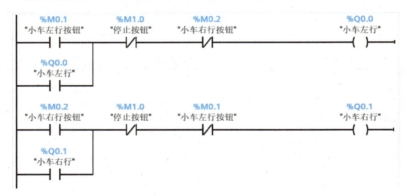

图 5-28 PLC 的梯形图

然后，编辑 HMI 的画面，并完成元件属性设置。

（1）添加新画面　展开"HMI_1"目录，双击"添加新画面"，如图 5-29 所示。

（2）添加"左行启动按钮"元素　从右侧"元素"项目下拖动"按钮"释放到画面 1，如图 5-30 所示。

（3）设置按钮的常规属性　修改"按钮"上的文字"text"为"左行启动"，如图 5-31 所示。

（4）设置按钮的"按下"事件　单击"属性"窗口中的"事件"按钮，单击"按下"选项，单击"添加函数"右侧的三角符号按钮，如图 5-32 所示。在"系统函数"菜单下，展开"编辑位"，单击"置位位"，如图 5-33 所示。单击"变量（输入/输出）"右

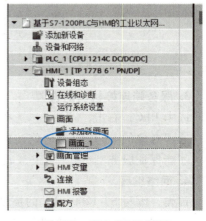

图 5-29 添加 HMI 画面

侧并单击其右侧的"..."，选择 PLC 默认变量表中的变量"小车左行按钮"，如图 5-34 所示。

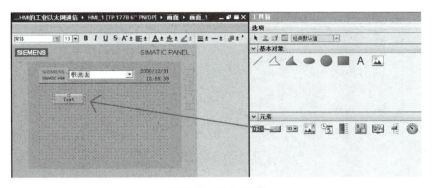

图 5-30　添加元素

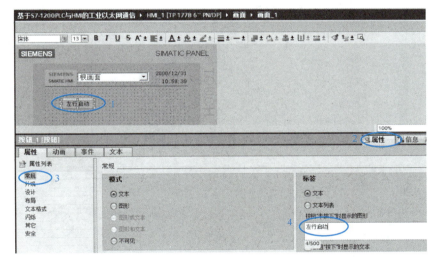

图 5-31　修改属性

图 5-32　按下功能设置

（5）设置按钮的"释放"事件　单击"释放"选项，单击"添加函数"右侧的三角符号按钮，如图 5-35 所示。选择"复位位"选项，如图 5-36 所示。对"复位位"这个功能进行关联变量，如图 5-37 所示。

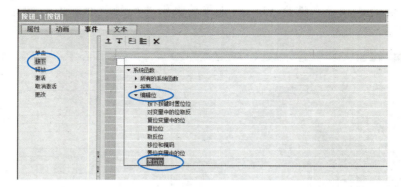

图 5-33 置位位

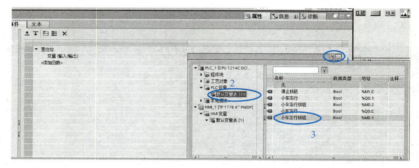

图 5-34 关联"置位位"变量

图 5-35 释放功能设置

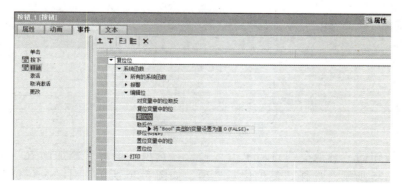

图 5-36 复位位

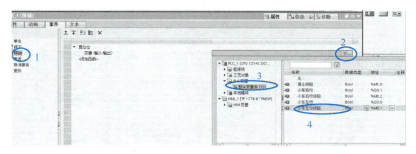

图 5-37 关联"复位位"变量

(6) 添加"右行启动"按钮 如图 5-38 所示。

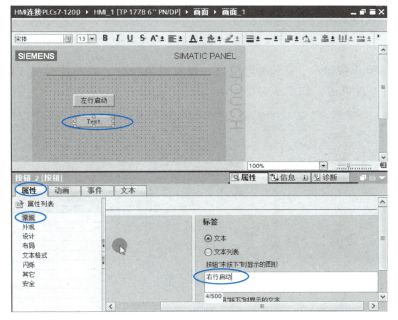

图 5-38 添加"右行启动"按钮

(7) 编辑"右行启动"按钮的按下功能 按下按钮时置位位并且连接变量,如图 5-39 所示。

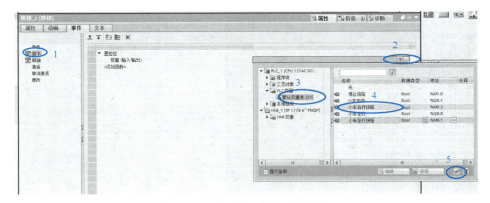

图 5-39 "右行启动"按下功能

(8)编辑"右行启动"按钮的释放功能 选择"复位位"功能,随后关联变量,如图 5-40 所示。

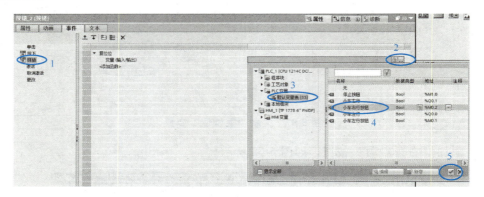

图 5-40 "右行启动"释放功能

(9)添加"停止按钮" 按下时置位位,释放时复位位,联系变量为 PLC 的"停止"。操作步骤同前,不再赘述,如图 5-41 所示。

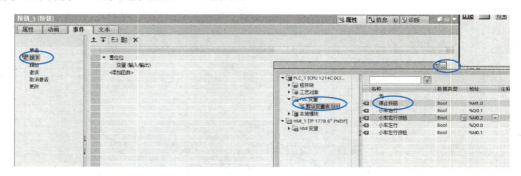

图 5-41 停止按钮画面

(10)添加"左行指示灯" 从右侧"基本对象"窗口下拖动圆形到 HMI 画面 1,如图 5-42 所示;添加"右行指示灯",如图 5-43 所示。

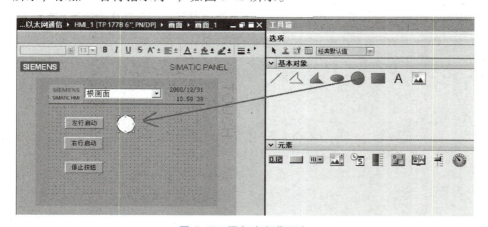

图 5-42 添加左行指示灯

(11) 设置"左行指示灯"的显示属性 选中"左行指示灯"对应的圆,打开"属性"选项卡,单击"动画"标签,双击"添加新动画"选项,如图 5-44 所示;在弹出的窗口中选中"外观",然后单击"确定"按钮,如图 5-45 所示。

(12) 关联"左行指示灯"变量 回到"左行指示灯"的"属性"窗口,单击"…"符号按钮,在弹出的窗口中选择 PLC 变量"小车左行",如图 5-46 所示。

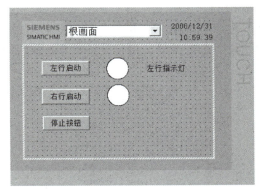

图 5-43　添加右行指示灯

图 5-44　添加新动画

图 5-45　选择外观动画

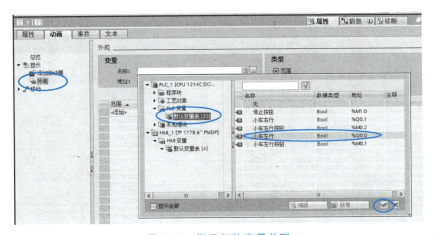

图 5-46　指示灯的变量关联

（13）"左行指示灯"的外观设置 由于"左行指示灯"是一个 Bool 类型变量，其"范围"栏下面的值只有 0 和 1，分别为不同的值配置外观颜色；比如在范围值为 1 的那一行，单击背景色栏下的三角符号按钮，在弹出的颜色中选取红色，表示小车左行时显示红色，如图 5-47 所示。

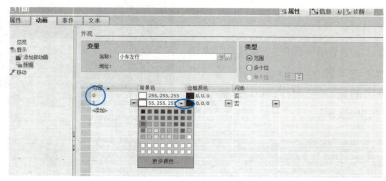

图 5-47 指示灯的外观颜色

（14）"右行指示灯"的设置 按同样方法，设置"右行指示灯"的显示属性，不再赘述。

（15）添加左行指示灯文字 拖动"文本域"至画面 1 第一个圆形图案的右方，如图 5-48 所示；选中文字"Text"，修改为"左行指示灯"，如图 5-49 所示。

（16）添加右行指示灯文字 如图 5-50 所示。

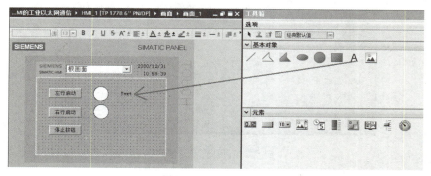

图 5-48 添加文本域

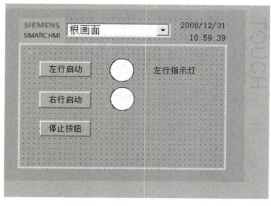

图 5-49 修改文字   图 5-50 完成界面

5. 网络测试及运行

分别下载组态和程序到 PLC 与 HMI 中。单击 HMI 上的"左行启动"按钮，小车左行，同时"左行指示灯"点亮为红色；单击"右行启动"按钮，小车右行，同时"右行指示灯"点亮为红色；按下"停止"按钮，小车停止，指示灯熄灭。

> **头脑风暴**
> （1）如果将触摸屏按钮关联到 I 变量，能否正常通信？为什么？
> （2）如果按下触摸屏按钮，PLC 对应变量没有置位，可能是哪些原因引起的？

实训：基于 MCGS 的电动机正反转监控网络的构建与运维

实训要求：

将任务 1 中的西门子触摸屏替换为昆仑通态触摸屏，其他不变，构建基于 MCGS 的电动机正反转监控网络。

实训操作：

服务端 PLC 的组态、网络设置、网络编程与任务 1 中的相关操作基本一致，本实训不重复描述，PLC 的梯形图如图 5-28 所示，PLC 连接机制的设置如图 5-27 所示，PLC 的 IP 地址设置如图 5-25 所示。

下面重点介绍客户端触摸屏的 MCGS 组态设计。

1. 创建项目

根据昆仑通态触摸屏的实际型号，选择触摸屏类型，创建新项目，如图 5-51 所示。

2. 添加实时数据库

进入项目的主界面，如图 5-52 所示，可以发现 MCGS 由"主控窗口""设备窗口""用户窗口""实时数据库""运行策略"5 部分组成。选择"实时数据库"，可以看到系统内建的 4 个系统变量，千万不要将其删除，否则将影响系统的正常运行，然后根据实际需求添加变量，如图 5-53 所示。

其中，每个变量都可以设置相关属性，以"左行启动"为例，对象类型为"开关"型，初始值为"0"，如图 5-54 所示。

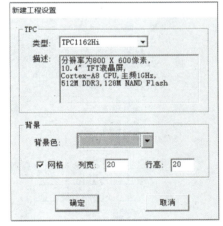

图 5-51 创建新项目

图 5-52 主界面

图 5-53 添加实时数据库

3. 添加设备及变量关联

（1）设备管理　双击"设备窗口"图标，进入"设备窗口"，单击"工具箱"按钮，弹出"设备工具箱"窗口；单击"设备管理"按钮，即可进行设备管理；结合 PLC 的实际型号，选择相应的设备；单击"增加"→"确认"按钮，如图 5-55 所示。

（2）添加设备　通过"设备管理"后，"设备工具箱"窗口才能看到"Siemens_1200"设备，双击该设备，成功添加"设备 0-[Siemens_1200]"，如图 5-56 所示。

（3）添加通道　双击"设备 0-[Siemens_1200]"，弹出"设备编辑"窗口，单击"添加设备通道"按钮，实现通道的添加；先删除"默认设备通道"，然后根据需要添加相关通道。添加通道时，可以选择"通道类型""通道地址""数据类型""通道个数""读写方式"等，如图 5-57 所示。

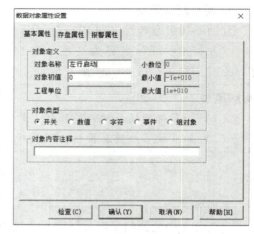

图 5-54　变量属性设置

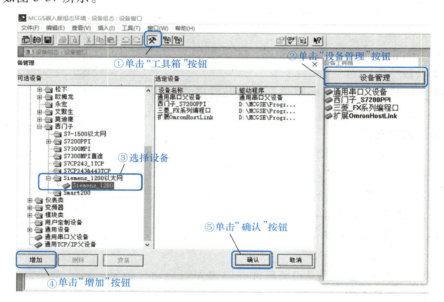

图 5-55　设备管理

图 5-56　添加设备

通道全部添加完毕后，如图5-58所示。

图5-57　添加通道　　　　　　　　　　　图5-58　全部通道

（4）变量关联　为每个通道关联实时数据库，如图5-59所示，关联变量务必与PLC中的变量表保持统一。

（5）通信设置　双击"设备0-[Siemens_1200]"，弹出"设备编辑窗口"，进行通信设置，如图5-60所示。特别强调：本地IP地址指的是触摸屏的地址（192.168.0.1）；远端IP地址指的是PLC的地址（192.168.0.6）。

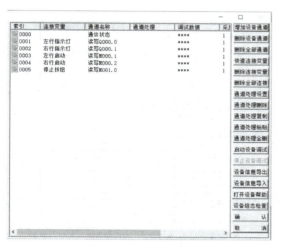

图5-59　变量关联　　　　　　　　　　　图5-60　通信设置

4. 编辑用户窗口

（1）添加窗口　单击"新建窗口"按钮，添加"窗口0"，如图5-61所示。

（2）编辑按钮　单击"窗口0"，进入"动画组态窗口0"，进行界面的编辑。在"工具箱"中找到"按钮"元素，将其拖放到界面合适位置；双击按钮，进行"标准按钮构件属性设置"，将文本改为"左行启动"，如图5-62所示。

打开"操作属性"标签,勾选"数据对象值操作"复选框,在下拉列表中选择"按1松0",单击"?"按钮,选择"从数据中心选择",关联实时变量"左行启动",如图5-63所示。特别提醒:按钮的"操作属性"一定要设置,否则按下按钮不会触发任何命令,所有变量将始终保持初始值。

图5-61 添加窗口

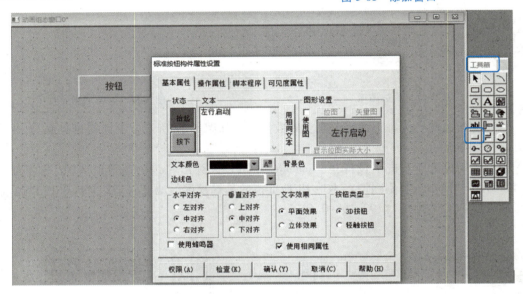

图5-62 添加"左行启动"按钮

其中,"变量选择"界面如图5-64所示;也可以选中"根据采集信息生成"单选按钮,直接关联PLC的M0.1变量(即PLC内部的小车左行按钮变量),如图5-65所示。两种操作的效果是一样的。

(3)编辑指示灯 选中"工具箱"中的"椭圆",将其拖至界面合适位置,添加注释文本"左行指示灯",如图5-66所示。

双击"椭圆",弹出"动画组态属性设置"窗口,勾选"填充颜色",单击"确定"按钮,如图5-67所示。

单击"填充颜色"选项卡,关联变量,并进行颜色配置,对应变量值为0显示红色,对应变量值为1显示绿色,如图5-68所示。

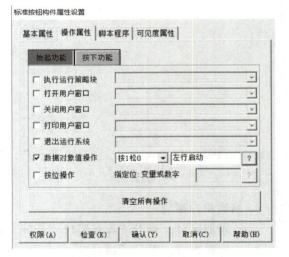

图5-63 按钮"操作属性"设置

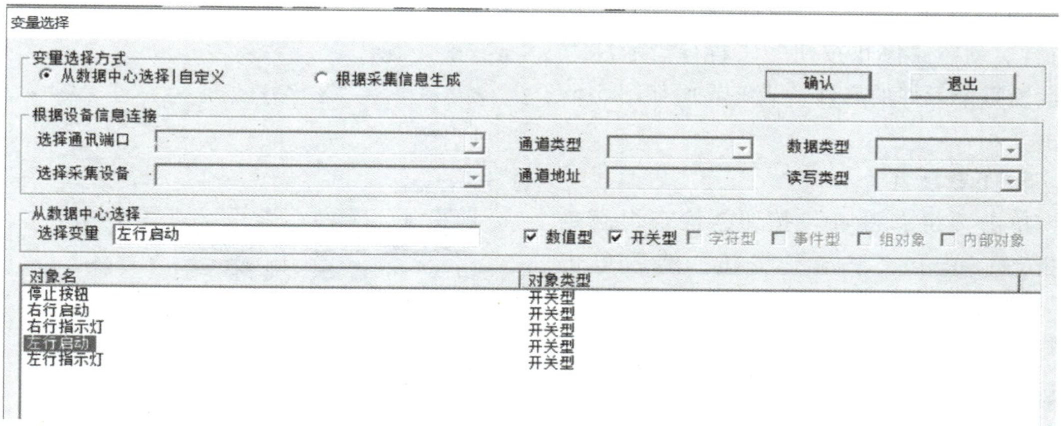

工业控制网络的综合应用 项目5

图 5-64 变量选择

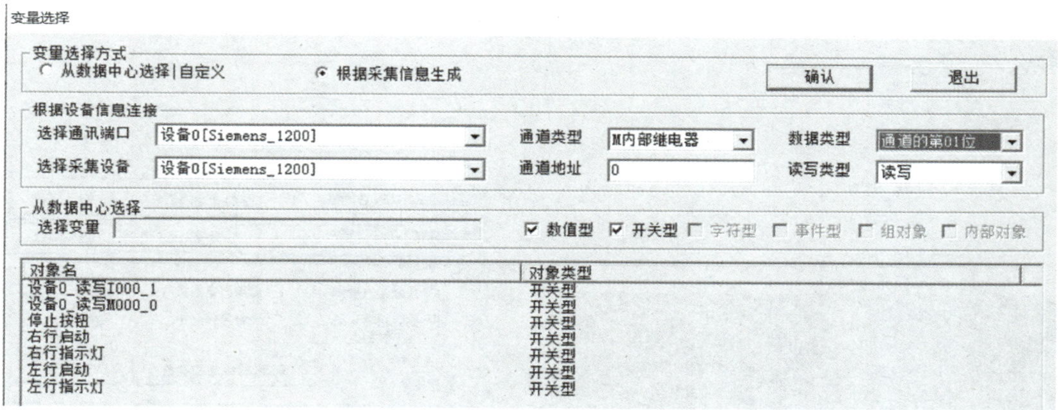

图 5-65 直接采集变量

图 5-66 添加"左行指示灯"

图 5-67 属性设置

(4)最终界面 按同样的方法,添加"右行启动""停止按钮""右行指示灯",并设置每个元件的属性,最终界面如图5-69所示。

5. 下载配置

单击"组态检查"按钮,检查组态是否正确;单击"编译"按钮,然后单击"下载"按钮,弹出"下载配置"对话框,进行下载配置,如图5-70所示;选择"连机运行"模式,连接方式为"TCP/IP网络",目标机名为192.168.0.1(触摸屏IP地址)。配置完毕后,单击"确定"按钮,下载MCGS程序,返回信息窗口会显示通信状态。

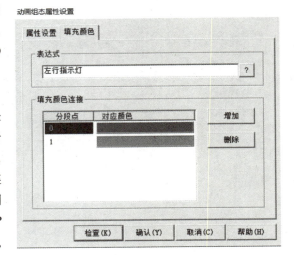

图5-68 关联变量

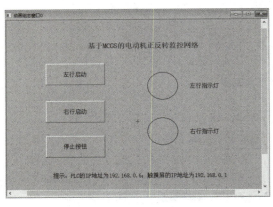

图5-69 监控界面

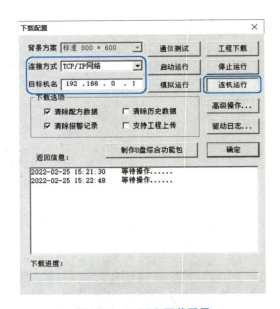

图5-70 MCGS下载配置

拓展训练

PLC_1的I0.0端口连接启动按钮SB1,I0.1端口连接停止按钮SB2,Q0.0端口连接指示灯HL;同时,PLC_1通过Profinet接口连接到触摸屏HMI_1,触摸屏上设置了远程启动按钮、远程停止按钮。要求实现本地、远程的两地启停控制,按下本地启动按钮或者远程启动按钮,指示灯亮;按下本地停止按钮或者远程停止按钮,指示灯灭。请完成硬件组态、网络编程及网络调试。

5.7 任务2　S7-1500 PLC 与 G120 变频器的 Profinet 网络构建与运维

任务描述：

构建基于 S7-1500/G120 的 Profinet 网络，西门子 S7-1500 PLC 通过 Profinet 通信，发送报文控制电动机的启停、正反转和无级调速。

其中，硬件包括 1 台 S7-1500 PLC、1 台 G120 变频器、1 台交换机、1 台 PC、3 根网线，网络拓扑结构如图 5-71 所示。

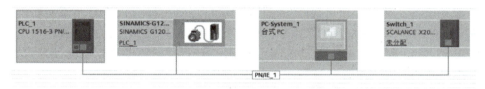

图 5-71　网络拓扑结构

任务实施：

首先按照网络拓扑图连接相关硬件，然后基于博途软件构建 Profinet 网络。

具体操作步骤如下：

1. 变频器 G120 的参数设置

S7-1500PLC 与 G120 变频器硬件组态设置

（1）恢复出厂设置　选中"向导"（Wizards），进入"向导"模式，从菜单中选择"基本调试"（Basic Commissioning），单击"是"按钮，恢复出厂设置，在保存基本调试过程中所做的所有参数变更之前恢复出厂设置。

（2）设置参数

1）选择连接电动机的控制模式（V/f with Linear Characteristic）。

2）选择变频器和连接电动机的正确数据，该数据用于计算此应用的正确速度和显示值（Europe 50Hz，kW）。

3）选择感应电动机（Induction Motor）。

4）选择基准频率为 50Hz。

5）单击"继续"（Continue）按钮。

6）再次单击"继续"按钮，然后输入电动机的相关参数：额定电压输入为 380V，输入电动机的额定电流为 1.3A，输入电动机的额定功率为 0.55kW，输入电动机的额定转速为 1425r/min，电动机 ID 选择 Disabled。

7）选择"继续"按钮，再次选择"继续"按钮，进入"宏"界面，选择"conveyor with fieldbus"。

8）输入最低速度 0r/min，电动机的加速时间 5s，电动机的减速时间 5s。

9）选择"继续"按钮，选择"保存"（save），经过一定时间计算后，按"OK"按钮，再选择"继续"按钮，变频器设置完成。

2. 硬件组态与网络连接

(1) 创建项目 打开博途软件的"创建新项目"窗口,输入项目名称,如图 5-72 所示。

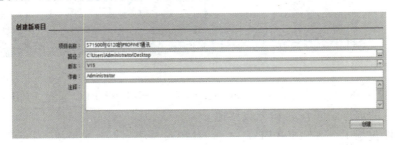

图 5-72 创建新项目

(2) 添加设备 单击"项目视图",进入"项目视图"界面,单击"添加新设备",添加主站 S7-1500,选择任务卡中订货号为"6ES7 516-3AN01-0AB0"的控制器,单击"确定"按钮。由于 S7-1500 本身没有电源、DI、DQ、AI、AQ 模块,需要根据实际硬件设备添加相应模块,添加的外围模块如图 5-73 所示。其中,DI 订货号为"6ES7 521-1BL00-0AB0",DQ 订货号为"6ES7 522-1BL00-0AB0",AI 订货号为"6ES7 531-7KF00-0AB0",AQ 订货号为"6ES7 532-5HD00-0AB0"。

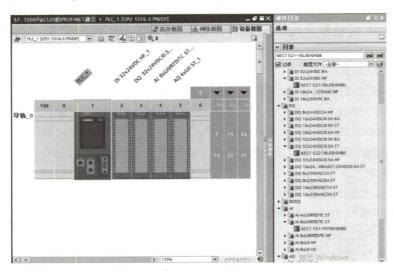

图 5-73 S7-1500 及其外围模块

接着,在硬件目录中找到订货号为"6SL3244-0BB13-1FA0"的 G120 驱动器面板,双击添加 G120 驱动器,如图 5-74 所示。

(3) 连接网络 选择"网络视图"选项卡,拖动 PLC_1 的 Profinet X1 接口,连接至 G120 的 Profinet 接口上,实现网络的连接,如图 5-75 所示。

3. 网络设置

1) 在"网络视图"下,单击"显示地址"按钮,即可显示 S7-1500、G120 驱动器的 IP 地址,如图 5-76 所示。

2) 双击 IP 地址显示框,修改 S7-1500 的 IP 地址,如图 5-77 所示。其中 S7-1500 有两

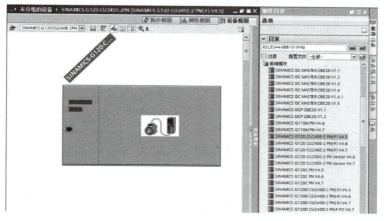

图 5-74 添加 G120 驱动器

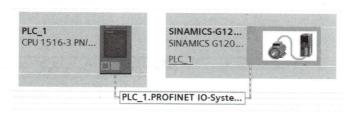

图 5-75 网络连接

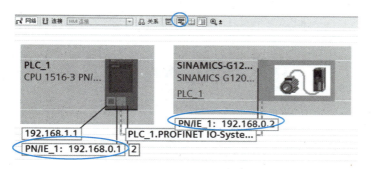

图 5-76 显示地址

个网口，X1 地址为 192.168.0.1，X2 地址为 192.168.1.1，因为 G120 与 S7-1500 通过 X1 口连接，必须保证 G120 与 X1 口的 IP 地址在同一网段，设置为 192.168.0.10。

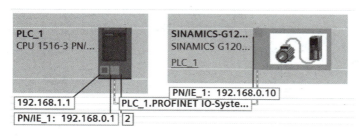

图 5-77 修改 IP 地址

3）在线访问 G120 驱动器名称。单击"项目树"下的"在线访问",查看 G120 驱动器面板的以太网地址和名称,如图 5-78 所示;根据在线访问的地址和名称修改离线设备组态的以太网地址和名称。

4）修改 G120 的 Profinet 接口属性。选择驱动器面板,单击"属性"选项卡,修改 Profinet 设备的以太网地址和名称,如图 5-79 所示,必须与在线访问结果保持一致。

5）添加 G120 驱动器的报文。在"设备视图"模式下,添加"子模块"中的"标准报文 1,PZD-2/2",如图 5-80 所示。

在"设备概览"中选中标准报文后单击右下角"属性"图标按钮,如图 5-81 所示,修改 I/O 地址,如图 5-82 所示。

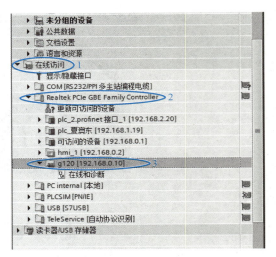

图 5-78 在线访问

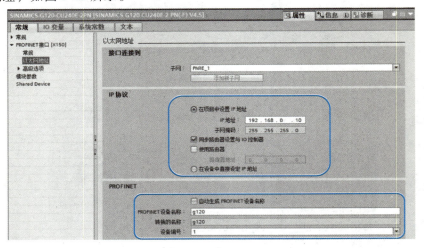

图 5-79 修改 G120 驱动器的属性

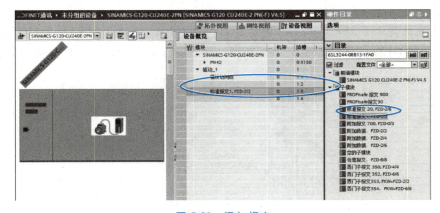

图 5-80 添加报文

工业控制网络的综合应用 项目5

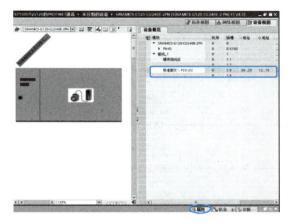

图 5-81 报文设置

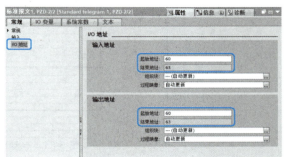

图 5-82 I/O 地址

4. 网络编程

设计思路：S7-1500 通过 Profinet 往变频器 G120 发送报文，控制变频器的启动、停止、正转、反转及无级调速；其中，QW60 为电动机控制字，16#047E 表示停止，16#047F 表示正转，16#0C7F 表示反转；QW62 为电动机速度；IW62 为变频器反馈速度。

1）添加变量。单击左侧"项目树"下的"S7-1500"，双击"PLC 变量"下的"默认变量"，根据需求添加相关变量，如图 5-83 所示。

名称	数据类型	地址	保持	可从…	从 H…	在 H…	监控
主电路上电	Bool	%M3.0		✓	✓	✓	
主电路接触器	Bool	%Q0.0		✓	✓	✓	
速度设定	Word	%MW200		✓	✓	✓	
停止信号	Bool	%M3.1		✓	✓	✓	
正转信号	Bool	%M3.2		✓	✓	✓	
反转信号	Bool	%M3.3		✓	✓	✓	
电动机控制字	Word	%QW60		✓	✓	✓	
电动机速度	Word	%QW62		✓	✓	✓	
变频器反馈速度	Word	%IW62		✓	✓	✓	
Tag_1	Bool	%M80.0		✓	✓	✓	
Tag_2	Bool	%M80.1		✓	✓	✓	
Tag_3	Bool	%M80.2		✓	✓	✓	

图 5-83 添加变量

2）主电路上电和速度设定程序，如图 5-84 所示。

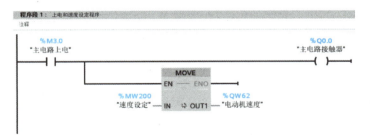

图 5-84 上电和速度设定程序

S7-1500PLC 与 G120 变频器网络编程与调试

3）电动机停止复位程序，如图 5-85 所示。

4）电动机正转程序，如图 5-86 所示。

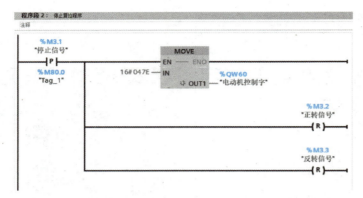

图 5-85　电动机停止复位程序

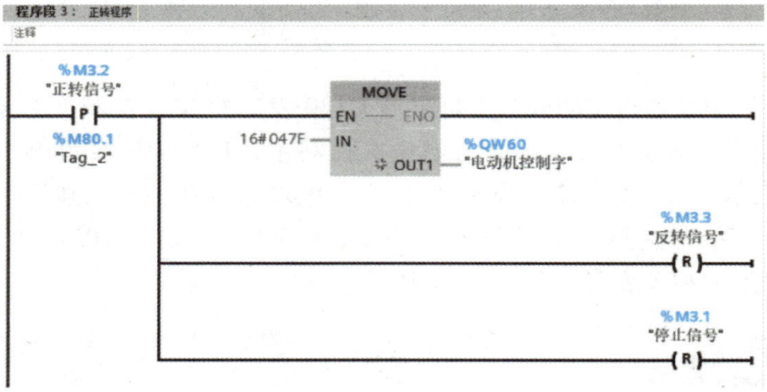

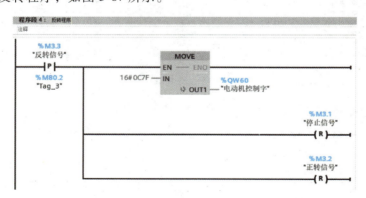

图 5-86　电动机正转程序

5）电动机反转程序，如图 5-87 所示。

图 5-87　电动机反转程序

5. 网络调试与运行

1）新建监控表，添加监控变量，如图 5-88 所示。

2）设置电动机速度为 16#3000，修改 M3.0 为 1，进行上电启动调试，如图 5-89 所示。可以发现，主电路接触器 Q0.0 得电，主电路闭合，速度设定成功发送到 QW62 单元。

3）设置电动机速度为 16#1000，修改 M3.2 为 1，进行正转调试，如图 5-90 所示。可以

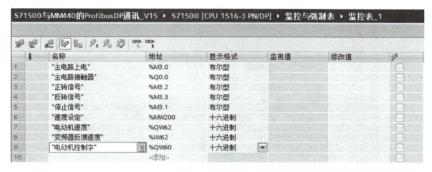

图 5-88 监控表

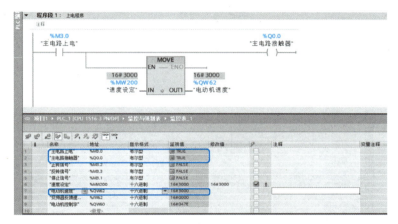

图 5-89 上电调试

发现,正转命令 16#047F 成功发送到 QW60 单元,电动机转速成功发送到 QW62 单元,变频器反馈速度 IW62 单元为 16#0FFF,接近设定速度 16#1000。

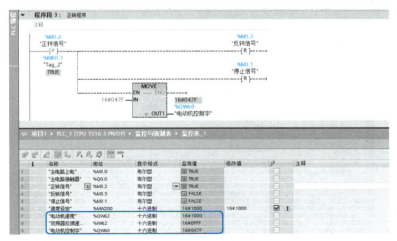

图 5-90 正转调试

4)增大设定速度为 16#3000,进行加速调试,如图 5-91 所示。可以发现,变频器反馈速度 IW62 单元为 16#2FFF,接近设定速度 16#3000,电动机成功加速运行。

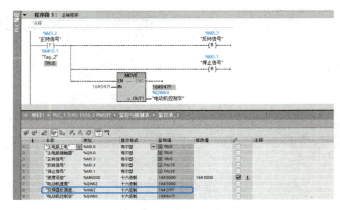

图 5-91 加速调试

5）修改 M3.3 为 1，进行反转调试，如图 5-92 所示。可以发现，反转命令 16#0C7F 成功发送到 QW60 单元，电动机速度成功发送到 QW62 单元，变频器反馈速度 IW62 单元为 16#D001。

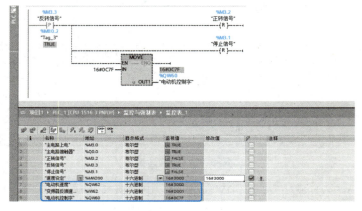

图 5-92 反转调试

6）修改 M3.1 为 1，进行停止调试，如图 5-93 所示。可以发现，停止命令 16#047E 成功发送到 QW60 单元，变频器反馈速度 IW62 单元为 16#0000，电动机成功停止。

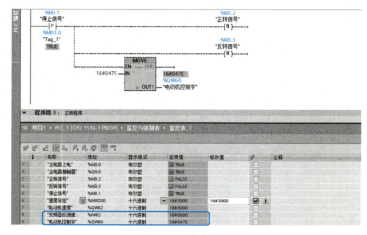

图 5-93 停止调试

拓展训练

构建 PLC、HMI 与变频器 G120 的 Profinet 网络。硬件包括 1 台 S7-1500 PLC、1 台 G120 变频器、1 台 HMI、1 台交换机、1 台 PC、4 根网线，网络拓扑结构如图 5-94 所示，要求通过触摸屏控制变频器的寸动、正转、反转、停止，并且可以通过触摸屏设定电动机的转速，并实时显示电动机的当前转速。

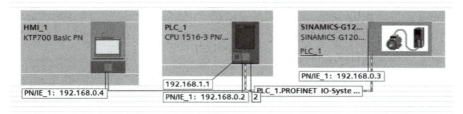

图 5-94　触摸屏控制 G120 网络拓扑结构

5.8　任务 3　基于 SCALANCE W774/W734 的无线通信网络构建与运维

任务描述：

基于 SCALANCE W774/W734 的无线通信网络拓扑结构如图 5-95 所示，两个网络分别由一台 PLC、一台交换机和一个无线通信模块组成。两个网络之间通过无线网络通信（此时无线通信尚未建立）。网络 1 的无线通信模块为 SCALANCE W774，订货号为 6GK5774-1FX00-0AA0。网络 2 的无线通信模块为 SCALANCE W734，订货号为 6GK5734-1FX00-0AA0。两个通信模块功能不同，W774 工作于无线 AP（无线接入点）模式，而 W734 只能工作于 Client（客户端）模式。

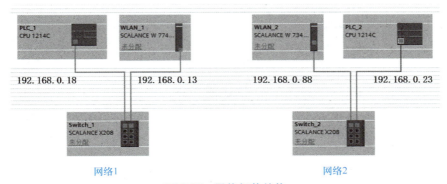

图 5-95　网络拓扑结构

任务实施：

1. 配置无线模块

（1）无线模块恢复出厂设置　在无线模块的硬件顶部有一个黑色的按钮，模块通电后将其按下，即可恢复出厂设置。对于出厂设置的 SCALANCE 无线模块，IP 地址是空的，需要先分配 IP 地址才能访问和设置。

（2）配置 W774 模块

1）打开博途软件，进入"项目视图"界面，展开"在线访问"菜单，找到计算机对应的有线网卡"Intel（R）Ethernet Connection（6）1219-V"，单击"更新可访问的设备"，找到可访问的设备（初始状态），确认所选设备与实物对应，如图 5-96 所示。单击"在线和诊断"，展开"功能"菜单，单击"分配 Profinet 设备名称"，设置 W774 模块的"Profinet 设备名称"设为"无线模块_AP"，如图 5-97 所示。

无线通信网络
AP 端设置

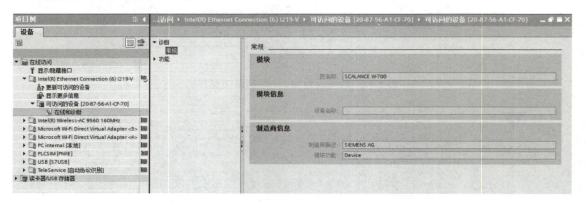

图 5-96 确认 W774 设备

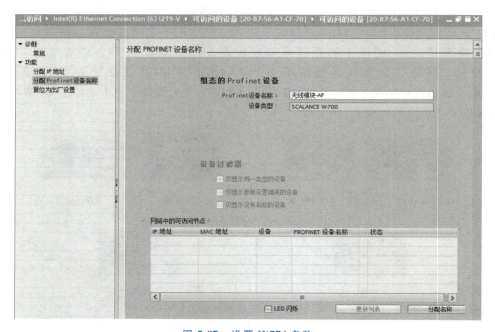

图 5-97 设置 W774 名称

2）单击"分配 IP 地址"选项，输入"IP 地址"和"子网掩码"，W774 的 IP 地址设置为 192.168.0.13，子网掩码设置为 255.255.255.0，单击"分配 IP 地址"按钮，如图 5-98 所示。

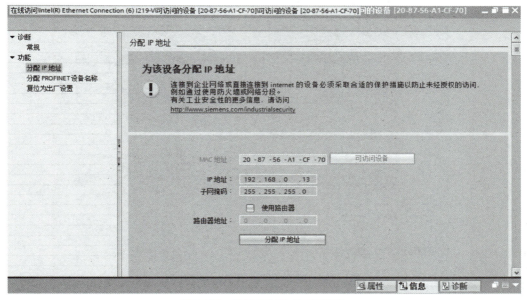

图 5-98 分配 W774 的 IP 地址

3）确认计算机和无线模块处于同一网段内；打开 IE 浏览器，在地址栏内输入 W774 的 IP 地址（192.168.0.13）后按<Enter>键。如图 5-99 所示，在弹出的界面中输入用户名"admin"和初始密码"admin"后登录。

4）登录后会要求修改初始密码。按要求修改登录密码，先输入旧密码，再输入两次新密码，然后单击"Set Values"按钮，如图 5-100 所示。

图 5-99 登录 W774

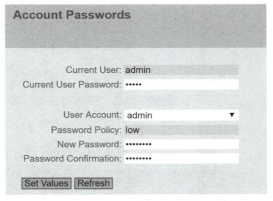

图 5-100 修改 W774 的密码

5）进入界面，展开"Wizards"菜单，单击"Basic，Wizard"命令，打开"System"选项卡，将"Device Mode"设置为"AP"，然后单击"Next"按钮，如图 5-101 所示。

6）进入"Country"选项卡将"Country Code"设置为"China"，然后单击"Next"按钮，如图 5-102 所示。

7）再单击两次"Next"按钮，进入"Antenna"选项卡，根据实际情况选择对应的天线，这里选择"Omni-Direct-Mount：ANT795-4MA"，然后单击"Next"按钮，如图 5-103 所示。

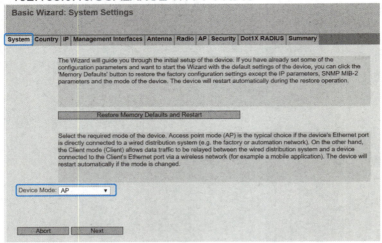

图 5-101 设置 W774 的 Device Mode

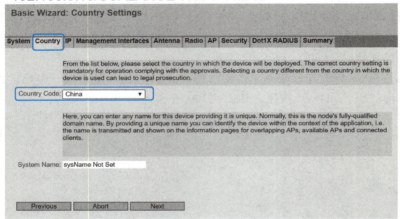

图 5-102 设置 W774 的 Country Code

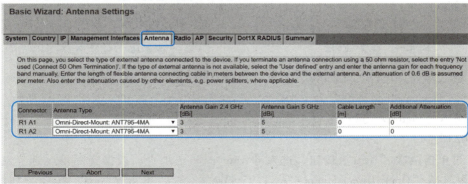

图 5-103 设置 W774 的天线

8）进入"Radio"选项卡，根据现场情况选择频率，这里选择"5GHz"，然后勾选"Enabaled"；建议将"max.Tx Power"修改为17dBm，以使"Tx Power Check"为"Allowed"，再单击"Next"按钮，如图5-104所示。

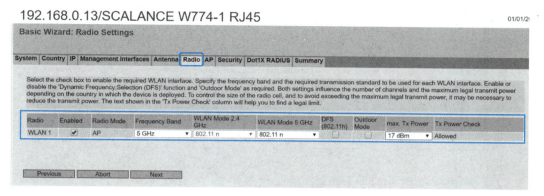

图 5-104　设置 W774 的 Radio

9）进入"AP"选项卡，设置SSID名称为"AP1"，单击"Next"按钮，如图5-105所示。

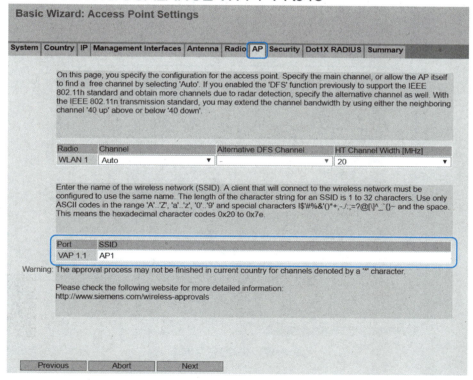

图 5-105　设置 W774 的 SSID

10）进入"Security"选项卡，将"Authentication Type"设置为"WPA2-PSK"；然后设定密码，输入两次相同的字符串即可设定，这里设定密码为"12345678"，单击"Next"按钮，如图5-106所示。

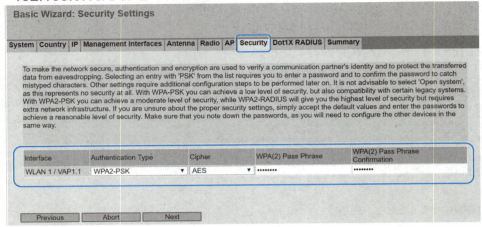

图 5-106　设置 W774 的 Security

11）进入"Summary"选项卡，核对信息无误后单击"Set Values"按钮，完成 AP 端设置，如图 5-107 所示。

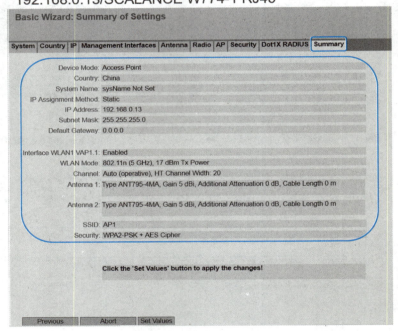

图 5-107　核对 W774 信息

无线通信网络 Client 端设置

（3）配置 W734 模块

1）打开博途软件，进入"项目视图"界面，展开"在线访问"菜单，找到可访问的设备（初始状态），确认所选设备与实物对应；单击"在线和诊断"选项，展开"功能"菜单，单击"分配 Profinet 设备名称"，设置 W734 模块的"Profinet 设备名称"设为"无线模块_Client"，如图 5-108 所示。

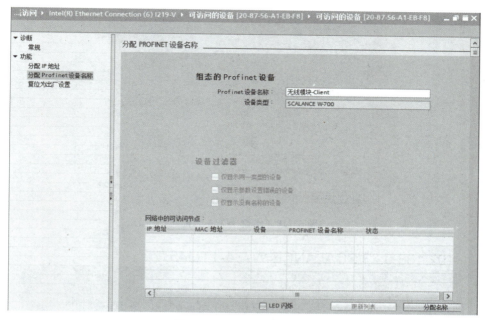

图 5-108 设置 W734 名称

2)单击"分配 IP 地址",输入"IP 地址"和"子网掩码",W734 的 IP 地址设置为 192.168.0.23,子网掩码设置为 255.255.255.0,单击"分配 IP 地址"按钮,如图 5-109 所示。

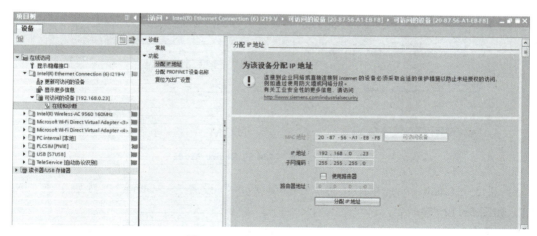

图 5-109 分配 W734 的 IP 地址

3)确认计算机和无线模块处于同一网段内;打开 IE 浏览器,在地址栏内输入 W734 的 IP 地址(192.168.0.23)后按<Enter>键;在弹出的界面中输入用户名"admin"和初始密码"admin"后登录;登录后按要求修改登录密码,先输入旧密码,再输入两次新密码,然后单击"Set Values"按钮,如图 5-110 所示。

4)进入界面,展开"Wizards"菜单,单击"Basic Wizard"选项,进入"System"选项卡,将"Device Mode"设置为"Client",然后单击"Next"按钮,如图 5-111 所示。

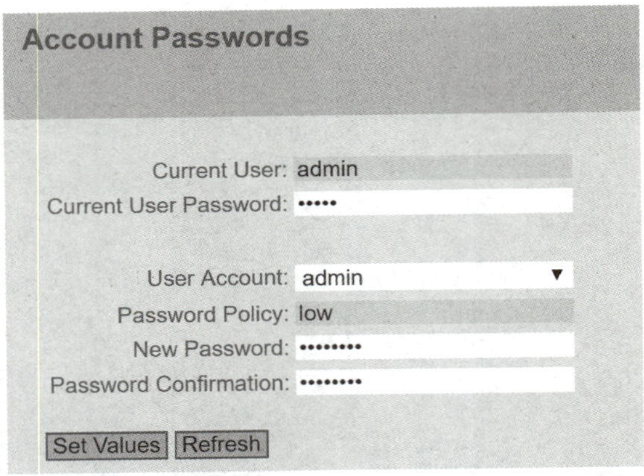

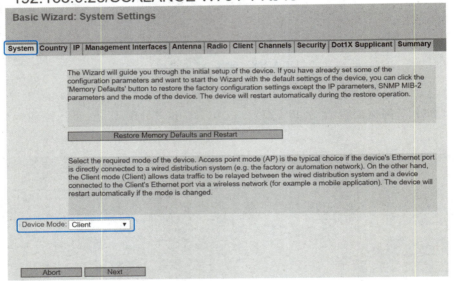

图 5-110 修改 W734 的密码

图 5-111 设置 W734 的 Device Mode

5）进入"Country"选项卡，将"Country Code"设置为"China"，然后单击"Next"按钮，如图 5-112 所示。

6）再单击两次"Next"按钮，进入"Antenna"选项卡，根据实际情况选择对应的天线，这里选择"Omni-Direct-Mount：ANT795-4MA"，然后单击"Next"按钮，如图 5-113 所示。

7）进入"Radio"选项卡，根据现场情况选择频率，这里选择"5GHz"，然后勾选"Enabaled"；建议将"max. Tx Power"修改为 17dBm，以使"Tx Power Check"为"Allowed"，再单击"Next"按钮，如图 5-114 所示。

8）进入"Client"选项卡，将"MAC Mode"设置为"Layer 2 Tunnel"；SSID 中填入前面设置 AP 端时的 SSID，这里填入"AP1"，单击"Next"按钮，如图 5-115 所示。

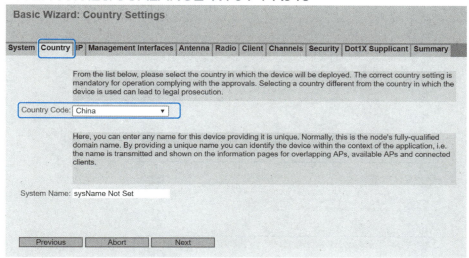

图 5-112　设置 W734 的 Country Code

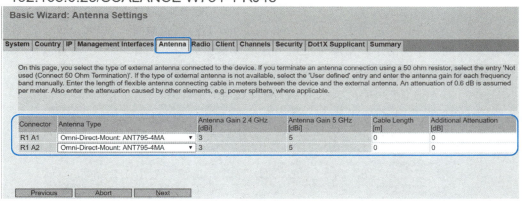

图 5-113　设置 W734 的天线

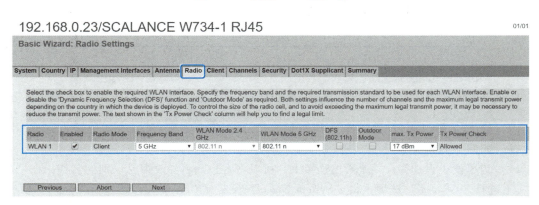

图 5-114　设置 W734 的 Radio

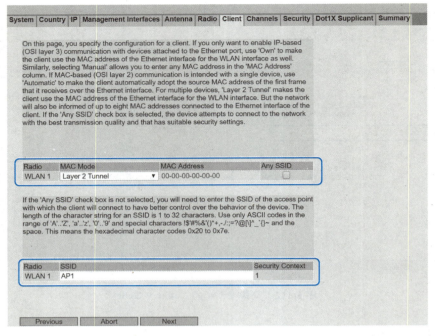

图 5-115　设置 W734 的 Client

9）进入"Security"选项卡，将"Authentication Type"设置为"WPA2-PSK"；然后设定密码，输入两次相同的字符串即可设定，这里设定密码为"12345678"，单击"Next"按钮，如图 5-116 所示。

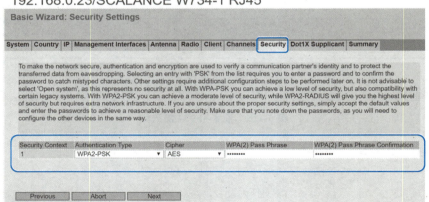

图 5-116　设置 W734 的 Security

10）进入"Summary"选项卡，核对信息无误后单击"Set Values"按钮，完成 Client 端设置，如图 5-117 所示。

11）为了便于识别客户端是否已连接上，可以将客户端名称改为易识别的名称。在"System"下选择"General"选项，将"System Name"修改为"client"，如图 5-118 所示，修改完成后单击"Set Values"按钮。

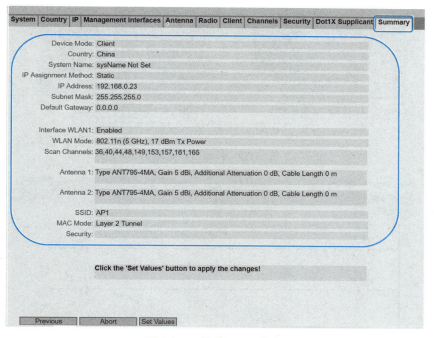

图 5-117　核对 W734 信息

（4）无线连接检测　正确设置完成后无线通信模块 W774 与 W734 应该正常连接，如果两个网络间除无线连接外还有其他连接，应将其他连接断开（如设置无线通信模块时访问 W774 和 W734 的有线连接，应将连接两台交换机的网线拆除）。

验证方法如下：回到 AP 端，在 "Information"→"WLAN"→"Client List" 下可以看见 "Client" 的状态为已连接，显示为

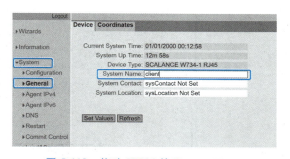

图 5-118　修改 W734 的 System Name

"connected"，表明 AP 端和 Client 端已经连接上，W774 和 W734 可以通信。

2. 无线通信逻辑组态

创建项目，进行逻辑组态时，网络不需要与物理网络完全一致，只需要构建 PLC_1 与 PLC_2 通信的逻辑链路，如图 5-119 所示。

3. 无线通信程序

启动按钮 SB1、停止按钮 SB2 连接在 PLC_1 的 I0.4、I0.5 端口，指示灯 HL 连接在 PLC_2 的 Q0.2 端口，要求实现指示灯的无线启停控制，PLC_1 将启停命令通过无线方式发送给 PLC_2，PLC_2 接收启停命令后，控制指示灯的亮灭。

（1）编写 PLC_1 的程序　PLC_1 通过 TSEND_C 指令将启停命令发送给 PLC_2，程序如图 5-120 所示。

（2）编写 PLC_2 的程序　PLC_2 通过 TRCV_C 指令接收 PLC_1 发送的启停命令，程序如图 5-121 所示。

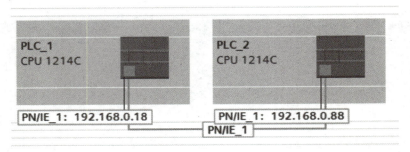

图 5-119 网络拓扑结构

图 5-120 PLC_1 程序

图 5-121 PLC_2 程序

4. 无线通信调试

1）启动调试效果如图 5-122 所示，当触发启动命令后，PLC_2 的指示灯

无线通信网络
编程与调试

Q0.2 接通，表示无线启动命令收发成功。

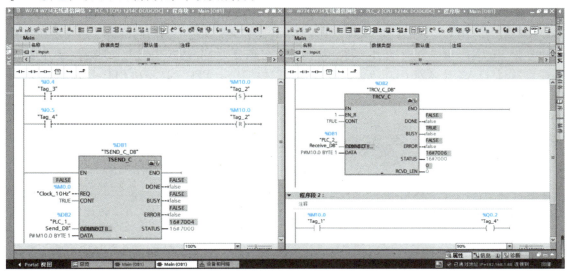

图 5-122 无线启动调试

2）无线停止调试如图 5-123 所示，当触发停止命令后，PLC_2 的指示灯 Q0.2 断电，表示无线停止命令收发成功。

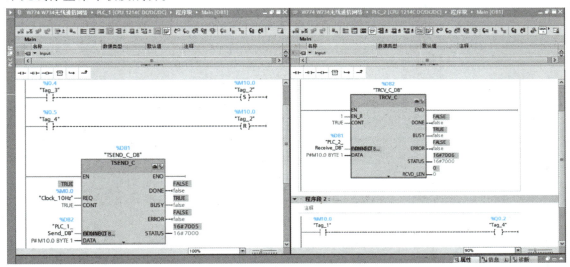

图 5-123 无线停止调试

5.9 任务 4 基于 VLAN 技术的三层网络构建与运维

任务描述：

构建基于 VLAN 技术的三层网络，硬件包括 2 台 S7-1200 PLC、1 台交换机、1 台 PC、3

根网线，网络拓扑结构如图 5-124 所示。其中，PC 的 IP 地址为 192.168.0.75，交换机的 IP 地址为 192.168.0.1，PLC_1 的 IP 地址为 192.168.1.11，PLC_2 的 IP 地址为 192.168.2.22。PLC_1、PLC_2 分别处于 VLAN10、VLAN20 两个不同的网段，将交换机 5 号口划分为 VLAN10 并连接 PLC_1，将交换机 7 号口划分为 VLAN20 并连接 PLC_2，开启路由功能；通过 VLAN 技术将 PLC_1 的时钟信号跨网段发送给 PLC_2，驱动 PLC_2 的 Q0.2 端口以 1Hz 的频率闪烁。

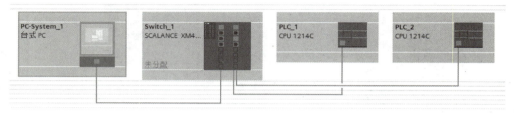

图 5-124　网络拓扑结构

任务实施：

首先按照网络拓扑图连接相关硬件，然后基于博途软件构建 Profinet 网络。

具体操作步骤如下。

1. 硬件组态与网络连接

（1）创建项目　打开博途软件的"创建新项目"窗口，输入项目名称，如图 5-125 所示。

VLAN 三层网络硬件组态与编程

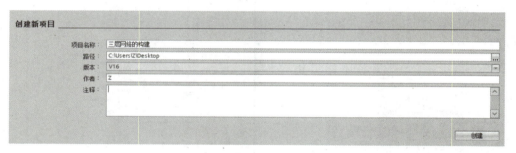

图 5-125　创建新项目

（2）添加设备　单击"项目视图"，进入"项目视图"界面，单击"添加新设备"，添加 PLC_1 S7-1200，选择任务卡中订货号为"6ES7 214-1AG40-0XB0"的控制器，单击"确定"按钮；同理，添加 PLC_2，如图 5-126 所示。

（3）设置设备 IP 地址　接着，分别设置 PLC_1 的 IP 地址为 192.168.1.11、PLC_2 的 IP 地址为 192.168.2.22，如图 5-127、图 5-128 所示。由于 PLC_1、PLC_2 处于不同的网段，需要使用路由器来实现路径的选择，务必勾选"使用路由器"选项，并设置"路由器地址"。

（4）连接网络　选择"网络视图"选项卡，拖动 PLC_1 的 Profinet 接口，连接至 PLC_2 的 Profinet 接口上，实现网络的连接，如图 5-129 所示。

2. 网络编程

编程思想：启动 PLC_1 的系统与时钟存储器，将 M0.5 的 1Hz 脉冲信号通过开放式用户指令发送给 PLC_2，PLC_2 接收指令后将数据保存在 MB100 单元，再由 PLC_2 的 M100.5 控制 Q0.2 端口，使 Q0.2 以 1Hz 的频率闪烁。

图 5-126　添加 PLC_1、PLC_2

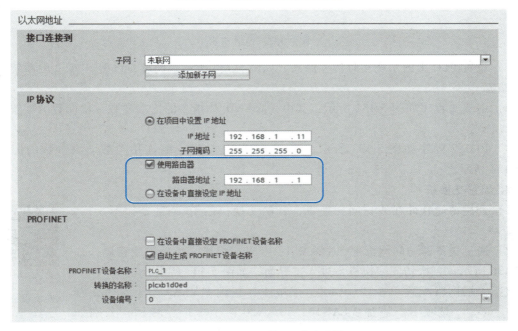

图 5-127　PLC_1 的 IP 地址设置

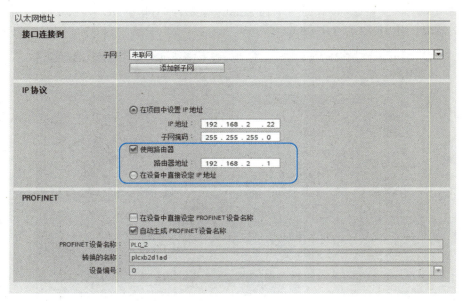

图 5-128　PLC_2 的 IP 地址设置

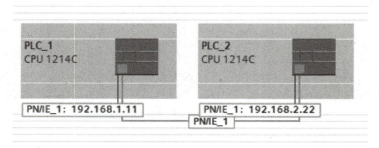

图 5-129　网络连接

1）设置 PLC_1 的系统和时钟存储器，如图 5-130 所示；同理，设置 PLC_2 的系统和时钟存储器。

2）PLC_1 程序如图 5-131 所示，其中，TSEND_C 指令的连接参数、块参数的配置如图 5-132 所示。

3）PLC_2 程序如图 5-133 所示，其中，TRCV_C 指令的连接参数、块参数的配置如图 5-134 所示。

3. 配置交换机

1）利用博途软件在线访问交换机，分配交换机的 IP 地址，如图 5-135 所示。

2）通过浏览器访问网页 192.168.0.1，登录交换机，重新设置密码，如图 5-136 所示；再次访问交换机，进入主界面，如图 5-137 所示。

3）二层网络配置。在"Layer2"菜单下，找到"VLAN"子菜单，打开"General"选项卡，添加 VLAN10、VLAN20 两个虚拟局域网，分别如图 5-138、图 5-139 所示。

VLAN 三层交换机设置与网络调试

工业控制网络的综合应用 项目5

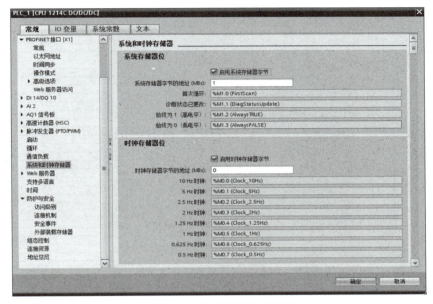

图 5-130 系统和时钟存储器设置

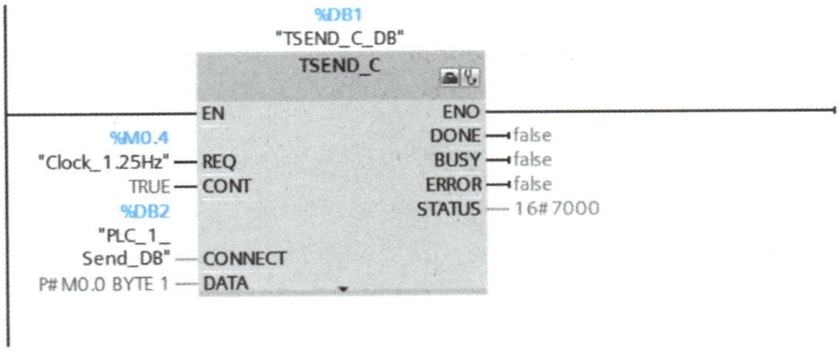

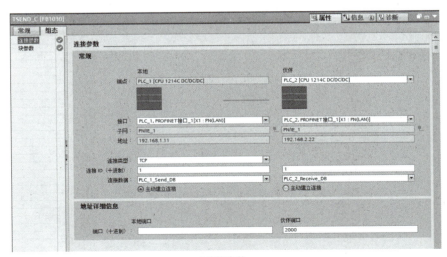

图 5-131 PLC_1 程序

a) 连接参数

图 5-132 PLC_1 的连接参数和块参数

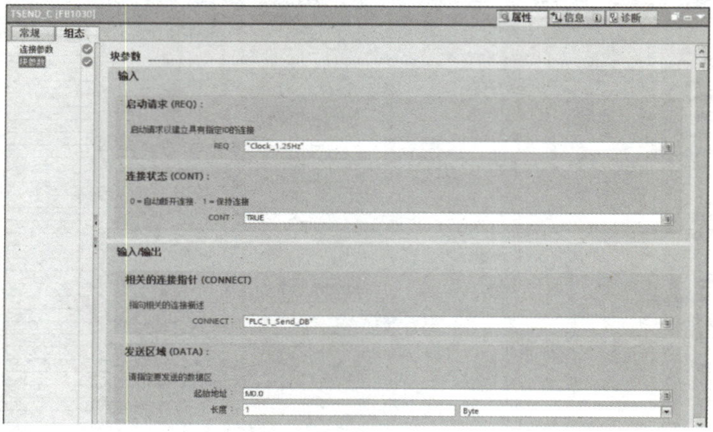

b) 块参数

图 5-132　PLC_1 的连接参数和块参数（续）

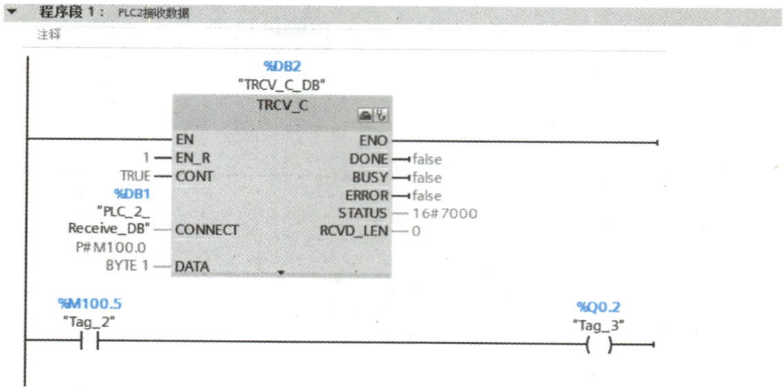

图 5-133　PLC_2 程序

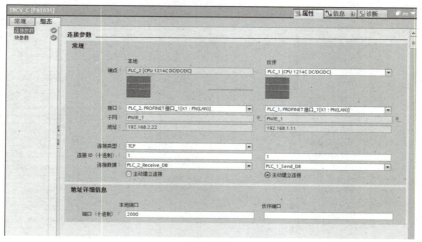

a) 连接参数

图 5-134　PLC_2 的连接参数和块参数

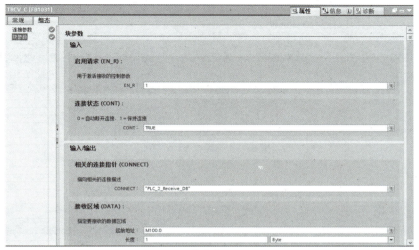

b) 块参数

图 5-134　PLC_2 的连接参数和块参数（续）

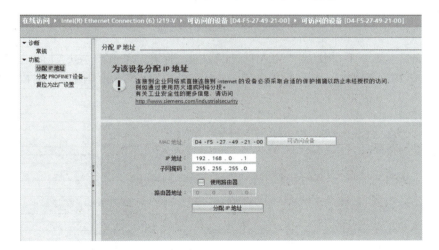

图 5-135　在线分配交换机的 IP 地址

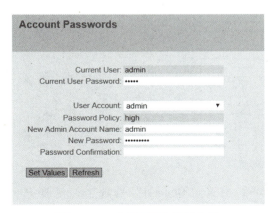

图 5-136　重新设置交换机密码

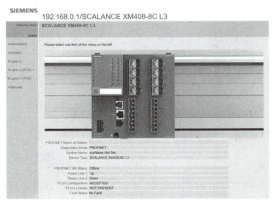

图 5-137　交换机设置主界面

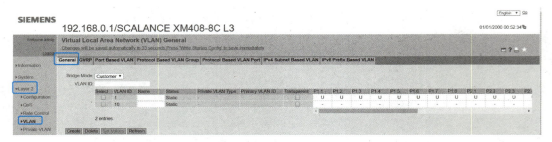

图 5-138　添加 VLAN10

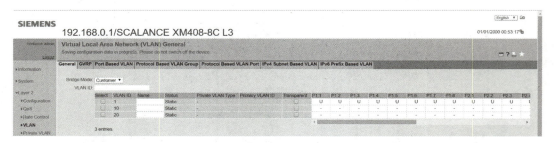

图 5-139　添加 VLAN20

在"Layer2"菜单下，找到"VLAN"子菜单，打开"Port Based VLAN"选项卡，为 VLAN10、VLAN20 分配端口，VLAN10 占用 P1.5 端口，VLAN20 占用 P1.7 端口，如图 5-140 所示。

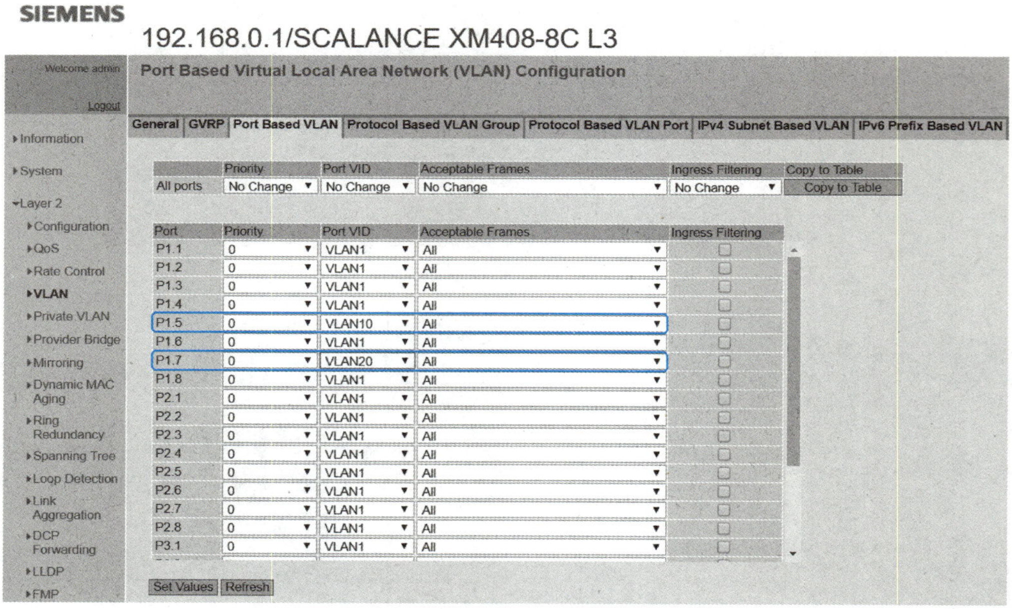

图 5-140　分配端口

在"Layer2"菜单下，找到"VLAN"子菜单，打开"General"选项卡，更改 P1.5、P1.7 的网络分配，确保 P1.5 为 VLAN10 使用，P1.7 为 VLAN20 使用，如图 5-141 所示。

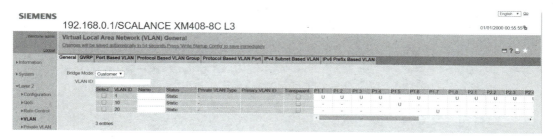

图 5-141　为端口重新分配网络

4）三层网络配置。在"Layer3"（IPv4）菜单下，找到"Subnets"子菜单，打开"Overview"选项卡，可以查看所有的 VLAN 网络，如图 5-142 所示。

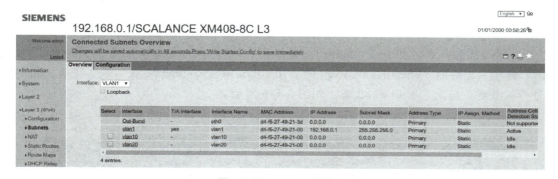

图 5-142　VLAN 配置图

在"Interface"选项中选择"VLAN10"，然后打开"Configuration"选项卡，配置 VLAN10 的路由器 IP 地址及子网掩码，如图 5-143 所示。

同理，配置 VLAN20 的路由器 IP 地址及子网掩码，如图 5-144 所示。

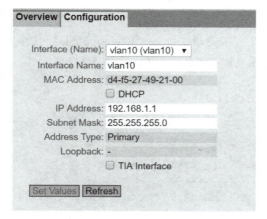

图 5-143　VLAN10 设置

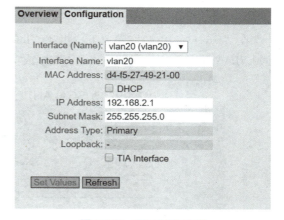

图 5-144　VLAN20 设置

配置完 VLAN10、VLAN20 的路由器 IP 地址及子网掩码后，一定要启用路由功能；在"Layer3（IPv4）"菜单下，找到"Configuration"子菜单，勾选"Routing"复选框，启用路由功能，如图 5-145 所示。

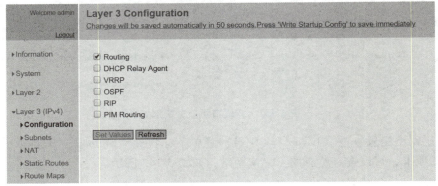

图 5-145 启用路由功能

5）状态检测。在"Layer3（IPv4）"菜单下，找到"Subnets"子菜单，打开"Overview"选项卡，检测 VLAN10、VLAN20 的"IP Address""Subnet Mask"是否正确，路由状态是否被激活，显示"Active"状态，如图 5-146 所示。

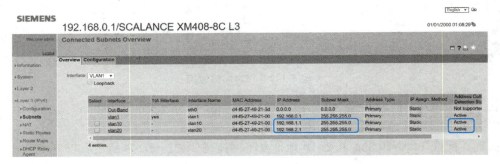

图 5-146 检测 VLAN10、VLAN20

在"Layer3（IPv4）"菜单下，找到"Information"子菜单，打开"Routing Table"选项卡，检测 VLAN10、VLAN20 的路由表是否建立成功，路由功能是否连接正常，如图 5-147 所示。

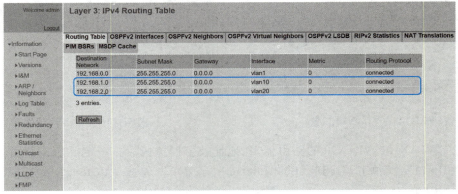

图 5-147 检查路由表

4. 网络调试

实验结果：PLC_2 的 Q0.2 端口以 1Hz 的频率在闪烁。

5.10 任务5 S7-1200 PLC 与 ABB 机器人的 Profinet 网络构建与运维

任务描述：

构建基于 S7-1200/ABB（IRB120）的 Profinet 网络，S7-1200 PLC 与 ABB（IRB120）机器人（带有 888-2 板卡）之间采用 Profinet 通信，ABB 机器人作为 Profinet 网络的 Device，PLC 作为 Profinet 网络上的 Controller，PLC_1 发送 3 个 Bool 量给 ABB 机器人，并接收 ABB 机器人反馈的 3 个 Bool 变量。

其中，硬件包括 1 台 S7-1200 PLC、1 台 ABB 机器人、1 台交换机、1 台 PC、3 根网线，网络拓扑结构如图 5-148 所示。

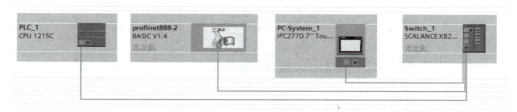

图 5-148 网络拓扑结构

任务实施：

首先按照网络拓扑图连接相关硬件，然后基于博途软件构建 Profinet 网络。

具体操作步骤如下。

1. 硬件组态与网络连接

（1）创建项目 打开博途软件的"创建新项目"窗口，输入项目名称，如图 5-149 所示。

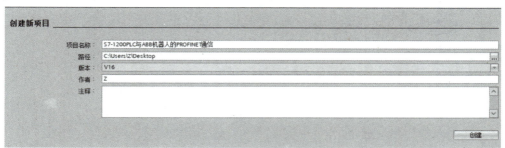

图 5-149 创建新项目

（2）添加设备 PLC 单击"项目视图"，进入"项目视图"界面，单击"添加新设备"，添加主站 S7-1200，选择任务卡中订货号为"6ES7 215-1BG40-0XB0"的控制器，单击"确定"按钮，如图 5-150 所示。

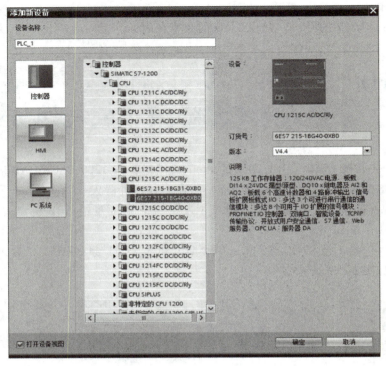

图 5-150　添加 S7-1200 PLC

（3）添加设备 ABB 机器人　硬件组态时，需要寻找并在博途中添加机器人的 GSDML 文件，基于 888-2/888-3 选项的机器人 GSDML 文件可以从如下路径获得。

首先，打开 RobotStudio 软件，进入"Add-Ins"菜单，在左侧找到并右击对应的机器人 RobotWare 版本，如图 5-151 所示。

图 5-151　RobotStudio-Add-Ins

然后，双击"RobotPackages"文件夹，如图 5-152 所示。双击"RobotWare_RPK_6.08.0134"文件夹，如图 5-153 所示。双击"utility"文件夹，如图 5-154 所示。双击"service"文件夹，如图 5-155 所示。

图 5-152　双击 RobotPackages 文件夹

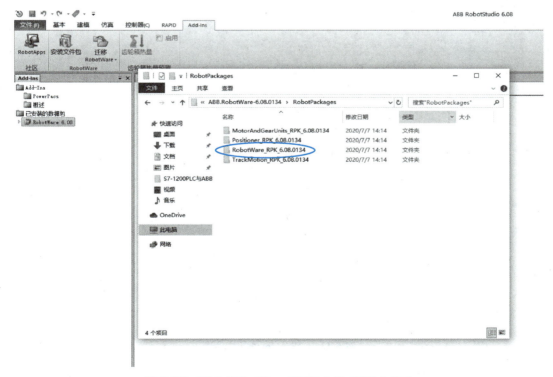

图 5-153　双击 RobotWare_RPK_6.08.0134 文件夹

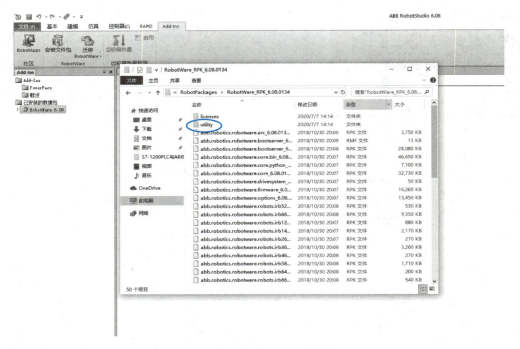

图 5-154　双击 utility 文件夹

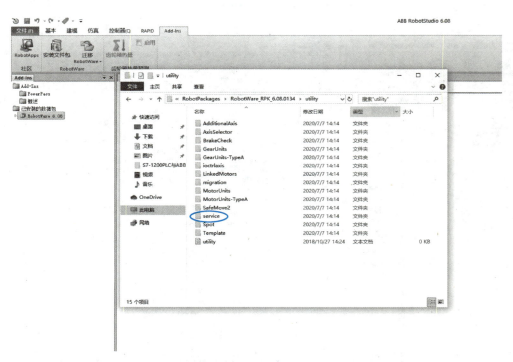

图 5-155　双击 service 文件夹

接着，复制 GSDML 文件夹并保存到计算机中，如图 5-156 所示。

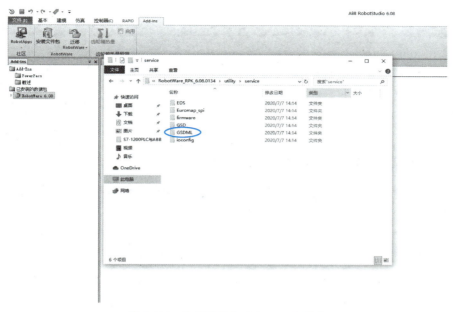

图 5-156 复制并保存 GSDML 文件夹

打开已经组态好的博途软件,单击"其他现场设备"→"Profinet IO",可以发现,并没有机器人 I/O 设备,如图 5-157 所示。单击"选项"按钮,找到"管理通用站描述文件(GSD)",寻找保存好的 GSDML 文件夹,如图 5-158 所示。选中"导入路径的内容",单击"安装"按钮,如图 5-159 所示,等待界面出现"安装已成功完成"。此时,打开"网络视图"选项卡,展开右侧的"其他现场设备",单击"Profinet IO",展开"I/O",可以发现"ABB Robotics"选项,单击"Robot Device",选择"BASIC V1.4",如图 5-160 所示。

图 5-157 无机器人 I/O 设备

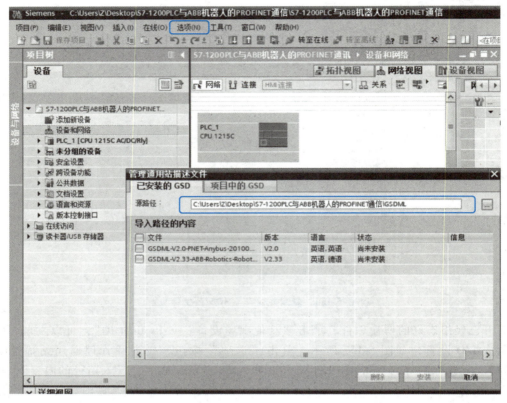

图 5-158　添加 GSDML 文件

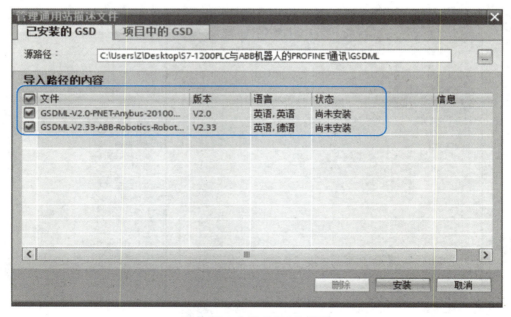

图 5-159　安装 GSDML 文件

工业控制网络的综合应用 项目5

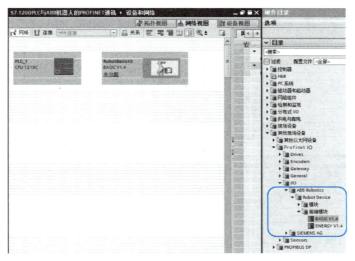

图 5-160　添加设备

（4）网络连接　选择"网络视图"选项卡，拖动 PLC_1 的 Profinet 接口，连接至 Robot-BasicIO BASIC V1.4 的 Profinet 接口上，实现网络的连接，如图 5-161 所示。

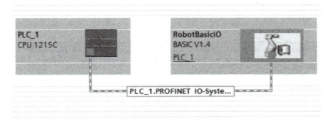

图 5-161　连接网络

2. 博途软件的网络设置

（1）修改 PLC 与 ABB 机器人的 IP 地址　在"网络视图"下，单击"显示地址"按钮，双击 IP 地址文本框，修改 S7-1200、RobotBasicIO 的 IP 地址，如图 5-162 所示。

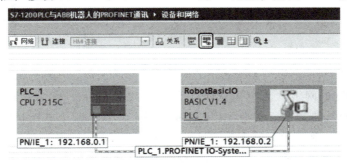

图 5-162　设置 IP 地址

（2）修改 ABB 机器人的名称　选中新加入的机器人组态设备，打开"设备视图"选项卡，选中机器人组态设备，然后打开"属性"选项卡，修改机器人组态设备的名称，如图 5-163 所示。

267

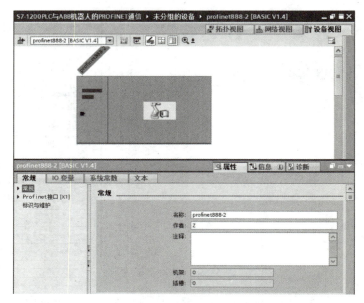

图 5-163　修改机器人设备名称

（3）添加 ABB 机器人的 DI/DO 模块　选择"设备概览",展开右侧的"模块",选择与机器人中设定的 DI/DO（输入/输出）的字节数相同的模块,如图 5-164 所示。

图 5-164　添加输入输出模块

3. RobotStudio 的网络设置

1）RobotStudio 添加信号。打开 ABB RobotStudio 6.08,打开"控制器"菜单栏,单击"添加控制器"按钮,连接上机器人控制器后,单击"请求写权限"按钮,在示教器上单击"同意"按钮,然后单击"配置"→"添加信号",在打开的窗口中选择"信号类型"为"数字输入",输入"信号名称",选择"分配给设备""PN-Internal-Device",设定"信号数量"为 8,因为机器人的配置中选用的是 8 字节的输入,选择"开始索引",然后单击"确定"按钮,如图 5-165 所示。

重复上述操作,选择"信号类型"为"数字输出",其他设置相同,如图 5-166 所示。

图 5-165　信号添加

图 5-166　添加信号

单击"配置"→"I/O 配置器""IO 配置器"→"请求写权限"按钮,在左侧栏中选择"通信"→"IP 设置"→"Profinet Network",在右侧的"概述"中修改"Address"(IP 地址需要与 PLC 在同一个网段内)"Subnet"和"Interface"(这一选择与网线插入的机器人控制器的通信口有关,可选择"WAN"或"LAN3"),如图 5-167 所示。

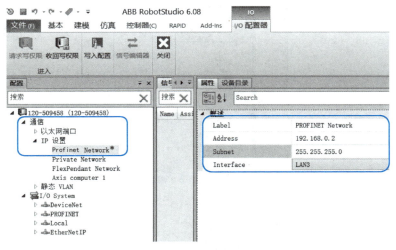

图 5-167　通信设置

2)单击"I/O System"→"Profinet"→"Device"选项,在右侧修改"Profinet Station Name"(该 Name 需要与 PLC 端对组态时写入的机器人名字一致),如图 5-168 所示。

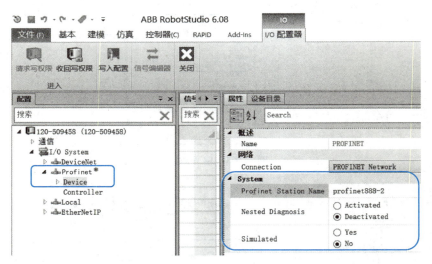

图 5-168　设置 Profinet Station Name

3)单击"PN_Internal_Device",在右侧修改设备的输入/输出字节数,完成所有配置后,单击"写入配置"按钮进行下载,完成后重启机器人,如图 5-169 所示。

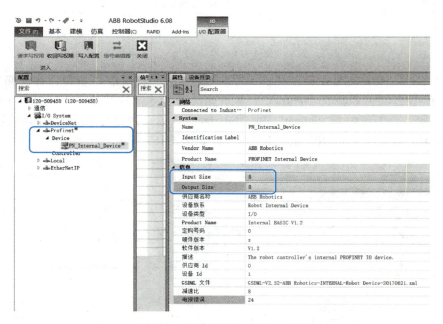

图 5-169　设备的输入/输出字节数

4. 网络通信测试

1)将机器人发送给 PLC,如图 5-170 所示。

2)将 PLC 发送给机器人,如图 5-171 所示。

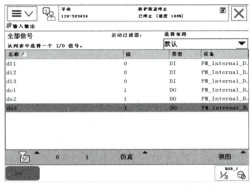

图 5-170　通信结果（一）　　　　　　　　　图 5-171　通信结果（二）

参 考 文 献

[1] 郑发跃,李宏昭,吕健. 工业网络和现场总线技术基础与案例［M］. 北京：电子工业出版社，2017.
[2] 秦元庆,周纯杰,王芳. 工业控制网络技术［M］. 北京：机械工业出版社，2022.
[3] 李正军,李潇然. 现场总线与工业以太网及其应用技术［M］. 2版. 北京：机械工业出版社，2023.
[4] 王春峰,段向军. 可编程控制器应用技术项目式教程［M］. 北京：电子工业出版社，2019.
[5] 郇极,刘艳强. 工业以太网现场总线EtherCAT驱动程序设计及应用［M］. 北京：机械工业出版社，2019.
[6] 郭其一,黄世泽,薛吉,等. 现场总线与工业以太网应用［M］. 北京：科学出版社，2016.
[7] 魏毅寅,柴旭东. 工业互联网技术与实践［M］. 2版. 北京：电子工业出版社，2021.
[8] 杨奎,李颖慧. 工业互联网应用：从基础到实战［M］. 北京：化学工业出版社，2023.
[9] 安成飞,周玉刚. 工业控制系统网络安全实战［M］. 北京：机械工业出版社，2021.
[10] 陈雪鸿. 工业互联网安全防护与展望［M］. 北京：电子工业出版社，2022.